Visual FoxPro
数据库程序设计

主　编　刘秋生

副主编　徐红梅　刘晓松　赵广凤

江苏大学出版社
JIANGSU UNIVERSITY PRESS

镇江

图书在版编目(CIP)数据

Visual FoxPro 数据库程序设计 / 刘秋生主编. —
镇江：江苏大学出版社，2017.9
　ISBN 978-7-5684-0507-2

　Ⅰ. ①V… Ⅱ. ①刘… Ⅲ. ①关系数据库系统—程序
设计 Ⅳ. ①TP311.138

中国版本图书馆 CIP 数据核字(2017)第 144176 号

Visual FoxPro 数据库程序设计
Visual FoxPro Shujuku Chengxu Sheji

主　　编/刘秋生
责任编辑/徐　婷
出版发行/江苏大学出版社
地　　址/江苏省镇江市梦溪园巷 30 号(邮编：212003)
电　　话/0511-84446464(传真)
网　　址/http://press.ujs.edu.cn
排　　版/镇江华翔票证印务有限公司
印　　刷/句容市排印厂
开　　本/787 mm×1 092mm　1/16
印　　张/19.25
字　　数/459 千字
版　　次/2017 年 9 月第 1 版　2017 年 9 月第 1 次印刷
书　　号/ISBN 978-7-5684-0507-2
定　　价/42.00 元

如有印装质量问题请与本社营销部联系(电话:0511-84440882)

前　言

两化深度融合深刻地影响我国经济建设和管理学的发展,然而,信息化建设完全依赖于数据库系统的应用水平与能力。自数据库的概念形成以来,随着信息技术的高速发展和信息系统的广泛应用,数据库管理系统的理论与方法不断完善。Visual FoxPro 作为数据库管理工具软件不仅简便易懂,而且已经成为经济管理类学生必须掌握的基本技能。

本书是为经济管理类专业学生培养信息素质和信息管理技能,构建课程体系知识链的核心环节,是作者在多年从事数据库系统应用和数据库系统理论与方法研究,以及数据库系统在管理信息系统研发实践和教学经验积累的基础上编写而成的。

本书的主要特点是:

1. 内容精练。在内容上作了精心的安排,以目前操作简便,容易掌握、理解,实用性强,应用面广的面向对象的关系型数据库管理系统 Visual FoxPro 作为数据库系统的开发工具。围绕 Visual FoxPro 的基本概念、基本操作,由浅入深、系统地介绍关系型数据库管理系统的功能和数据处理的方法。

2. 突出重点。全书围绕三个中心,分别重点介绍数据库的基础知识、数据库的基本操作和数据库系统应用编程设计。

3. 实用性强。强调了理论与实践相结合,把学生容易掌握理解的学生学籍管理作为典例,并采用图文并茂的方式,便于阅读理解。

4. 系统性强。从数据库系统的应用着手,认识数据库在信息系统的作用,全面介绍了数据的收集、传输、存储、加工、维护和使用的基础知识和基本操作。

5. 适用面广。本书是面向经济管理类专业学生的教学用书,也可以作为计算机专业学生和其他工程技术人员的自学用书。

全书共分 10 章。总课时为 64 学时,其中上机实验课为 20 学时。有条件的情况下,可安排多媒体教室上课 30 学时,同时还应该适当安排学生利用课余时间独立上机完成数据库操作练习。各院校可以根据实际情况按上述比例压缩或增加学时。

本书的构思是由江苏大学刘秋生教授完成,江苏大学刘秋生、刘晓松、徐红梅和赵广凤共同参与编写。江苏大学管理学院信息系承担数据库程序设计课程的老师对本书组稿、复核、数据处理等提出了宝贵建议,在此一并表示衷心感谢!

在编写过程中立足以实用、易懂、突出重点为准绳,在内容上反复提炼,精益求精。文字上反复推敲,语言上立足通俗,采用最简练的语言,介绍较先进的技术。然而由于作者水平有限,错误难免发生,请读者提出宝贵意见!

编　者

2017 年 5 月于镇江

目　　录

第 1 章

数据库基础知识

数据库的理念提出至今历经了 60 多年的发展,形成了坚实的理论基础和独特的数据库技术,其内涵不断深入,应用广泛,技术飞速发展。数据不仅成为信息的基本载体,而且数据库技术推动了现代管理技术的进步,成为现代化管理的基石,深刻地影响着人们的生活方式、工作方式和社会环境,改变着人们的思想观念和行为规范。管理现代化的需求给数据库系统提供了宽广的应用途径,也给数据库技术提出了新的课题。数据库技术、管理技术、信息系统相互渗透,促进了企业信息化、全球数字化、资源一体化的快速发展。

1.1 数据库基本概念

1.1.1 数据库

1.1.1.1 数据

数据是描述事物特征特定的符号(也称为数据项或字段),是数据库组织和数据处理中最基本的单元。它不仅包括人们日常工作中所熟悉的数字,还包含在描述事物过程中经常采用的文字、图像、图形、声音等形式,这些也属于数据库中的数据范畴。数据是人们传达思想、进行信息交流的载体。

(1) 数据的定义

通过数据将事物的信息及时、正确、全面地描述或记录下来是数据处理过程中的关键。描述一个事物往往涉及许多方面的概念和理论。

描述事物的用途直接影响着事物属性的定义。对于不同的用户,因其需求不同,侧重点不同,需要的信息自然不同,因此,在描述事物时使用的属性也不相同。例如,把人作为描述的对象时,首先要确定描述人的用途,若描述学生,则将涉及学生的学习情况、政治思想表现、工作能力和学习能力等方面的基本内容;若描述一个职工,则将涉及职工的工资、保险、工作能力和技术等级等。当描述一个学生的学习情况时,针对的是一个较具体的数据处理需求,可以通过学生的姓名、学号、专业、年级、开课时间、课程名称、考试类别和考试成绩等属性反映每一位学生的每一门课程的学习成果,这些属性通过人们日常交流中所约定的符号而被转换成数据。

数据来源于人们的日常工作和生活,存储于各种媒体中,经过加工、传送为人们的工作、生活服务。

（2）数据的描述

数据的描述是从客观事物出发，经过概念、规则或逻辑推理转换成数据，这一过程经历了三个领域即三个世界的转换（现实世界、概念世界和数据世界），如图 1.1 所示。

① 现实世界。这是存在于人们头脑之外的客观世界，由不以人的意志为转移的客观实体（事物）组成。所在事物都可分成"对象"与"性质"两大类，又可分为"特殊事物"与"共同事物"两个重要级别。

② 概念世界。这是人们对现实世界中事物的规范、约定和习俗等在人们头脑中的反映；由一切定义、定理、规则等组成，也称为逻辑世界。现实世界的事物往往通过各种属性的表达转换成概念世界。

③ 数据世界。这是概念世界中信息的数据化过程。现实世界事物属性值和用数据模型描述概念世界的定义、定理、规则及联系将转换成数据世界。

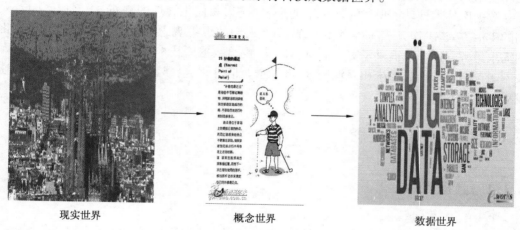

现实世界　　　　　　　概念世界　　　　　　　数据世界

图 1.1　数据三大领域转换示意图

（3）数据模型

这是一种描述数据与数据之间的联系及有关的语义约束规则的方法，也是数据库设计遵循的基本原则。目前使用的数据模型大体可分为两种类型：一类是独立于任何计算机实现的数据模型，如实体—联系模型、语义网络模型等。这类数据模型完全不涉及信息在计算机系统中的表示方式、方法，只用来描述某个特定的企业组织所关心的信息结构，因而又常常被称为信息模型或概念数据模型；另一类数据模型则直接面向数据库中数据的逻辑结构，这是我们常遇到的数据模型。为了与概念数据模型相区别，不妨把它们称作基本数据模型，这也是本书重点讨论的数据模型。

按照著名的数据库专家 E. F. Codd 的理论，一个基本数据库模型实质上是一组向用户提供的规则，这组规则规定数据结构如何组织，以及应当允许进行任何操作。一般来说，一个数据库的基本数据模型至少包含以下三个组成部分：数据结构、数据操作和数据的完整性约束。

① 数据结构。数据结构可以看成是数据集合的描述，它主要包含两部分的内容，一是数据集合的元素，即数据类型、内容、性质；二是数据之间的联系。对于不同的联系方

式,相应的数据集合中元素的含义也有所不同。按数据之间的联系方式,数据模型可分成层次型、网状型和关系型三种。

② 数据操作。这是指对数据库中各对象实例允许执行的操作集合,包括操作及有关的操作规则。数据库日常操作主要有检索和维护两类。在数据模型中需定义这些操作的含义、操作符号和操作规则等。

③ 数据的完整性约束。数据的完整性约束是完整性规则的集合。它是给定的数据模型中数据及其联系所具有的约束和依存规则,用于限定符合数据模型的数据库状态及状态变化,以保证数据正确、有效和相容。

采用不同的数据模型,数据库的数据结构、数据操作和数据的完整性约束也不相同。

1.1.1.2　数据库

（1）数据库的内涵

数据库是有用数据的有序集合,从形式上看数据库是数据的仓库,对数据进行组织、存储和管理。

数据库中数据组织的最小单元是数据项,这是独立的不可分割的处理单元,描述了事物的某一属性。描述一个事物某一用途的全部属性的数据集称为记录,如一个学生一门课程或一个学期的学习成绩等,即记录是由数据项组成;描述一类相同属性事物的记录集称为数据文件,如学生成绩表,在数据文件中数据存取的最小单位是记录,数据文件是由记录组成的,在数据库组织中数据文件被形象地称为表;数据库是由数据文件组成的,在数据库中记载了各张表的特征和表间的联系。一个数据库可以记录、加工、传递知识,网络教育、电子商务、信息系统等无不建立在数据库的基础之上。

（2）数据库的特性

数据库技术自产生以来形成了较完善的理论体系和强大的数据处理功能。数据处理进入数据库技术阶段以前,经历了人工管理阶段、文件管理阶段。数据库具有如下特点:

① 数据共享性。一个数据库可以供多种不同的用户使用,如学生成绩数据表,可以供学生、学校和用人单位等多种用户使用。在数据库里,数据与程序独立,提高了数据的使用价值,同时简化了程序设计,提高了程序的灵活性,方便了用户的操作。

② 数据的一体化和结构化。数据库按某种模型组织、存储和处理数据,不仅使内部数据之间彼此相关,而且文件之间在结构上也有机地联系在一起,整个数据库形成一个整体,即数据库的一体化,这样使数据库具有较大的适应性,易于维护与扩充,应用数据灵活方便。

③ 较少的冗余度。数据库的数据组织是从描述事物的整体出发,数据的冗余大大减少,在数据文件中除了作为表间联系的关键字和为了数据安全、可靠所采取的备份副本之外,存储的数据冗余度保持在尽可能小的程度。

④ 数据独立性好。数据库系统提供了数据的映射功能,当需要改变存储结构时,逻辑结构可以不改变,从而避免了不必要的程序修改工作。

⑤ 对数据进行集中统一的控制。系统提供统一的数据定义、预处理、查询及维护等手段,并统一控制数据的安全性、完整性、保密性和并发性,使得对数据的应用更加有效和可靠。

1.1.2　数据模型

数据模型揭示了现实世界中各类事物之间的联系,根据其联系的方式和描述的手段可以将数据模型分成层次型数据模型、网状型数据模型和关系型数据模型。这里只简单介绍前两种,关系型数据模型将在下一节介绍。

（1）层次型数据模型

层次型数据模型是数据库技术中应用最早的、与人们日常生活联系最密切的一种数据模型。它把数据库结构描述成一个有序树的集合,这棵树的每一个结点是由若干数据项组合而成的逻辑记录。用层次型数据模型描述的主要特点是自然、直观、结构简单、层次清晰、易于理解。

事实上层次型结构描述了管理体系结构中的一种方式,它是从总体到具体的一个细化过程,对总体的描述我们把它作为 0 层,逐步细化分成 1 层、2 层等。上下层之间形成父子关系。在这种结构中,0 层结点没有父结点,其他层只允许有一个父结点,可以有若干个子结点,最底层没有子结点。在层次模型中,每个结点表示一个记录类型,结点之间的连线表示记录类型之间的联系,这种联系只能是一对多联系。每个记录类型可包含若干个字段,记录类型用来描述实体,字段用来描述实体的属性。

在现实世界中,具有层次型联系的事物很多,行政管理机构、产品结构、家族结构、教学体系（如图 1.2 所示学生学籍管理数据模型）等都属于层次型结构。用层次模型对具有一对多层次关系的部门进行描述非常自然、直观和容易理解。这是层次数据库的突出优点,但层次模型有两个缺点:其一,层次型数据模型所能体现的记录联系只限于函数型的,即一对多的联系方式（如学生对课程,教师对学生）,在现实世界中事物之间的联系还有多对多的联系,这些复杂的数据联系在层次型中受到限制。其二,层次型数据模型中全部数据只能以有序树的形式组织起来,这种单一固定的数据模型使得数据库适应变化的能力弱,同时增加了系统开销。这一缺陷使得它很难适应许多信息系统需求动态变化的应用环境。

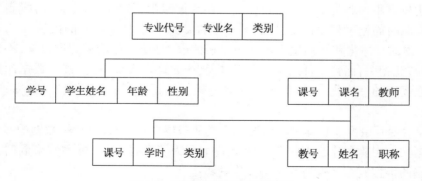

图 1.2　学生学籍管理数据模型

基于层次模型的数据库系统称为层次数据库系统。1968 年 IBM 公司推出的 IMS 系统是典型的层次模型系统,在 20 世纪 70 年代得到了广泛应用。

（2）网状型数据模型

在事物之间存在的多种对应关系被称为多对多的联系,如制造企业对新产品研制开发工作的组织管理,它不仅受到产品生命周期的影响,同时也受到企业各个职能部门的影响,这项工作同时受到多方面的管理。在这种情况下,记录之间是以网络方式实现联系,因此采用网状型数据模型是最恰当的方法。

网状模型用网状结构表示各类实体及其之间的联系。在网状型数据模型中最基本的数据结构仍然是逻辑记录。记录之间用系型来组织,分成单从系型、多从系型和奇异系型三种类型。每一个系型是从一般模式中分离出来的一个二级树,其中只有一个记录处于突出的地位,称为主记录,其余的记录处于从属地位,称为从记录,如图 1.3 和图 1.4 所示。在这种方式下记录之间的联系是通过系型实现的,一个系型被定义为记录的一个非空集合。

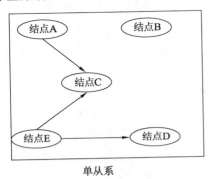

单从系

图 1.3　一般网状模型

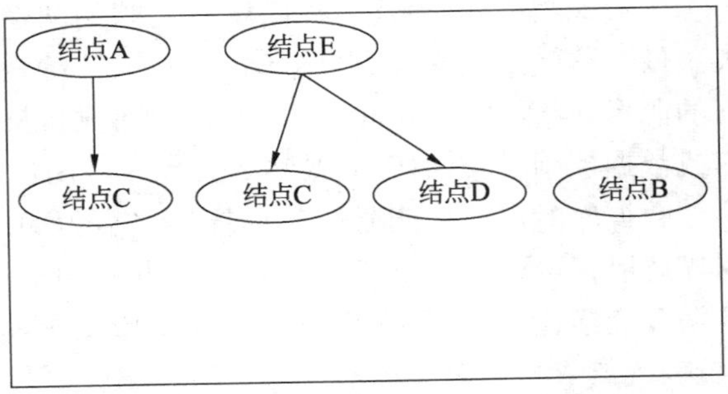

多从系　　　　　奇异系

图 1.4　系型的种类

网状模型是一种比层次模型更具普遍性的结构,它可以更直接地描述现实世界,但是网状模型的数据结构比较复杂,数据独立性较差。基于网状模型的数据库系统称为网状数据库系统。1969 年美国数据系统语言委员会(CODASYL)下属的数据库任务组(DBTC)提出的报告中的数据模型是网状模型的主要代表。20 世纪 70 年代也出现了许多基于网状模型的系统,如 Cullinet 公司的 IDMS、HP 公司的 IMAGE/3000 等。

在网状型数据模型中,记录之间的函数性联系隐含着以下一些固有的结构约束。

① 在任何时候任何一个系值中至多只有一个主记录。

② 任何一个记录在同一系型中至多只能参与其中一个系值(但同一记录可以联系到不同系型中的几个系上)。

③ 允许用户自由地定义一些专用过程来对数据库的数据进行处理所必需的其他语义约束。

1.1.3　数据库系统

1.1.3.1　数据库管理系统

数据库管理系统(Data Base Management System,DBMS)是指数据库系统中对数据进行管理的软件系统,它是数据库系统的核心部分。数据库系统的一切操作,包括查询、维护及各种控制都是通过 DBMS 进行的。

DBMS 是基于某种数据模型上的。因此,可以把它看成是某种数据模型在计算机系统上的具体实现。根据采用的数据模型不同,DBMS 可分为层次型数据库管理系统(HDBMS)、网状型数据库管理系统(NDBMS)和关系型数据库管理系统(RDBMS),但对于不同的计算机系统,由于缺乏统一的标准,即使相同类型的 DBMS,它们在用户接口、系统功能等方面也常常是不同的。对于相互兼容的相同 DBMS 建立的数据库之间可以直接交换数据,而不同的数据模型的 DBMS 建立的数据库文件之间是不能直接交换数据的。

（1）数据库管理系统的功能

DBMS 是组织、存储和处理数据的规则和实现这些功能的软件。使数据成为一个可管理的资源不仅易于实现共享,也增强了数据的安全性、完整性和可用性,并可提供高度的数据独立性。具体来说,一个比较完善的 DBMS 至少应该具有如下功能。

① 数据库定义功能。这是指定义数据库的结构,包括模式、存储模式和子模式,以及每个子模式与模式、模式与存储模式之间的映像;定义数据的完整性约束和保密限制约束条件。这些定义通常由数据库管理员（DBA）或数据所有者按系统提供的数据定义语言的源形式给出,由 DBMS 自动将其转换成目标形式存入数据词典,供以后进行数据操作或数据控制时查阅使用,某些定义也允许用户查阅。

数据库的定义功能通过数据描述语言（Data Description Language，DDL）来实现。数据描述语言可以分为模式描述语言（Schema DDL）、子模式描述语言（Subschema DDL）和数据存储描述语言（Data Storage Description Language，简称为 DSDL）,分别描述数据库的模式、子模式和存储模式。

② 数据库操纵功能。它包括数据初始装入、对数据的存取和维护操作、数据库结构的维护和重新组织、数据转存等,系统提供统一的数据操纵语言,允许用户根据需要在授权的范围内自由地进行上述操作。

数据库的操纵功能是通过数据操纵语言（Data Manipulation Language，DML）来描述的,它提供了用户或应用程序访问数据库系统的接口。DML 是一般集合型的操作,是一种高级的数据处理语言。应用这些语句,可以让用户很方便地对数据库中的记录进行各种插入、删除、修改、统计和查询处理,我们将在 Visual FoxPro V6.0 数据库应用开发工具中详细介绍这些语句的应用。

③ 数据控制功能。DBMS 对数据库的控制主要包括三个方面:数据安全性控制、数据完整性控制及在多用户环境下的并发控制等。

数据安全性控制是对数据库的一种保护,它的作用是防止数据库中的数据未经许可地被用户访问,并防止用户有意或无意地对数据库造成破坏性修改。

数据完整性控制是 DBMS 对数据库提供保护的另一个重要方面。我们知道,数据的价值在于它们的正确性,在于它们正确地表达了现实世界中客体的信息,而这些客体的各种信息往往具有某些固定联系,这些联系体现为数据本身的内涵和各种关联关系,与内涵相矛盾的数据显然是无意义的,因而是必须避免的。完整性控制的目的主要是保持进入数据库中的存储数据的正确性和有效性,防止任何操作对数据造成违反其本意的改变。

并发控制的策略包括封锁单位大小的确定,死锁的预防、检测和解除等。DBMS 还具有系统缓冲区的管理及数据存储的某些自适应调节机制等其他控制功能。

④ 数据通信功能。提供与操作系统的联机处理、与分时系统及远程作业输入的相应接口、与网络软件的通信功能等。

（2）几种典型的数据库管理系统

纵观当今的商用数据库市场，称之为群雄割据毫不为过。自20世纪70年代关系模型提出后，由于其突出的优点，迅速被商用数据库系统所采用。据统计，20世纪70年代以来新发展的DBMS系统中，近百分之九十是采用关系数据模型，其中涌现出了许多性能优良的商品化关系数据库管理系统。例如，大型数据库管理系统Oracle，DB2，INGRES，Informix，Sybase，UNIFY等（见表1.1）和小型数据库管理系统Visual FoxPro和ACCESS等。随着面向对象模型的出现和发展，这些数据库管理系统逐步向对象–关系数据库管理系统发展。

表1.1　国内常用的几种DBMS

名称	产生年代	开发商	操作系统	语言	与外部接口	主要功能、特点	市场开发应用情况
UNIFY	20世纪80年代初	UNIFY公司（美国）	UNIX	SQL	与COBOL,C语言有多级接口	① 独创的用户接口 ② 数据保护功能强 ③ 响应速度快 ④ 提供了第四代软件开发工具ACCELL	应用比较普遍
INGRES	1975年	美国加州大学伯克利分校电子研究	UNIX	非过程化的QUEL	可嵌入C语言	① 语言非过程化 ② 有一定的数据保护功能 ③ 有一定的新型开发工具	应用比较普遍
Oracle	1980年	ORACLE公司（美国）	UNIX	标准SQL	可嵌入CO-BOL，PL/1，PASCAL语言等	① 有完善的软件开发工具 ② 高度的兼容性 ③ 具有不同机种间数据共享性 ④ 有数据保护功能	应用普遍
Informix	1981年	关系数据库系统公司（美国）	UNIX	SQL语言	可嵌入C语言	① 很强的完整性保护功能 ② 模块结构 ③ 物理数据可分布	应用比较普遍
DB2	20世纪80年代初	IBM公司（美国）	OS2	SQL,PRG	可嵌入C语言	① 有完善的软件开发工具 ② 高度的兼容性 ③ 具有不同机种间数据共享性 ④ 有数据保护功能	应用普遍（多用于金融界）
Sybase	1987年	SYBASE公司（美国）	UNIX	SQL	可嵌入C语言等	① 有完善的软件开发工具 ② 高度的兼容性 ③ 具有不同机种间数据共享性 ④ 有数据保护功能	应用普遍

20世纪80年代以来是RDBMS产品发展和竞争的时代。各种产品经历了从集中到

分布,从单机环境到网络环境,从关系数据库到关系－对象数据库,从支持信息管理到联机事务处理(OLW),再到联机分析处理(OLAP)、数据仓库的发展过程。

1.1.3.2 数据库系统

数据库系统是由一个实际能运行的,按照数据库技术的方法存储、维护和向应用提供数据或信息的系统。

(1)数据库系统的组成

数据系统是由存储媒体、处理对象、处理设备、数据库、DBMS 和人员等组成。它能为管理工作提供用户所需要的信息。

存储媒体是物理存储设备,这是数据库系统中的基本部件,需要有足够的容量保存数据库系统中的历史资料和正在处理的正式数据文件。存储设备通常按介质分成半导体的内存储器及磁性和光电的外存储器。

处理对象是数据库系统中组织数据的关键,是数据库记录和描述的内容。不同的处理对象采用的数据模型和 DBMS 不一样。

DBMS 是基于数据模型对数据库进行管理的软件系统,本书主要介绍关系型数据模型的数据库管理系统的使用和应用。

数据库是企业的重要资源,是一种知识,是与一个特定的组织的各种应用相关的全部数据的集合。它通常由两大部分组成,一部分是有关应用所需要的工作数据的集合,称为物理数据库,它是数据库的主体;另一部分是关系各级数据结构的描述数据,称为描述数据库,通常由一个数据词典系统管理。在数据库系统中唯独数据库由应用单位创建,并需要不断维护。对数据库必须加以妥善保管,注意安全、完整,经常检查数据的可靠性。

(2)数据库系统的特征

数据库系统与手工操作和文件系统相比,数据库系统具有明显的优点,主要体现在如下几点:

① 查询迅速、准确,而且可以省去大量的纸面文件。

② 数据结构化且统一管理。

③ 数据冗余度小。数据库系统从整体来描述数据,不仅面向某个应用而且面向整体应用,从而大大地减少了数据冗余,节约了存储空间,避免了数据之间的不一致性。

④ 具有较高的数据独立性。

⑤ 数据的共享性好。

⑥ 具有对数据的安全性、完整性、并发和恢复的控制功能。

(3)数据库系统的相关人员

人员是一组熟悉计算机数据处理业务,参与分析、设计、管理、维护和使用数据库的技术人员。他们在数据库系统开发、应用和维护中起到重要作用。分析、设计、管理和使用数据库系统的主要人员为数据库管理员、系统分析员、应用程序员和最终用户。

① 数据库管理员(Data Base Administer,DBA)。数据库是整个企业或组织的数据资源。因此,企业或组织设立了专门的数据资源管理机构来管理数据库,DBA 则是这个机构的一组人员,负责全面地管理和控制数据库系统。具体的职责包括:

a. 决定数据库中的内容和结构。数据库中要存放哪些数据是由系统需求决定的。

为了更好地对数据库系统进行有效的管理和维护,DBA 应该参加或了解数据库设计的全过程,并与用户、应用程序员、系统分析员密切合作,共同协商,做好数据库设计。

b. 决定数据库的存储结构和存取策略。DBA 应综合各用户的应用要求,和数据库设计人员共同决定数据库的存储结构和存取策略,以求获得较高的存取效率和存储空间的利用率。

c. 定义数据的安全性要求和完整性约束条件。DBA 的重要职责是保证数据的安全性和完整性,即数据不被非法用户所获取,且保证数据库中数据的正确性和数据间的相容性。因此,DBA 负责确定各个用户对数据库的存取权限、数据的保密级别和完整性约束条件。

d. 监视数据库的使用和运行。DBA 还有一个重要职责就是监视数据库运行,及时处理运行过程中出现的问题。当系统发生某些故障时,数据库中的数据会因此或多或少影响计算机系统其他部分的正常运行,为此 DBA 要定义和实施适合的后援和恢复策略,如采用周期性的转存数据和维护日志文档等方法。

e. 数据库的改进和重组。DBA 还负责在系统运行期间监视系统的存储空间利用率、处理效率等性能指标,对运行情况进行记录、统计分析,依靠工作实践并根据实际应用环境不断改进数据库设计。

由于数据库描述的事物在动态地发生着变化,需要不断地对数据库进行维护和管理,因此数据库管理员是系统中必不可少的,对数据库系统的成功应用起到了关键性的作用。

② 系统分析员。系统分析员是系统建设期间主要的参与者,负责应用系统的需求分析和规范化说明。他们要和用户相结合,确定系统的基本功能、数据库结构和应用程序的设计、硬件配置,并组织整个系统的开发。因此,系统分析员是一类具有应用领域业务知识和计算机知识的专家,他们在很大程度上影响数据库系统的成败和质量。

③ 应用程序员。根据系统的功能需求负责设计和编制应用程序模块,并参与程序模块的调试。

④ 用户。通常是指最终用户。通过数据库系统获取信息或为数据库系统提供原始数据。用户可分成直接用户和间接用户。操作数据库系统的用户称为直接用户,由数据库系统提供服务的用户称为间接用户。间接用户按层次可分成管理层用户和决策层用户。管理层用户是通过系统了解企业运行情况,并控制企业的运行行为。决策层用户利用数据库系统提供的信息为规划、计划提供可靠的理论依据。

成功应用数据库系统必须有一支结构合理的系统性队伍。

(4) 数据库系统的结构

数据库系统的结构分为三级,由外模式、模式和内模式组成,如图 1.5 所示。

外模式也称为子模式或用户模式,是局部数据逻辑结构的描述,是数据库用户所见的数据视图,也是数据库系统面向操作用户的最外层,可将其简单地看成数据库与用户之间的用户窗口。不同的用户具有不同的外模式。

模式也称为逻辑模式,是数据库中全体数据的逻辑结构和特征的描述,是所有用户的公共数据视图,也是内外模式的一种规范化转换机制。

内模式也称为存储模式,是数据物理结构和存储方式的描述,也是数据在数据库系统中的内部表示。

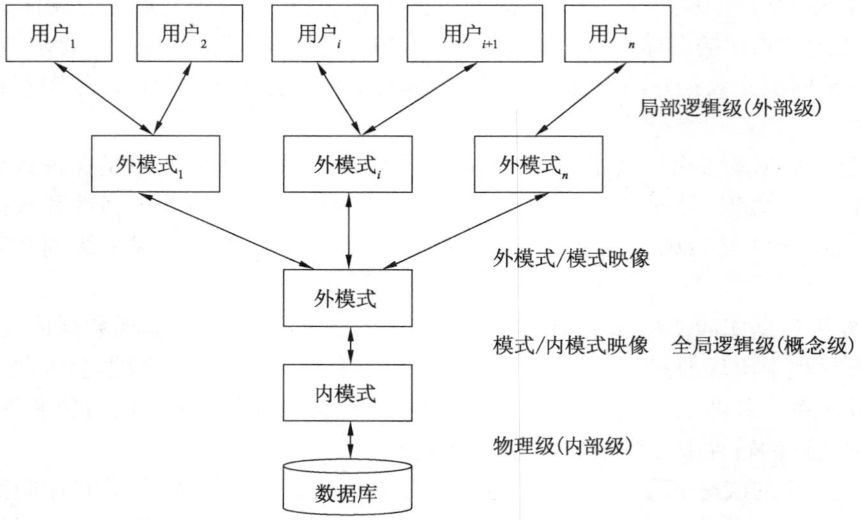

图 1.5　数据库系统的结构示意图

　　数据库系统中存在着两种映像,即外模式与模式之间的映象、模式与内模式之间的映像。

　　外模式与模式之间的映像是定义某一个外模式和模式之间的对应关系。这些定义通常包含在外模式中。当模式改变时,只要作外模式与模式的映像改变,即可以保证外模式不变,不影响用户对数据库的组织方法。

　　模式与内模式的映像定义数据逻辑结构与数据存储结构之间的对应关系。例如,说明逻辑记录和字段在内部如何表示。当数据库的存储结构改变时,模式与内模式之间的映像也作相应的修改(由数据库管理员完成),使得模式保持不变。

1.1.4　数据库技术发展

　　在数据处理中,通常计算比较简单,但对数据管理的要求较高,包括数据的收集、整理、组织、存储、维护、检索、统计和传输等一系列的工作。利用计算机对数据进行处理,一般来说分为五个基本环节:原始数据的收集;数据的规范化、编码和组织;数据输入;数据处理;数据输出。

　　随着数据处理技术的发展及数据处理量的增长,数据管理技术也在不断地发展。根据提供的数据独立性、数据共享性、数据完整性、数据存取方式等水平的高低,数据处理技术的发展还可以划分为手工管理、文件管理和数据库系统三个阶段。

　　(1)手工管理阶段

　　20 世纪以前,数据处理都是通过手工进行的。这时的计算机主要用于科学计算,既没有专用的软件,也没有大容量的存储设备。在这种环境下,数据处理的数量少、精度低、速度慢,即使部分数据可通过计算机处理,但应用程序与数据之间的依赖性太强,数据不能从程序中独立出来,数据之间可能造成许多重复和数据冗余。

（2）文件管理阶段

20 世纪 50 年代后期至 60 年代中期为文件管理阶段。这时计算机处理的数据不仅是数值，而且也包含文字。数据与应用程序分别组织存储，由专用程序实现程序与数据之间的统一接口。解决了应用程序与数据之间的一个公共接口问题，使得应用程序采用统一的存取方法操作数据，但只能简单地存放数据，文件之间没有有机的联系，数据的存放依赖于应用程序的使用方法，不同的应用程序仍然很难共享一个数据文件，数据的冗余性较大。

（3）数据库系统阶段

20 世纪 60 年代后期，进入数据库管理阶段，它实现了有组织地、动态地存储大量关联数据，方便了多用户访问，可以使数据充分地共享，同时与应用程序高度独立。

数据库技术的形成过程中主要有以下三件事奠定了数据库技术的基本理论和方法。

① 1969 年美国 IBM 公司的信息管理系统（Information Management System，IMS）研制成功，并得到成功应用。

② 同年美国 CODASYL 委员会公布了他们的研究成果报告（Data Base Task Group，DBTG），开创了数据库应用的基础。

③ 从 1970 年起，IMB 公司的高级研究员 E. F. Codd 连续发表了一系列论文，奠定了关系型数据库理论的基础。

1978 年，美国 ANSI/X3/SPARC（美国计算机与信息处理国家标准化委员会规划与需求委员会）研究组的研究报告 "ANSI/X3/SPARCDBMS Framework of the Study Group on DBMS"（简称 SPARC 报告）发表，它标志着数据库技术进入了成熟阶段。SPARC 报告提出了一个标准化的数据库系统模型，对数据库系统的总体结构、特征、各个组成部分及相应接口都做了较明确的规定。迄今为止，它仍然是数据库技术影响最大的重要文件。SPARC 报告中的一个重要思想是采用内部级、概念级和外部级三级结构，在最大程度上实现数据独立性，提供了脱离具体数据库管理系统数据模型的概念模式，使用数据字典/目录以支持系统内部的数据管理，以及映像功能的一些明确规定等，都在 DBMS 软件开发中起到了关键作用。

20 世纪 90 年代以后，数据库技术有了突飞猛进的发展，数据库结构从单一模式发展成为多种模式复合的异构体数据库，提出了数据库仓库、数据挖掘等新的理念，其应用领域不断扩展。

1.2 关系型数据模型

从 1970 年起，IBM 公司的高级研究员 E. F. Codd 连续发表了一系列的有关关系型数据模型理论与方法的论文，奠定了关系数据库的基础。

1.2.1 关系型数据库概念

关系型数据模型是建立在数学概念基础之上的，用二维表（见图 1.6）的形式来描述用户的数据和数据之间的联系。

关键字,字符	字符	数值{0 至 100} 域	
学号	课程号	成绩	属性名
信息 99101	计 90901	99	
信息 99102	计 90901	89	
信息 99103	计 90901	78	元组
信息 99101	数 90801	67	
信息 99102	数 90801	89	
信息 99103	数 90801	78	

关系 (左侧标注)

属性列

图 1.6 学生成绩关系表

首先来了解关系型数据模型的主要术语:

(1)关系:一个关系对应于平常使用的一张符合某些约定的二维表。

(2)元组:表中的一行数据。

(3)属性:在数据处理中,这是表中的一列,表每列数据都有列名,即表栏名。

(4)域:某一属性的取值范围。

(5)分量:元组中的一个属性值。

(6)关系模式:一个关系的属性名表称为关系模式,是关系的信息内容及结构的描述。常用格式为:

关系名(属性 1,属性 2,…,属性 n,约束条件)

例如:学生(学号,性别,入学日期,专业),表示学生(S)关系具有学号(XH)、性别(XB)、入学日期(RXRQ)和专业(ZY)属性;也可以用代码与变量表示成:S(XH,XB,RXRQ,ZY)。

(7)关系模型:是若干个相关的关系模式、属性名和关键字的汇集。

(8)关系子模式:关系子模式除了指出某一类型的用户所要用到的数据集合外,还要指出该集合与数据模型中相应数据的关系,即指出模式与子模式之间的变换。

(9)关系数据库(亦称关系模型实例):对应于一个关系模型的所有关系的集合称为关系数据库。

(10)记录:是按一定次序排列起来的数据项的集合,一个记录(数据表中的一行数据)由若干个数据项(数据表中的列)组成,引用一个记录实际上就是引用它们包含的一组数据项。记录的作用是为了满足某种用途用来描述实体属性组组成。例如:一个人的基本档案资料、一个学生的成绩、一个客户档案等都可以是一个记录。实体集合的总描述称为记录型,即记录型是相应于实体型的。记录集合的描述是由各个数据项的描述组成,即记录型数据项的命名集合。记录型又叫记录格式。

(11)数据表:是按一定形式组织起来的相关记录的命名集合(特定的二维表),即描述同质总体的数据集合,它相应于实体集,是存放在存储器上的一组记录。一般一个数据表所含有的记录(数据行)内容可以有一个或多个记录,一个数据表可以与相关的其他文件联系。每一个数据表都有自己的名称。

（12）关键字：是用来识别记录的一个或一组数据项。它是识别记录和在数据表中数据查找的标志，也是文件的基本数据。例如，每个学生具有唯一的学号，因此，学号可以作为描述学生的关键字。

关键字可以是数据表中的一个或多个数据项组成的，用于唯一标识数据表中的记录。在数据处理过程中关键字可以分为以下几种。

① 超关键字：在数据表中能唯一确定记录的一列或多列的数据组称为超关键字（Super key）。显然，数据表中至少有一个超关键字（全体数据项构成）。超关键字虽然能唯一地标识记录，但是，在超关键字中可能会有多余的数据项。数据组织时，希望用最少的数据项来唯一地标识记录，如果用一列数据项构成关键字，则称为单一关键字（Single Key）；如果用两列或两列以上的数据项构成关键字，则称为合成关键字（Composite Key）。

② 候选关键字：如果从一个超关键字中去掉其中的一列数据项后不能唯一地标识数据表中的记录，则这样的关键字称为候选关键字（Candidate Key）。候选关键字是超关键字中数据项最少的关键字。一个数据表中可能存在多个候选关键字，但至少有一个候选关键字。在数据处理过程中，创建数据库的数据表时，候选关键字可以转成主关键字。

③ 主关键字：从数据表的候选关键字中，挑选出其中的一个作为主关键字（Primary Key）。由于关键字必须唯一地标识记录，因此当数据表的数据为一列或多列组成后，则该列或组成关键字的指定列，在数据表中的记录对应值不能有重复。必须小心使用空值，否则将无法正常输入数据。

④ 外部关键字：当一个数据表（表 A）的主关键字被包含在另一个数据表（表 B）中时，表 A 中主关键字被称为表 B 的外部关键字（Foreign Key）。例如，学生表中的"学号"是主关键字，而成绩表中的"学号"则相对学生表是外部关键字。又如，在学籍管理中，专业表中的"专业代码"是专业表中的主关键字，而学生表中的"专业代码"相对专业表是外部关键字。

在关系数据库中，数据的基本单位是"关系"。关系就是一张二维表，在关系模型中，表头一行称为关系框架（亦称记录结构或记录类型）。每一张表称为该关系框架的一个具体关系，简称关系。表中的每一行称为关系的一个元组（tupelo），列称为属性或域（field），列中的元素称为该属性的值，且总是限定在某一个值域内。表 1.2 给出的三张二维表就是三个关系。

其中，S 是学生关系；SC 是学习关系；C 是课程关系。关系框架各属性的含义为：S$^{\#}$（学号）、NAME（姓名）、AGE（年龄）、SEX（性别）、C$^{\#}$（课程号）、FORMAT（学时）、TEACHER（任课教师）、OFFICE（教师办公室）、G（成绩）。

表 1.2 三个基本关系

S

$S^\#$	NAME	AGE	SEX
S_1	WANG	20	F
S_2	LI	23	M
S_3	CHEN	24	M
S_4	ZHANG	21	M
S_6	ZHANG	22	F

SC

$S^\#$	$C^\#$	G
S_1	C_1	90
S_1	C_2	90
S_1	C_3	85
S_1	C_4	87
S_2	C_1	90
S_3	C_1	75
S_3	C_2	70
S_3	C_4	56
S_4	C_1	90
S_4	C_2	85
S_6	C_1	95

C

$C^\#$	FORMAT	TEACHER	OFFICE
C_1	200	ZHOU	OF_2
C_2	120	LIU	OF_2
C_3	80	LIU	OF_2
C_4	80	WANG	OF_3

从概念的角度考虑,关系中行和列的次序是无关紧要的,但从叙述上的严格性和有利于存储实现看,列的次序很重要,应视为不同的两个关系。

最后,我们借助于集合论的术语和符号给关系以严格定义。设有属性 $A_1,A_2,\cdots,A_k$,它们分别在值域 $D_1,D_2,\cdots,D_k$ 中取值,按照集合论的观点,这些值域构成一个笛卡儿积空间 $D=D_1\times D_2\times\cdots\times D_k$,$D$ 中的任意一个子集 D' 称为一个关系,记为 R。其关系框架是属性 A_i 的一个有序集合,记为 $R(A_1,A_2,\cdots,A_k)$。D' 中的任一个点 $(t_1,t_2,\cdots,t_k)$ 称为 R 的一个元组。

使用集合论的符号,上述定义可表示为:

$$R=[<t_1,t_2,\cdots,t_k>|<t_1,t_2,\cdots,t_k>\in D'\subset D] \text{ 或 } R=[t^k|t^k\in D']$$

其中 k 为关系 R 的元数,t^k 为 R 的 k 元元组变量。

关系模型具有概念简单、规范化的特点,同时对数据的检索操作结果是从原表中得到一张新表。关系模型结构是由数据结构、关系操作及关系的完整性三部分组成。关系操作有代数方法和逻辑方法两种,前者也称为关系代数,这同我们在高等数学中的集合的并、差、交和笛卡儿积运算方法相同,还有特殊的投影、选择、连接、除等关系运算;后者也称为关系演算,它通过元组必须满足的谓词公式来表达查询要求。

1.2.2 关系型理论基础

关系是以二维表的结构来表示实体(事物)集及其实体集之间的联系。但是,并不是所有的二维表都能直接转换成关系,必须通过关系数据库理论的关系范式检验,对原始二维表分解、组合、调整后才能符合关系数据库理论中的数据表与数据库。

1.2.2.1 集合运算

假设 H 关系描述跳高学生的情况,F 关系描述跳远学生的情况,L 关系描述课程情

况,则 H 关系、F 关系和 L 关系的集合运算法则如下:

(1) 并(Union)。H 关系和 F 关系的并记作 $H\cup F$,结果关系 S 与 H 关系或 F 关系具有相同的属性,由两个关系中的元组组成,也就是由参加跳高和跳远的学生组成,即 $S=H\cup F$,如表 1.3 所示。

(2) 交(Cross)。H 关系和 F 关系的交记作 $H\cap F$,结果关系 S 与 H 关系或 F 关系具有相同的属性,由 H 关系中与 F 关系中相同的元组组成,也就是由参加跳高也参加跳远的学生组成,即 $S=H\cap F$,如表 1.3 所示。

(3) 差(Difference)。H 关系和 F 关系的差记作 $H-F$,结果关系 S 与 H 关系或 F 关系具有相同的属性,由 H 关系中的元组去掉在 F 关系中存在的元组组成,也就是由参加跳高但不参加跳远的学生组成,即 $S=H-F$,见表 1.3 所示。

表 1.3 关系运算

H 关系

学号	姓名
信息 99101	张 俊
信息 99102	王 明
信息 99103	刘 文

F 关系

学号	姓名
信息 99101	张 俊
信息 99104	王 丽

L 关系

课程号	课程名	类别
计 90901	计算机应用	考查
数 90801	数据库技术	考试

$S=H\cup F$

学号	姓名
信息 99101	张 俊
信息 99102	王 明
信息 99103	刘 文
信息 99104	王 丽

$S=H-F$

学号	姓名
信息 99103	刘 文
信息 99102	王 明

$S=H\cap F$

学号	姓名
信息 99101	张 俊

1.2.2.2 关系运算

(1) 投影(Projection)。关系 S 的投影运算是从关系 S 中选择若干个属性,组成新的关系。设关系 S 为 n 目关系,$A_{i1},A_{i2},\cdots,A_{im}$ 分别是它的第 $i_1,i_2,\cdots,i_m$ 个属性,则关系 S 在 $A_{i1},A_{i2},\cdots,A_{im}$ 上的投影是一个 m 目关系,其属性为 $A_{i1},A_{i2},\cdots,A_{im}$,记为 $\prod_{i_1,i_2,\cdots,i_m}(R)$ 或 $\prod A_{i1},A_{i2},\cdots,A_{im}(R)$。

例如 $\prod_{姓名,课程名}(F\times L)$ 运算,即对关系 F(参加跳远学生表)和关系 L 笛卡尔积运算结果的投影运算,其结果关系是从关系 F 和关系 L 笛卡尔积运算结果投影出学生的姓名和课程名属性,运算结果如表 1.4 所示。

表 1.4 $\prod_{姓名,课程名}(F\times L)$

姓 名	课程名
张 俊	计算机应用
张 俊	数据库技术
王 丽	计算机应用
王 丽	数据库技术

（2）选择（Selection）。设 M 是一个命题公式，则在 S 关系上的 M 选择是由在 S 中挑选满足 M 的所有元组组成的一个新关系，这个关系是 S 的一个子集，记为 $\sigma_M(S)$。

其中 M 命题由下列三部分组成：

① 运算对象：列号、常数或属性名。

② 算术比较符：$<$、$\leqslant$、$>$、$\geqslant$、$\neq$、$=$。

③ 逻辑运算符：$\wedge$（与）、$\vee$（或）、$-$（非）。

例如对 F 关系和 L 关系的笛卡尔积（$F \times L$）结果关系上的 M 选择，M 命题是类别等于"考试"，则运算结果 $\sigma_M(H \times F)$ 的关系如表 1.5 所示。

在关系型数据库中，数据的完整性是数据的约束条件，关系完整性分实体完整性、参照完整性和用户定义完整性三类。

表 1.5　M 关系表

学号	姓名	课程号	课程名	类别
信息 99101	张　俊	数 90801	数据库技术	考试
信息 99104	王　丽	数 90801	数据库技术	考试

（3）笛卡儿积（Cartesian product）。F 关系和 L 关系的笛卡儿积记作 $F \times L$，结果关系 S 的属性由与 F 关系和 L 关系中的属性组成，元组 F 关系中的每一个元组与 L 关系中的每一个元组的组合，也就是每位参加跳远学生的每门课程，即 $S = F \times L$，见表 1.6 所示。

表 1.6　$S = F \times L$

学号	姓名	课程号	课程名	类别
信息 99101	张　俊	计 90901	计算机应用	考查
信息 99101	张　俊	数 90801	数据库技术	考试
信息 99104	王　丽	计 90901	计算机应用	考查
信息 99104	王　丽	数 90801	数据库技术	考试

1.2.2.3　关系模型的评价

随着时间的推移，数据库可能会遇到如下具体问题：

（1）当某个系刚刚成立时，有系和系主任，但还没招生，则无法以一个完整的元组形式插入，只能把系名、系主任名的信息存入数据库，这就出现了所谓的"异常插入"或"变态插入"（无主关键字）。

（2）反过来，若某系停止招生五年，势必会出现该系的学生全部毕业的情况，在陆续把有关信息（以元组形式）删掉的同时，把系及系主任的信息也删掉了（事实上，这个系还存在），这就出现了所谓的"异常删除"。

（3）冗余太大。每个系名及对应的系主任名要与该系每一个学生所学的每一门功课的所有总数出现同样多次数，浪费大量存储。

（4）不易维护。比如，当改选系主任时，涉及很多元组，要进行大量修改，当并发访问控制不当时，还易出现数据不一致性（如多个用户同时访问数据库，前面的用户可能用没改过的主任名，而后面的用户可能用改过的主任名）。

显然,该模型是不好的,那么出现上面诸问题的原因何在? 就是因为关系模型不规范造成的结果,需要对关系进行范式化。

1.2.3 关系的范式

关系的规范化工作是对数据组织的约束,使数据组织符合关系理论,构建关系数据库,这也是数据库设计的一个最基本的工作。

定义 1 设关系模式 $R(\cup)$ 是属性集 $\cup$ 上的关系框架,X,Y 是 $\cup$ 的子集,若 $R(\cup)$ 的任一关系中不可能存在这样的两个元组,它们在 X 中的属性值相等,而在 Y 中的属性值不等,则称"X 函数决定 Y"或"Y 函数依赖 X",记作 $X \to Y$ 或 $Y \leftarrow X$。

例 1:设有学生关系框架 $S(S^\#, SD, MN, C^\#, G)$,其中各属性的含义是:$S^\#$(学号)、SD(系名)、MN(系主任)、$C^\#$(课号)、G(成绩)。根据各属性间的现实关系,有:

$S^\# \to SD$;$S^\# \to MN$;$SD \to MN$

$C^\# \nrightarrow G$(表示 G 对 $C^\#$ 的函数依赖不成立)

定义 2 在 $R(\cup)$ 中,如果 $X \to Y$ 对于 X 的任何一个真子集 X',都有 $X' \nrightarrow Y$,则称 Y 对 X 完全函数依赖,记作 $X \xrightarrow{f} Y$,或 $Y \xrightarrow{f} X$。若 $X \to Y$,但存在 X 的真子集 X',使得 $X' \to Y$,则称 Y 对 X 部分函数依赖,记作 $X \xrightarrow{P} Y$,或 $Y \xrightarrow{P} X$。

对于例 1,应有 $S^\# C^\# \xrightarrow{f} G$;$S^\# C^\# \xrightarrow{P} SD$(因 $S^\# \to SD$)。

定义 3 在 $R(\cup)$ 中,若 $X \to Y$,但 $Y \nrightarrow X$,$Y \to Z$,$Z - Y \neq \Phi$,则 $X \xrightarrow{Y} Z$ 称为 Z 对 X(经 Y)传递函数依赖。

对于例 1,应有 $S^\# \to SD$,但 $SD \nrightarrow S^\#$,$SD \to MN$,且 $MN - SD \neq \Phi$,所以说 MN 对 $S^\#$ 经 SD 传递函数依赖。

即 $S^\# \xrightarrow{传递} MN$(经 SD)。

关系模型是有优劣之分的,通常就看它达到了哪一级范式。这里列几种主要范式及它们之间的包含关系,即 $1NF \supseteq 2NF \supseteq 3NF \supseteq BCNF$。

定义 4 所有符合关系定义的关系都称为规范关系,或称它为第一范式(简记为 1NF)。

若使表 1.7 的关系规范,把年月日合并为一个不可再分的属性,或分成三个属性:出生年、出生月、出生日均可。

表 1.7 学生基本情况表

学号	姓名	出 生		
		年	月	日
2001103	张三	1987	04	10
⋮	⋮	⋮	⋮	⋮

定义 5 在 $R(\cup)$ 中,包含于任何候选关键字中的属性为主属性,否则为非主属性。

定义 6 如果 R 是 $1NF$ 的,且 R 的所有非主属性都完全函数依赖于 R 的每一个候选关键字,则称 R 是第二范式的,简记为 2NF。

对例 1,候选关键字为 $S^\#C^\#$,所以 $S^\#$ 和 $C^\#$ 为主属性,其余为非主属性,并有 $S^\#C^\# \xrightarrow{P} SD$(因 $S^\# \rightarrow SD$),所以关系 S 不是 2NF 的,即 $S \notin 2NF$。

若(通过投影运算)把 S 分解成如下两个关系:$SC(S^\#,C^\#,G)$,$SDM(S^\#,SD,MN)$,且 SC 与 SDM 可通过 $S^\#$ 联系,这时 $SC \in 2NF$,$SDM \in 2NF$。

现重新评价分解后的模型。显然 S 中的冗余大、不易维护这两方面有了很大改进,系名与系主任名的出现次数仅与该系所拥有的学生数相同(冗余度降低了许多),修改系主任名时涉及元组也就少得多,但异常插入、异常删除两方面的问题依然存在。这是因为在 SDM 中 MN 经 SD 传递依赖于 $S^\#$,这说明 2NF 还不能完全解决问题,必须对模型进一步规范。

定义 7 设 R 是 1NF 的,若 R 中任何一个非主属性都不依赖于它的任何一个候选关键字,则称 R 是第三范式的,简记为 3NF。

现在进一步将 $SDM(S^\#,SD,MN)$ 分解为 $SM(SD,MN)$,$SDP(S^\#,SD)$,即原来的 $S(S^\#,SD,MN,C^\#,G)$ 分解为 $SC(S^\#,C^\#,G)$,$SM(SD,MN)$,$SDP(S^\#,SD)$,这时 SC,SM,SDP 均达到了 3NF,其中 SC 与 SDP 靠 $S^\#$ 联系,SM 与 SDP 靠 SD 联系。经这次分解,冗余大、不易维护的问题圆满解决,异常插入、异常删除等问题的解决也令人满意。尽管 $S^\#$,SD 的值还有少量重复,但这是必要的,要起联系作用。

有些关系模型即使达到了 3NF,但仍不理想,还需进一步分解使其达到更高范式。

定义 8 设有关系 R,其属性集为 ∪,X 和 Y 是 ∪ 的任意两个子集,若有 $Y - X \neq \Phi$,$X \rightarrow Y$ 时,必有 X 是 R 的超关键字,则称 R 是 Boyce-codd 范式的,简记为 BCNF。

例 2:设有教学关系 $STC(S^\#,T^\#,C^\#)$,其中 $S^\#$,$C^\#$ 含义同关系 S,$T^\#$ 是教员编号,假定同一学期每一教师只教一门课,每门课有若干个学生学习,但只对应一个教师,由语义可得如下函数依赖:

$$S^\#C^\# \xrightarrow{P} T^\#;S^\#T^\# \xrightarrow{P} C^\#;T^\# \longrightarrow C^\#$$

显然,属性集 $S^\#C^\#$ 和 $S^\#T^\#$ 都是候选关键字,所以 STC 中无非主属性,当然也就不存在非主属性对候选关键字的传递依赖问题,所以 $STC \in 3NF$。

又因为 $C^\# - T^\# \neq \Phi$,$T^\# \rightarrow C^\#$,而 $T^\#$ 不是 STC 的超关键字,所以 $STC \in BCNF$。设 STC 有如表 1.8 所示的一个具体关系,该关系仍然存在下列问题:

(1)若将 T_1 教的课程 C_1 改一下,则需改多处。

(2)若 84001 不选学 C_3 课,则将该记录取消后便出现了"异常删除",课程 C_3 信息丢失(没人选并不等于不能开设这门课)。

表 1.8 教学关系 STC

$S^\#$	$T^\#$	$C^\#$
84001	T_1	C_1
84001	T_2	C_2
84001	T_3	C_3
84002	T_1	C_1

续表

$S^{\#}$	$T^{\#}$	$C^{\#}$
84002	T_2	C_2
84003	T_1	C_1
84003	T_2	C_2

（3）若没招生，有教师，并决定设置什么课，由谁开，但无学生时就无法输入，就会出现"异常插入"，现将其分解为 TC($T^{\#}$,$C^{\#}$)，SC($S^{\#}$,$C^{\#}$)，则它们都是 BCNF 的，上面的问题均得到解决。

现在将所提到的几种范式归纳为如图 1.7 所示的形式，以便理解与记忆。

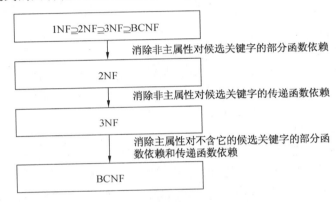

图 1.7　几种范式之间的关系

关系的规范形式还有 4NF，W4NF，5NF 等，限于篇幅和实际应用情况，这里不再讨论。通过规范化处理，使二维表符合如下基本性质：

（1）表中的属性值是不可分解的最基本元素。

（2）二维表的每一列只能有唯一的名称，也称字段名，而且必须是同性质的。例如：成绩字段，只能是某门课程的分数或等级，不能既有课程成绩，又有平均成绩或最高成绩等内容。

（3）表内整列的顺序与列的值无关，表内整行的顺序与行的值无关。例如，学号与成绩排列时，不分前后。

（4）表内不允许有完全相同的行。

（5）表分两部分，表结构与表记录。表记录增加、删除、修改等维护操作时，不影响表结构字段名、类型和长度等定义。修改表结构时，可能影响表记录的内容发生变化。

1.3　数据库系统的研究与应用

数据库技术的研究与应用范围十分广泛，而且正在不断地高速向前发展。

1.3.1　数据库技术研究范围

数据库技术的研究范围从总体上可分成三个主要领域。

（1）数据库管理系统软件研制

数据库管理系统（DBMS）是数据库系统的基础，研制 DBMS 的基本目标是扩大功能、提高性能、增强可用性。研制以 DBMS 为核心的一组相互联系的软件系统已经成为当前数据库软件产品的方向，这些在 DBMS 基础上运行的软件系统包括数据通信软件、表格软件、数据字典、报表书写和图形系统等。

由于数据库应用领域的不断扩大，数据库不仅广泛应用于管理，而且已经应用到工程设计、图形图像处理和声音多媒体介质的复杂数据处理、控制和计算机辅助设计等领域。数据库应用领域的不断扩大，给 DBMS 软件的研制带来了新的课题，这不仅涉及应用系统的设计方法，而且涉及数据库系统模型，以及实现技术等多种新的问题。出现了面向对象的数据库、多媒体数据库、工程数据库、语音数据库、图形图像数据库、数据仓库等研究方向，这些新研究方向都来源于用户的需求、信息化的发展和数据库技术的应用。

（2）数据库设计

在数据库管理系统的支持下，按照企业的实际需要，设计出一个结构良好、使用方便，数据处理效率高的数据库及其应用系统，是数据库设计的主要任务。在这个领域内，主要研究内容是数据库设计方法、数据模型方法的研究、数据库设计的计算机辅助方法的研究、数据库设计规范和标准的研究及数据设计工具的开发等。

（3）数据库理论

数据库理论研究的主要内容集中于关系规范化理论、关系数据库理论、数据库与人工智能结合的专家库、数据库与逻辑、逻辑演绎推理结合的知识库等方面。此外，演绎数据库、面向对象的数据库、知识数据库系统的研究也都是这一研究方向。例如，IBM 公司的 E. F. Codd 研究的关系数据模型等。

计算机与网络技术的飞速发展，使得应用领域不断增加，信息技术的应用也逐渐从信息查询、数据传送走向网络环境中的海量数据存储、数据挖掘和决策信息支持，因此数据存储的可靠性和可管理性，正日益成为企业信息化进程中的一个关键环节。目前，市场已经不再满足于现有的分散式存储模式，一些有远见的企业用户开始考虑建立集中数据管理模式。因此，现今存储技术与数据挖掘技术的发展已成为全球各商家及企业最为关注的信息技术之一。

在全球经济一体化的驱动下，企业业务将越来越多地发生在世界各地不同的地点、不同的硬件平台和不同的数据库中，企业大量的数据信息不能够实现真正的共享，使得工作位置变得更加复杂，使企业获取有效信息更加困难。因此，基于网络数据库的开发与利用的网络存储，以及网络数据挖掘技术也就有了巨大的市场潜力。技术的不断进步使高伸缩性的基础设施应运而生，网络存储将是一个最大的发展趋势，存储虚拟化、独立于服务器的存储及模块化存储的技术和智能化的数据挖掘技术，使企业、用户能够更加方便地使用并有效地管理数据。

数据挖掘技术在国内外不断创新与发展，涉及存储设备与软件开发、系统集成、存储服务供应、解决方案提供，还包括金融、证券、电信、保险、邮政、交通、航空、石化、能源等众多行业建立起相互交流的平台。

1.3.2　数据库技术应用领域

信息系统的建设和应用建立在数据库基础上,信息技术的发展促进了数据库技术的向前发展。这相当于计算机科学与电子技术的内在联系。信息技术日新月异的发展和宽广的应用领域,事实上是以数据库技术为依托。两者必须同步发展,相互依赖。信息技术的发展给数据库技术提出了新的研究课题,同时数据库技术在信息系统中的应用为数据库技术的研究提供了充足的资金来源。

1.3.2.1　在 MIS 中的应用

管理信息系统(MIS)的研制,几乎全部是数据库系统功能的应用。在管理信息系统中无论是事务处理、综合业务处理,还是决策支持系统中都体现了数据库作用。信息是从用户需求的角度来描述事物,数据是从计算机处理的角度来描述、传输、保存、检索、再现事物的属性。

1.3.2.2　在 CIMS 中的应用

计算机集成制造系统(CIMS),除了需要传统的 DBMS 功能外,还要求一些新的功能,例如:

（1）面向工程环境的数据类型,要求能对这些数据进行数据定义和数据操纵。使其设计者可以定义新的数据类型,修改和重新定义自己的数据结构等。

（2）能存储和有效地检索图形、工程数据。

（3）能管理设计过程中对象的演变历史。

（4）具有处理复杂数据对象间语义完整性、一致性约束能力。

（5）具有处理长事务的安全性、可恢复性的能力。

1.3.2.3　在 CASE 中的应用

计算机辅助软件工程(CASE)涉及软件开发的全过程,在使用 CASE 工具进行软件开发的每个过程,都需要数据库的支持。例如:一切与开发有关的活动(分析过程、方案设计等)都应由 CASE 数据库来支持。

CASE 环境下包括大型程序和文档的版本管理能力,而且这些是传统数据库所不能提供的。

1.3.2.4　在 OAS 中的应用

办公自动化系统(OAS)所处理的数据具有多样性,既有图形、文字、声音等多媒体数据,又有智能电话、传真、电视电话等信号数据和网络控制数据,如纸张、录音磁带、录像磁带等,所以要求数据库能处理多介质信息。

1.3.2.5　在数据挖掘中的应用

数据挖掘是对已经存在的数据资源通过各种模型、工具将来自不同地理位置,不同数据库进行数据分类、汇总统计、模拟、评估、预测等数据分析,从数据分析中获取有用的决策信息。数据库为数据挖掘提供了最原始、最基本的资料。数据挖掘技术的应用主要有如下几方面:

（1）数据挖掘技术的行业应用;

（2）人工神经网络数据库技术;

（3）数据挖掘与企业 CRM;

（4）数据挖掘与银行信誉制；

（5）数据挖掘在电子政务中的应用；

（6）数据挖掘过程的信息安全保护。

1.3.2.6　大数据技术

大数据分析与处理涉及其应用的领域越来越多。大数据的数量、速度、多样性等都呈现了不断增长的复杂性，所以大数据的分析方法显得尤为重要，已经成为信息是否有价值的决定性因素。对于大数据来说，最重要的还是对于数据的分析，从里面寻找有价值的数据帮助企业做更好的商业决策。

（1）大数据的采集

大数据的采集是指利用多个数据库接收来自客户端的数据，并且用户可以通过这些数据库进行简单的查询和处理工作。在大数据采集过程中，遇到的挑战是并发数高，同时有可能会有成千上万的用户来进行访问和操作，比如火车票售票网站和淘宝，它们并发的访问量在峰值时达到上百万，所以需要在采集端部署大量数据库才能支撑。此外，如何在这些数据库之间进行负载均衡和分片，的确是需要深入地思考和设计。采集端本身会有很多数据库，但如果要对这些海量数据进行有效的分析，还是应该将这些来自前端的数据导入一个集中的大型分布式数据库，或者分布式存储集群，并且可以在导入基础上做一些简单的清洗和预处理工作。导入与预处理的数据不仅量大，而且速率高，每秒钟的导入量经常会达到百兆，甚至千兆级别。

（2）大数据分析

大数据分析是数据应用领域的主要工作。其功能主要包括预测性分析能力、数据质量和数据管理、可视化分析、语义引擎和数据挖掘算法五个方面。

① 预测性分析能力。数据挖掘可以让分析员更好地理解数据，而预测性分析可以让分析员根据可视化分析和数据挖掘的结果做出一些预测性的判断。

② 数据质量和数据管理。数据质量和数据管理是一些管理方面的最佳实践。通过标准化的流程和工具对数据进行处理，可以保证获得预先定义好的高质量的分析结果。

③ 可视化分析。不管是对数据分析专家还是普通用户，数据可视化是数据分析工具最基本的要求。可视化可以直观地展示数据，让数据自己说话，让观众听到结果。

④ 语义引擎。我们知道由于非结构化数据的多样性带来了数据分析新的挑战，我们需要一系列的工具去解析、提取、分析数据。语义引擎需要被设计成能够从"文档"中智能提取信息。

⑤ 数据挖掘算法。如果说可视化是给人看的，那么数据挖掘就是给机器看的。集群、分割、孤立点等分析，还有其他的算法，都能让我们深入数据内部，挖掘价值。这些算法不仅要处理大数据的量，也要处理大数据的速度。

大数据处理对数据时代理念产生了三大转变：① 要全体不要抽样；② 要效率不要绝对精确；③ 要相关不要因果。

（3）大数据分析工具

世界各大数据分析公司斥资收购与兼并，组织研发了各有特点的大数据分析工具，打造大数据云平台提供大数据服务。Hadoop 已被公认为是新一代的大数据处理平台，EMC，IBM，Informatica，Microsoft，Oracle 都纷纷投入了 Hadoop 的怀抱，形成了一系列具有特色的数据分析工具,如 Greenplum,Informatica,Vertica,BDA,PDW,Teradata 等是当今知名的大数据分析公司和对应工具,具体详情请参阅相应大数据分析公司网站提供的相关资料。

① Greenplum。这是数据软件公司,也是大数据处理工具。该公司具有强大的数据团队和数据分析团队,可以在 Greenplum 平台上无缝地共享信息、协作分析,能够在一个设备里运行并扩展 Greenplum 关系数据库和 Greenplum HD 节点。DCA 提供了一个共享的指挥中心界面,让管理员可以监控、管理和配置 Greenplum 数据库和 Hadoop 系统性能及容量,可以使组织内的任何用户进行大数据分析。其中云上的 Big Insights 软件可以分析数据库里的结构化数据和非结构化数据,使决策者能够迅速将洞察转化为行动。

② Informatica。Informatica 是全球领先的独立企业数据集成软件提供商。企业在世界各地的组织机构可以依赖 Informatica 工具为其重要业务,并提供及时、相关和可信的需求数据,从而赢得企业竞争优势。众多知名企业通过 Informatica 工具便捷地使用及管理其在本地的、云中的和社交网络上的信息资产,并挖掘主要信息的潜能,并推动企业卓越的业务目标实现。还可以灵活高效地处理 Hadoop 里面的任何文件格式,为 Hadoop 开发人员提供即开即用的解析功能,以便处理复杂而多样的数据源,包括日志、文档、二进制数据或层次式数据,以及众多行业标准格式。

③ Vertica。Vertica 是典型的大数据处理工具,它基于列存储的设计,相比传统面向行存储的数据库具有巨大的优势。Vertica 被惠普收购后,进行了重大改进,可支持大规模并行处理(Massively Parallel Processing,MPP)等技术,通过 MPP 的扩展性可以让 Vertica 为高端数字营销、电子商务客户分析处理的数据达到 PB(250B)级。早在惠普收购 Vertica 之前,Vertica 就推出包括内存、闪存快速分析等一系列创新产品。它是首个新增 Hadoop 链接支持客户管理关系型数据的产品之一,也是首个基于云部署风险的产品平台之一。

④ BDA(Big Data Appliance)。这是甲骨文大数据设备的集成系统,这包括 Cloudera 的 Hadoop 系统管理软件,采用 Oracle Linux 操作系统,并配备 Oracle no SQL 数据库社区版本和 Oracle Hot Spot Java 虚拟机。BDA 为全架构产品,每个架构 864GB 存储,216 个 CPU 内核,648TB RAM 存储,每秒 40GB 的 Inifini Band 连接。

⑤ PDW(Parallel Data Warehouse)。这是微软的并行数据仓库软件系统,它使用了大规模并行处理来支持高扩展性,它可以帮助客户扩展部署数百 TB(240B)级别数据的分析解决方案。微软目前已经开始提供 Hadoop,Connectorfor,SQL Server,Parallel Data Warehouse,Hadoop Connector for SQL Server 社区技术预览版本的连接器。

⑥ Teradata 天睿公司是美国前十大上市软件公司之一。Teradata 已经成为全球专注于大数据分析、数据仓库和整合营销管理解决方案主要供应商。数量庞大、增长迅猛、种类多样的数据已经成为企业在大数据时代发展不得不面临的现实境况。对此,Teradata 基于客户需求,提供领先、全面、高效的大数据分析解决方案,帮助企业获取商业洞察力,并且将之转化为行动力,创造商业价值。

1.3.3　数据库技术发展动态

数据库技术自诞生之日起,倍受数据用户的欢迎。数据库技术的应用不断扩大,数据库技术本身也不断提高,随后提出了数据仓库、数据集市和数据挖掘等理论与方法。

（1）数据仓库（Data warehouse）

20世纪80年代中期，"数据仓库之父"William H. Inmon先生在《建立数据仓库》一书中定义了数据仓库的概念，随后又给出了更为精确的定义：数据仓库是在企业管理和决策中面向主题的、集成的、与时间相关的、不可修改的数据集合。与其他数据库应用不同的是，数据仓库更像一种过程，对分布在企业内部各处的业务数据的整合、加工和分析的过程，而不是一种可以购买的产品。

（2）数据集市（Data mart）

数据集市也叫"小数据仓库"。如果说数据仓库是建立在企业级的数据模型之上的话，那么数据集市就是企业级数据仓库的一个子集，它主要面向部门级业务，并且只面向某个特定的主题。数据集市可以在一定程度上缓解访问数据仓库的瓶颈。

（3）数据挖掘（Data mining）

这是一种决策支持过程。它主要基于AI、机器学习、统计学等技术，高度自动化地分析企业原有的数据，做出归纳性的推理，从中挖掘出潜在的模式，预测客户的行为，帮助企业的决策者调整市场策略，减少风险，做出正确的决策。数据抽取（Extract）、转换（Transform）、清洗（Cleaning）、装载（Load）等是数据挖掘过程的重要环节，也是数据仓库中数据处理的重要功能。用户从数据源抽取出所需的数据，经过数据清洗，最终按照预先定义好的数据仓库模型，将数据加载到数据仓库中去。

（4）比特币（Bit Coin）

这一概念最初由中本聪在2009年提出。比特币是一种由开源的P2P软件产生的数字货币。P2P的传输方式意味着一个去中心化的支付系统。P2P的去中心化特性与算法本身可以确保无法通过大量制造比特币来人为操控币值。比特币可以用来兑现，可以兑换成大多数国家的货币。使用者可以用比特币购买一些虚拟物品，比如网络游戏中的衣服、帽子、装备等，只要有人接受，也可以使用比特币购买现实生活当中的物品。目前比特币成为数据库领域研究的最新热点，推动着数据应用领域的快速发展。

（5）区块链（Block chain）

这是比特币的一个重要概念，本质上是一个去中心化的数据库，同时作为比特币的底层技术。区块链是一串使用密码学方法相关联产生的数据块，每一个数据块中包含了一次比特币网络交易的信息，用于验证其信息的有效性（防伪）和生成下一个区块，并按照时间顺序将数据区块以顺序相连的方式组合成的一种链式数据结构，以密码学方式保证的不可篡改和不可伪造的分布式账本。从广义视角来看，区块链技术是利用块链式数据结构来验证与存储数据、利用分布式节点共识算法来生成和更新数据、利用密码学的方式保证数据传输和访问的安全、利用由自动化脚本代码组成的智能合约来编程和操作数据的一种全新的分布式基础架构与计算范式。

本 章 小 结

本章以数据库为核心，系统全面地介绍了数据、数据库和数据库系统的内涵、组成、数据描述过程和数据库技术的发展历程；介绍了数据模型的类型与特点，重点介绍了关系数据模型的理论与演算方法,并结合数据库技术发展动态探讨了在互联网环境下的网络数据库应用和研究领域。

研讨分析

(1)研讨

① 数据、数据库、数据库管理系统、数据库系统、数据处理、数据挖掘、数据仓库、数据集市的内涵与特点。

② 阐述不同类型数据模型的适用情况,并分析关系型数据模型被广泛应用的原因。

③ 与数据库系统相关的人员角色有哪些?你期望成为什么角色?为什么?

④ 数据库技术将会有何新的发展动态?

(2)分析

信息化已经成为促进人类进步的推动力,在我们的生活、学习、工作等所有活动中都离不开信息化。分析信息技术与数据技术之间的关系。

第 2 章

数据库管理系统

本章重点介绍数据库管理系统（Visual FoxPro，VFP）的基础知识，为数据库操作做知识准备工作。Visual FoxPro 是在 Windows 操作系统支持下运行的小型数据库管理工具软件，它具有 Windows 操作系统的基本特征。为此，类同于 Windows 操作系统的操作内容和方法不再细述。

2.1 Visual FoxPro 产品与特点

Visual FoxPro 是市场上深受欢迎的小型数据库管理系统之一。它历经了 20 多年的发展，其功能不断加强，性能不断完善，已经形成了系列产品。其中 Visual FoxPro V6.0 是最常用的一个版本，本书以该版本为例。

2.1.1 Visual FoxPro 产品

Visual FoxPro 的前身是 Fox Software 公司的 FoxBASE 产品。

1986 年，在 dBASE Ⅲ Plus 兼容的 FoxBASE + 推出后不久，FoxPro/LAN 就投向市场，并引起了轰动。随后，Fox Software 公司相继推出了 FoxBASE + 2.0 和 2.10。

1989 年下半年，Fox Software 公司推出了 FoxPro 1.0。它的特点是首次引入基于 DOS 环境的窗口技术 COM，是一个与 dBase 和 FoxBase 完全兼容的编译型集成式的数据库管理系统，它支持鼠标，使操作更加方便。

1991 年，FoxPro 2.0 推出。它的特点是使用 Rushmore 查询优化技术，先进的关系查询与报表技术，以及整套第四代语言工具，是一个真正的 32 位产品，它不仅加入了 100 多条全新的命令与函数，使得 FoxPro 的程序设计语言逐步成为 Xbase 语言标准，而且第一次引入 SQL 结构化查询语言和直观的按比例关系查询，并采用存入备注数据字段的方式，不产生独立存在的 OBJ 文件。这使得 FoxPro 荣获该年度美国许多杂志所评价的多项成果奖。

1992 年，Microsoft 公司收购了 Fox Software 公司，把 FoxPro 纳入自身的产品范围内。在较短的时间加速新产品的研发，推出了 FoxPro 2.5 和 FoxPro 2.6 等约 20 个软件及其相关产品。

1995 年 6 月，Microsoft 公司推出了 Visual FoxPro 3.0，它是 Fox 家族的第一个可视化成员。没过多久，又推出了 Visual FoxPro 5.0 及其中文版，这是一个 32 位的系统，具备使用和创建 COM 服务器的功能，并支持在 Internet 上发布 Visual FoxPro。也就是从这个版本开始,Visual FoxPro 加入了 Visual Studio 家族。

1998 年,随着可视化技术的进一步成熟和发展,Microsoft 公司发布了可视化编程语言集成包 Visual Studio 6.0。它是可运行于 Windows 95/98 和 Windows NT 平台的 32 位数据库开发系统,这是一个划时代的小型数据库管理系统产品。

2001 年 5 月,Microsoft 发布了 Visual FoxPro 7.0 产品。

2003 年 2 月,Microsoft 发布了 Visual FoxPro 8.0 产品。它增加任务面板管理器、数据库事件、COM 事件绑定、OLE DB Provider 及对 XML,Windows 2000 等功能。

2007 年 3 月,Microsoft 公司发布了 Visual FoxPro 9.0,安装时不需要输入序列号,不需要再汉化,一次性安装成功后即为简体中文版。这版不仅主程序、工具、向导已汉化,就连帮助文件也已经全部汉化,并且更正了原版的一些 Bug,堪称是最好的简体中文版。此版本在 Windows 98/ME/2000/XP 下安装测试通过(部分系统自带工具在 Windows 2000 及以下需 IE6 支持,但不影响程序开发和编译)。

随着数据库技术的不断发展和用户需求,Visual FoxPro 在 Microsoft 公司的努力下,仍然不断向前发展。

2.1.2　Visual FoxPro V6.0 的特点

本书采用 Visual FoxPro V6.0 作为讲解和实验的环境,这不仅是因为 Visual FoxPro V6.0 简洁、灵活、高效和性能稳定,而且它具有如下特点:

(1)友好的用户界面。Visual FoxPro 充分利用了 Windows 的 GUI(图形用户窗口),具有 Windows 应用程序的一般特征。界面友好且易学易用。用户只要在 Visual FoxPro V6.0 系统提供的各式各样的向导、生成器、工具、设计器和菜单的帮助下,对数据库处理的种种操作及应用系统的开发变得简单、便捷。

(2)良好的兼容性。Visual FoxPro V6.0 与 dBase,FoxBase,FoxPro 兼容。以前在 dBase、FoxBase、早期版本的 FoxPro 上所建立的数据库及开发应用程序,可方便地移植到 Visual FoxPro V6.0 上来。

(3)较强的数据处理能力。Visual FoxPro V6.0 具有较强的数据处理能力,它可以处理一般简单数据,而且还可以处理图形、图像和声音等复杂数据,并方便地与其他应用程序共享信息。

(4)Rushmore 技术。Visual FoxPro V6.0 采用了先进的 Rushmore 数据索引技术来访问索引文件中的数据,可以大幅度地提高查询效率,能够从大文件中精确地检索数据。

(5)面向对象特性。Visual FoxPro 具有封装的特性,能使用户加入一个对象到应用程序中,并将其复杂的处理隐藏起来而与使用者隔绝。Visual FoxPro V6.0 还具有继承性,用户一旦修改某一个类,所有根据此类建立的对象均自动随之改变。

(6)方便的数据库容器。Visual FoxPro 提供的数据库容器为交互式的用户、应用程序的开发者提供了对数据库的集中管理。数据库容器允许多个用户在同一个数据库里创建与修改对象,使得用户对数据的完整性、一致性的维护变得非常容易。

(7)OLE 和 Active 功能。Visual FoxPro 不仅可以作为 OLE 客户,也可以作为 OLE 服务器。同时 Visual FoxPro V6.0 还提供了建立 OLE 服务器的方法,由此,其他程序可以很容易地使用 Visual FoxPro 的功能。

（8）联机帮助功能。Visual FoxPro V6.0 为用户提供了较强的帮助功能，使用户可以更加快捷方便地得到各种帮助信息，来解决实际操作中遇到的各种各样的问题。

2.2　Visual FoxPro 安装、启动与退出

Visual FoxPro 的安装十分简便，只要具有 Windows 系统下应用软件安装经历的人都可以很方便地完成安装任务。没有安装过任何其他软件的读者按下列步骤完成。

2.2.1　Visual FoxPro 安装

2.2.1.1　安装前的准备

安装 Visual FoxPro V6.0 前首先检查计算机硬件和系统软件是否满足 Visual FoxPro V6.0 的安装要求。现在购买的一般计算机系统机在硬件和软件上都能符合 Visual Fox-Pro V6.0 的需要，但是对于一些老式的计算机系统机的配置就可能不符合。安装 Visual FoxPro V6.0 必须具有：

（1）硬件

支持 Visual FoxPro 运行的硬件配置为：一个鼠标；内存大于 10 MB；具有 80586 133 MHz 以上的中央处理器；当 Visual FoxPro 安装在网络环境下运行时，需要配备网络硬件和一台配有硬盘的服务器。

（2）软件

支持 Visual FoxPro 运行的软件配置为：Windows 95 以上版本的操作系统，网络系统则安装 Windows NT 版本。

2.2.1.2　安装过程

在安装 Visual FoxPro V6.0 前，首先启动 Windows 操作系统，在 Windows 系统主窗口中，将 Visual FoxPro V6.0 的光盘插入光盘驱动器中。然后：

（1）点击"开始"菜单，选择"运行（R）…"菜单项，系统打开运行文件输入框；或者双击"我的电脑"。

（2）在文件名输入框中输入安装启动文件"X：SETUP"并回车，其中"X："为具有 Visual FoxPro V6.0 的光盘驱动器符。或者在"我的电脑"窗中双击具有 Visual FoxPro V6.0 的驱动器符，再双击 SETUP 文件图标。

（3）系统执行 Visual FoxPro V6.0 安装程序"SETUP. EXE"，屏幕上提示"正在安装 Visual FoxPro…"提示，然后显示系统版权说明和使用权的约束规定。

（4）单击"确认"按钮，然后按屏幕提示在相应输入框中输入用户的姓名、工作单位，作为系统基本信息保存在系统中。

（5）选择 Visual FoxPro 安装目录。在安装目录的路径框中系统默认了一个。如果打算更改安装目录，则单击"更改目录"按钮，弹出目录选择对话框，由用户选择一个存放 Visual FoxPro 主要文件的目录。

（6）选择安装类型。Visual FoxPro 可以有三种安装模式，具有不同的安装灵活性。这三种安装模式分别是：

① 最小安装。仅安装 Visual FoxPro 的最基本功能，需要存储空间最小，这种模式的

安装以减少功能为代价,赢得存储空间;不提供帮助文件、样本文件和 ODBC 支持等。

② 典型安装。这种模式需要有足够的存储空间,它将 Visual FoxPro 的许多工具及例程都自动安装到 Visual FoxPro 系统中,这样便于读者使用和学习。

③ 定制安装。用户可以有选择地安装 Visual FoxPro 的部分功能,可以从最小安装到典型安装之间选择用户所需要的功能,既控制了 Visual FoxPro 占用的存储空间,又能满足用户的数据库操作要求。

建议具有系统安装经验的读者选用定制模式,这种模式比较复杂。一般用户在存储空间不受限制的情况下采用典型安装模式为好。如果存储空间不足,才采用最小安装模式。采用哪种模式,需要多少存储空间,在选择模式时,系统会自动提示。

(7) 安装模式选择后,单击"继续"按钮。系统自动将指定的 Visual FoxPro 功能文件从光盘安装到硬盘上。

2.2.2　Visual FoxPro 启动

Visual FoxPro 安装好后,可以通过多种方法启动 Visual FoxPro 系统。

(1) Windows"程序"菜单启动的操作过程

单击"开始"菜单,选择"程序(P)…",在"程序"菜单项中选择"Microsoft Visual FoxPro",然后在"Microsoft Visual FoxPro"菜单项中选择"Microsoft Visual FoxPro"FOX 图标,系统将切换到 Microsoft Visual FoxPro 系统主窗口,可以进行数据库操作。

(2) Windows"运行"菜单启动的操作过程

单击"开始"菜单,选择"运行(R)…"菜单项,系统打开运行文件输入框;输入系统启动文件"[路径]\Visual FoxPro"后,单击"确认"按钮,系统切换到 Microsoft Visual FoxPro 系统主窗口。

(3) Windows "我的电脑"中启动的操作过程

双击"我的电脑"图标。打开系统资源选择操作窗口;然后双击 Visual FoxPro 安装驱动器和目录,直到 Visual FoxPro 所在目录;再双击 Visual FoxPro 系统启动文件"Visual FoxPro",或 Visual FoxPro 的 FOX 图标文件,系统切换到 Microsoft Visual FoxPro 系统主窗口,如果双击 Visual FoxPro 的 FOX 图标文件,则自动打开该文件。

(4) Windows 快捷键启动的操作过程

首先要为 Visual FoxPro 启动文件创建一个快捷键,即双击"我的电脑"图标,打开系统资源选择操作窗口;然后双击 Visual FoxPro 安装驱动器和目录,直到 Visual FoxPro 所在目录,并拖动 Visual FoxPro 系统启动文件"Visual FoxPro"到 Windows 主窗口内。

创建 Visual FoxPro 快捷键后,在 Windows 主窗口内可以直接双击 Visual FoxPro 启动文件图标,系统切换到 Microsoft Visual FoxPro 系统主窗口。

2.2.3　Visual FoxPro 退出

Visual FoxPro 启动后,类同一般的 Windows 窗口,可以通过多种方法退出 Visual FoxPro 系统。

(1) 执行 Visual FoxPro 命令退出

在 Visual FoxPro 命令窗口输入"QUIT",在退出 Visual FoxPro 的同时关闭一切文件。

（2）单击窗口关闭按钮

单击 Visual FoxPro 主窗口右上角的关闭按钮█。

（3）菜单操作

单击 Visual FoxPro 主窗口内"文件"菜单,选择"退出（X）…"。

不论选择何种方式,退出 Visual FoxPro 后,自动关闭 Visual FoxPro 打开的所有文件,返回操作系统,进入 Windows 状态。

2.3 Visual FoxPro 用户界面及其规则

2.3.1 Visual FoxPro 界面

Visual FoxPro 启动后,用户可以根据数据库操作要求进行相应的操作。为了提高数据库的可操作性,系统提供了多种操作形式。通过系统主菜单实现数据库操作是一种最简单的形式。启动 Visual FoxPro 系统后,显示屏上显示 Visual FoxPro 系统的主窗口,如图 2.1 所示。

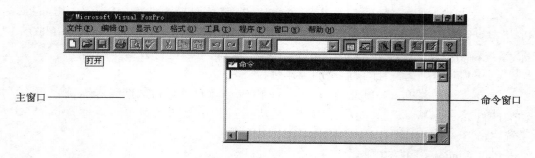

图 2.1 Visual FoxPro V6.0 主窗口

（1）标题栏

在 Windows 系统支持下,每个窗口都有一个标题,这相当于窗口的标识标题位于窗口的顶部,占一行。标题右边有三个按钮,分别是:

① 最小化按钮█。使窗口缩小到一个图标。

② 还原按钮█。使窗口恢复到原来位置和原来大小。这个按钮是一个双功能按钮,另一个功能是最大化按钮█,使窗口占满可显示区。当窗口处在最大化时,显示还原功能;当处在还原按钮时,显示最大化按钮符。

③ 窗口关闭按钮█。使当前窗口关闭。如果当前正在编辑一个文件,在关闭执行前,提示是否保存编辑结果;窗口关闭也可以使用"文件"菜单下的"关闭"菜单条。

（2）菜单栏

在主窗口标题行的下一行是菜单栏,Visual FoxPro 的大部分命令可以通过菜单选择完成其操作,这是一个常用操作区。菜单栏内的菜单项个数随 Visual FoxPro 工作状态的改变而自动添减。例如,打开数据库设计器后,在菜单栏内添加了"数据库"菜单项;如果打开了查询设计器,则在菜单栏内添加了"查询"菜单项。

　　菜单显示位置固定在标题栏下,占一行。菜单操作的方法是通过移动鼠标控制光标移动到菜单项上按下鼠标左键(也称点击或单击菜单项),弹出菜单项的下级子菜单,在按下鼠标左键的同时移动鼠标到相应菜单项或菜单条上(也称拖动鼠标)选择相应操作菜单。如果所选仍是菜单项,则自动弹出下级子菜单,继续选择,直到选中菜单条后释放鼠标左键,菜单选择操作完成。在菜单选择过程中,通常情况下,如果在菜单项的右边有一个向右倒三角形表示存在下级子菜单,选到该项菜单时,自动弹出下级子菜单供选择,如果菜单项右边有"…"符时,表示将打开一个对话框,对操作进一步定义。例如,打开对话框需要定义打开文件的位置和名称,同样保存文件也要定义保存文件的位置和名称。如果菜单右边没有标记符号,则在菜单选择操作完成后系统执行该任务;否则,需要进一步定义并按"确认"按钮后才执行任务。如果在定义后按"取消"按钮,则本次菜单操作作废。

　　在 Visual FoxPro 菜单中包含了 Windows 系统的一般操作菜单选项,这类操作方法与 Windows 下的窗口菜单操作完全相同。

　　窗口菜单操作十分方便,操作要求提示明确。用户按对话框的选项内容和实际要求逐个定义就能完成操作任务的要求;在定义过程中为了更加方便用户的操作,系统在对话框的输入框内往往已经指定了一默认值,如果与操作任务无关的参数可以利用这些默认值。

　　在菜单操作时,弹出的菜单项或菜单条以灰色显示,则该菜单项或菜单条在当前工作状态下是不能操作的。只能选择以黑色的字体显示的菜单项或菜单条。

　　启动 Visual FoxPro 系统后,系统菜单用菜单功能如图 2.2 所示。

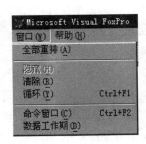

图 2.2　Visual FoxPro 系统菜单

①"文件"菜单项。在"文件"项下从上到下分成六部分,用行分隔线将各部分分开,分别是文件编辑操作、文件保存操作、数据文件传送操作、文件输出操作、热处理文件选择和退出系统。文件编辑操作可新建、打开或关闭一个文件。当打开或新建文件时,都需要选择文件类型和操作方法。如果选择"新建"操作,则自动打开相应的设计器。在文件编辑状态可以选择文件关闭操作,否则该菜单条是灰色,不能操作。文件保存操作菜单仅当正在编辑文件时才有效。文件保存还分成保存、另存为、另存为(HTML)和还原菜单条。如果当前处在新建文件,按"保存"菜单条后系统弹出保存文件对话框,指定文件名和存放位置。

"另存为"菜单条是将当前编辑的文件保存到另外一个文件中,"另存为(HTML)"是将当前编辑的文件转换成 HTML 格式的文件另外保存。还原菜单是指作废当前编辑内容,回到文件保存前的状态。数据文件传送操作是在 Visual FoxPro 系统与其他系统之间传送数据,把其他系统的数据输入 Visual FoxPro 系统称为"导入",把 Visual FoxPro 系统的数据以其他系统数据格式存放称为"导出"。因此,Visual FoxPro 的数据传送具有"导入"和"导出"两个菜单条。热处理文件选择是为了加快文件打开,简化操作过程。可以把用户定义最近操作的文件列在"文件"菜单表中,直接选择指定文件打开。

②"编辑"菜单项。对文件或数据进行编辑的操作工具。相当于在文字编辑过程中的编辑工具。只有处在文件或数据编辑时这些菜单才可以使用;否则不能操作。编辑菜单的菜单项操作功能提示十分清楚。读者很容易掌握。

③"显示"菜单项。当 Visual FoxPro 处在不同的状态,显示提供的菜单操作功能也不相同。在启动 Visual FoxPro 后,"显示"菜单项下仅有"工具栏"菜单条。通过工具栏菜单操作可以很方便地选择用户需要的工具,并显示在 Visual FoxPro 系统主窗口内。"工具栏"菜单条不仅供用户选择显示在窗口内的工具按钮,同时还可以编辑工具栏,用户可以"新建""重置""定制"工具栏,对已有的工具按钮重新组合。

④"程序"菜单项。系统提供了对程序操作的菜单。选择某项菜单后,除"继续"外都需要指定程序文件名。在"程序"菜单项下、具有"运行"程序、"取消"正在运行的程序、"挂起"正在运行的程序、"继续"运行被挂起的程序和"编译"指定的程序 5 个选项。

⑤"窗口"菜单项。对当前操作的某个窗口进行操作。"窗口"菜单下具有对打开的窗口进行"全部重排"、对指定的窗口"隐藏"或"清除"等选项。

⑥"工具"菜单项。用户可以使用"工具"菜单项对 Visual FoxPro 状态和运行环境设置或修改,提供了一系列选择操作功能。例如,"选项"菜单条是一个多功能卡,可选择不同的页面进行相应的选择操作。

⑦"帮助"菜单项提供了 Visual FoxPro 的有关技术资料。说明了 Visual FoxPro 的版本版权信息和使用说明,是一本 Visual FoxPro 使用大全。用户在操作过程中对于一些特殊的功能往往需要通过帮助信息来了解和掌握。

(3)工具栏

工具栏是由提供 Visual FoxPro 工作环境设置、设计工具和常规性操作的功能按钮组成。工具栏上的按钮是归类显示的,当打开某一设计器时,对应的工具栏自动显示出来,供操作选用;当关闭设计器时相应的工具栏也随之关闭。工具栏的显示还可以通过"显示"菜单项中的"工具栏"菜单条定义。在窗口中显示的工具栏可以在窗口内任意位置显示,通常补排列在窗口的边上,往往放在顶部,如图2.3所示。

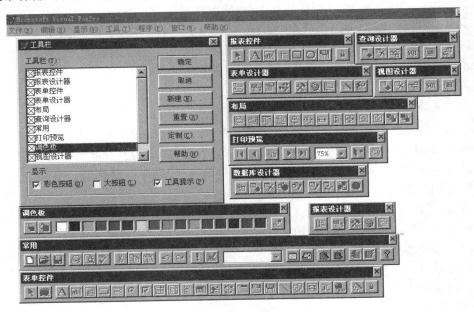

图 2.3　Visual FoxPro 的工具栏

Visual FoxPro 提供了"报表控件""报表设计器""表单控件""表单设计器""布局""查询设计器""常用""打印预览""调色板""视图设计器""数据库设计器"工具栏。通常情况下显示"常用"工具栏。其他工具栏伴随着相应的设计器工作。

(4)状态栏

在状态栏上提示用户当前正在操作的内容说明。例如,当鼠标移到打开文件工具按钮时,在状态栏上显示"打开已有文件";当打开一张表时,状态栏上显示表文件名、总的记录个数、当前记录是哪个、表的打开状态是独占还是共享等信息。

(5)命令窗口

只能显示在主窗口中。用户可以通过选择"窗口"菜单中的"命令窗口"打开它,也可以通过单击"常用"工具栏上的"命令窗口"按钮打开或关闭它。用户可根据自己的需要调整"命令窗口"的大小。

(6)主窗口

指 Visual FoxPro 窗口中的空白区域,通常用来显示输出的结果。用户可根据自己的需要设置主窗口的字体大小等。例如:在命令窗口中输入" _screen. fontsize = 20",回车后主窗口中显示结果的字体大小就为 20 磅。

2.3.2　Visual FoxPro 操作方式

Visual FoxPro 提供了丰富的操作命令和多种操作方式。为了便于用户在 Visual Fox-Pro 系统下方便灵活地进行数据库处理,在操作方式上提供了菜单操作、命令操作和设计器操作。这三种方式都能达到相同的效果。

（1）菜单操作

菜单操作方式是最简单的操作方式，这种操作形同 Windows 中的一般窗口操作，对文件的打开、关闭、保存等操作过程和方法与 Word 的操作一样。用户只要根据需要选择菜单栏上的菜单项和定义对话框来完成某项数据库处理功能和 Visual FoxPro 状态设置。例如，打开数据库、新建表单等操作简便，提示清楚。只要有一般计算机操作常识的用户都能很快掌握。

（2）命令操作

命令操作是 Visual FoxPro 最基本的操作方式，用户可以通过这种操作方式实现所有的功能，因此 Visual FoxPro 的命令操作方式是最重要的方式，在计算机等级考试中占有很大的比例，在以后的学习过程中要掌握 Visual FoxPro 的命令名称、格式、功能、短语和参数的使用等内容。Visual FoxPro 的命令格式通常具有延用旧版的格式和兼用 SQL 的语句格式，所以在实现某一功能时往往有两种格式。在菜单操作时，Visual FoxPro 通常会将相应的命令在命令窗口自动给出，便于用户学习与掌握其操作。

（3）设计器操作

设计器操作方便的应用极大地方便了用户对数据库的操作，减少编程工作量，设计器具有计算机辅助软件开发的功能。用户通过设计器可以方便直观地创建数据库、表和数据处理的相应文件。这不仅降低了数据库操作难度，而且通过可视化显示使得设计工作十分直观，所见格式即所得，极大地拓宽了 Visual FoxPro 的应用对象，减少了数据库系统应用操作培训工作量，使系统更加实用。

2.3.3 Visual FoxPro 命令书写规定

Visual FoxPro 命令可以实现数据的所有操作功能，为了简便命令格式书写和突出各部分的特点，在使用命令操作时必须熟悉具体书写规则，有关 Visual FoxPro 命令的规则如下。

（1）命名规则

Visual FoxPro 的文件名、字段名、变量名和自定义函数名等名称一律以字母开头，后随字母或数字或下划线或汉字，最长不能超过十个字符，也可以以汉字开头命名为种类名称。在命名的名称中不能用标记、空格和 Visual FoxPro 的保留字等特殊符号。

例如：V1、NAME、X_1、姓名、基本工资和电话 1 等都是正确的名称；1v、V. -1、X + Y、姓　名、use、FOR 等都是错误的名称。其中 1v 是数字开头，"V. -1" 和 "X + Y" 中含有运算符，"姓　名" 中有空格符，"use" 和 "FOR" 是 VFP 的保留字。

（2）命令行

一般情况下一条命令占一行，一行不允许写两条命令。每条命令必须以回车键结束，因此，在书写时省略，但是在操作时不能缺少。一行命令只能容纳 255 个字符，如果一条命令内容超过 255 个字符，只有分段成两条命令书写。

（3）命令行内特殊标记

采用不同的标记符号区别命令格式中各个部分的不同特征。这些符号在上机操作时不输入，否则不能正常运行。

① 不加标记部分。这是命令中的名称，不必原文输入，第一部分往往是命令名，也称

为命令关键字。Visual FoxPro 对名称不区分大小写字母,而且可以缩写到前四个字母。例如:MODIFY STRUCTURE,modify structure,Modi Stru,modif struct 等的作用相同,都表示要修改当前的表结构,打开表设计器。

② 加尖括号。这是命令行中必须选用部分,具体选用的内容由用户根据需要确定。

③ 加方括号。这是命令行中可选用部分,具体是否选用,选用什么的内容由用户根据需要确定。

④ 加竖线。表示在操作时选择竖线分隔部分其中之一。

⑤ 加省略号。表示前一语法成分可重复出现。

例如,命令格式

Locate [范围] <条件>

中 Locate 是命令的名称,[范围]是可选项,<条件>是必选项。

用标记括起来的部分也称为短语,在 Visual FoxPro 命令上,命令名与短语之间、短语与短语之间用空格分隔,分隔的空格数量不限。在书写排序时,命令名第一,随后的短语不分前后次序。短语内容要按规定顺序书写。

2.3.4 Visual FoxPro 文件类型

Visual FoxPro 是一个数据库管理系统软件,它提供了一些集成工具,用户可利用它开发中小型应用系统。Visual FoxPro 可以创建多种类型的文件,如表 2.1 所示。

表 2.1 Visual FoxPro 中常用的文件类型

扩展名	文件类型	扩展名	文件类型	扩展名	文件类型
. pjx . pjt	项目 项目备注	. qpr. qpx	查询 编译后的查询程序	. prg . fxp	程序 编译后的程序
. dbf . fpt	表 表备注	. scx . sct	表单 表单备注	. frx . frt	报表 报表备注
. dbc . dct . dcx	数据库 数据库备注 数据库索引	. vcx . vct	可视类库 可视类库备注	. mnx . mnt . mpr . mpx	菜单 菜单备注 生成的菜单件 编译后的菜单程序
		. lbx . lbt	标签 标签备注		
. cdx	复合索引	. idx	压缩索引	. app	生成的应用程序
. exe	可执行程序	. err	编译错误	. mem	内存变量保存

2.3.5 Visual FoxPro 系统环境设计

Visual FoxPro 提供了用户对系统操作环境的设置,这些设置包括默认目录、临时文件的存放位置、表单、项目等。

选择"工具"菜单中的"选项"命令,将显示如图 2.4 所示的"选项"对话框,用户可通过该对话框查看和修改一些环境设置。

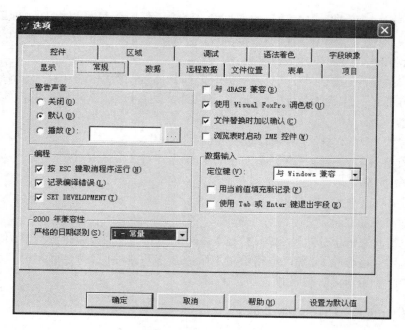

图 2.4 "选项"对话框

　　"选项"对话框包含控件、区域、调试、语法着色、字段映象、显示、常规、数据、远程数据、文件位置、表单和项目 12 个选项卡,即分成 12 类状态设置。当单击某个选项卡,则显示某类状态的设置界面,用户可以根据需要设置相应内容。例如,如果需要设置文件默认位置,则可以单击"文件位置"选项卡,在文件位置选项卡窗口可以直接输入相应类文件的文件夹或通过单击"修改"按钮,选择指定类文件的位置,然后按"确定";如果显示屏分辨率高,需要扩大表单设计页面的范围,则单击"表单"选项卡,然后选择"最大设计区"的分辨率,单击"确定"后再打开表单设计器,按指定的设计区即可。

　　设置修改后,如果选择"设置为默认值"按钮,则修改的设置在下次启动 Visual FoxPro 时仍然有效。如果只选择"确定"按钮,则修改的设置只在当前有效,下次启动 Visual FoxPro 时将无效。如果按住 Shift 键的同时按"确定"按钮,则当前设置会以命令形式显示在"命令"窗口中。

　　Visual FoxPro 的系统操作环境也可以通过 SET 命令进行设置。使用命令设置状态,该状态在遇到下次状态设置前有效,但退出 VFP 后下次启动 Visual FoxPro 将回到原状态。状态设置命令有时需要组合使用。常用的 SET 命令如表 2.2 所示。

表 2.2　常用的 SET 命令

命　令	说　明
SET　TALK　ON|OFF	决定 Visual FoxPro 是否显示命令结果
SET　CENTURY　ON|OFF	决定是否显示日期表达式中的世纪部分
SET　DATE　TO　AMERICAN|ANSI|YMD|MDY|DMY|LONG	设置日期表达式和日期时间表达式的显示格式
SET　SAFETY　ON|OFF	决定改写文件之前是否显示对话框

命　令	说　明
SET　DEFAULT　TO　［路径］	指定默认（缺省）的驱动器、文件夹
SET　SECONDS　ON|OFF	指定是否显示时间部分的秒
SET　ESCAPE　ON|OFF	决定是否可通过按"Esc"键中断程序和命令的运行

2.4　Visual FoxPro 数据类型、常数、变量

为了便于数据库的组织、传输、存储和处理等功能，无论是常量、变量、表达式或函数，往往对数据都需要明确其类型。

2.4.1　Visual FoxPro 数据类型

数据有许多重要的属性，首先是数据的类型。在实际工作中采集到的原始数据，通常经过加工处理，变成对用户有用的信息，而数据处理的基本要求是对相同类型的数据进行选择归类。为了适应存储数据的需要，Visual FoxPro 提供了如下的数据类型。

（1）字符型数据。用 C（Character）表示类型，由中文、英文字符、数字、空格和其他专用符号组成。例如，"教授""江苏大学""12.4""name"等都是字符型数据。

（2）数值型数据。用 N（Numeric）表示类型，它是由数字、小数点和正负符号组成的有意义的数据。

（3）浮点型数据。用 F（Float）表示类型，与数值型等价。

（4）整型数据。用 I（Integer）表示类型，用于在表中存储无小数的数值。整型字段在表中占 4 个字节。

（5）双精度型数据。用 B（Double）表示类型，用于在表中存储精度较高、位数固定的数值。

（6）货币型数据。用 Y（Currency）表示类型，如果小数位数超过四位，则 VFP 将它四舍五入到四位。

（7）逻辑型数据。用 L（Logic）表示类型，用于表达判别结果，只能取真（.T.，.t.，.Y.，.y.）或假（.F.，.f.，.N.，.n.）一个字母表示。

（8）日期型数据。用 D（Date）表示类型，用于表示日期的特殊数据，有 Visual FoxPro 的状态设置命令指定日期型数据的格式。例如，美国格式为月/日/年，月、日用两位数字，年可以四位数字表示。1999 年 10 月 5 日，转换成 10/05/1999。

（9）日期时间型。用 T（Date Time）表示类型，这是在日期型的基础上增加了时间，数据格式受日期格式的限制。例如，美国格式为月/日/年　时:分:秒。

（10）备注型数据。用 M（Memo）表示类型，用于存储表中的数据块，在表中的长度固定为 4 个字节。备注型数据被存放在另一个文件中，数据的真正长度取决于用户实际输入的内容。

（11）通用型数据。用 G（General）表示类型，用于存储表中的 OLE 对象，它指向真正的内容:图片、声音、电子表格、字处理文档等。在表中的长度固定为 4 个字节，通用型数

据被存放在另一个文件中,数据的真正长度取决于创建这些对象的 OLE 服务器。

在 Visual FoxPro 下的数据类型的符号、取值长度如表 2.3 所示。

表 2.3　数据类型代码和长度

数据类型	符号	长度(字节)
字符型	C	≤254
货币型	Y	8
数值型	N	≤20
浮动型	F	≤20
日期型	D	8
日期时间型	T	8
双精度型	B	8
整数型	I	4
逻辑型	L	1
备注型	M	4
通用型	G	4

2.4.2　常数

常数是在数据处理过程中不变的量。例如,1000 是一个整型常量,而.T. 是逻辑型常量。Visual FoxPro 中的各类数据并不是都有常量。常量的表示方法如下。

(1) 字符型常量。用单引号对、双引号对、方括号对定界符括起来的中文、英文字符、数字、空格等可识别的符号。"abc"、'江苏'、[−12.8]等都是字符型常量。需注意的是:

① 定界符必须成对出现,不能出现"ABC'等情况。

② 定界符必须用西文标点,不能用中文标点。

③ 字符串中的字母区分大小写,即大小写不等价。

④ 不含任何字符的字符串(" ")称为"空字符串",它与包含空格的字符串(' ')不同(空格在字符串也是字符)。

⑤ 如果某种定界符本身就是字符串的内容,则要用另一种定界符表示该字符串,如"'江苏大学'"或['江苏大学']。

(2) 数值型常量,任何有意义的数字串都是数值型常量,它表示数量的大小。例如,34.23 和 −12.8 都是数值型常量。

对于特大的或特小的数,可以用浮点表示法。例如:2.1E3 表示 2.1×10^3;2.1e − 4 表示 2.1×10^{-4}。

(3) 逻辑型常量,用(.T. ,.t. ,.Y. ,.y.)或(.F. ,.f. ,.N. ,.n.)中的一个字母括起来表示逻辑值真或假。逻辑型数据在内存中占一个字节,字母前后的点符号是逻辑型常量的定界符,不能省略。

(4) 日期型常量和日期时间型常量,用一对花括号作为定界符。系统默认的年月日之间的分隔符有斜杠(/)、连字符(-)、点字符(.)或空格;时、分、秒之间用冒号(:)分隔。

VFP 支持的日期型和日期时间型常量有两种格式:传统的格式和严格的格式。

① 传统的日期格式

传统的日期格式是 VFP 5.0 及其以前的版本所默认的日期格式。该格式的常量表示受 SET DATE 和 SET CENTURY 命令影响,其语法格式为:

{mm/dd/yy [hh:[mm[:ss]][a|p]]}

例如:1999 年 10 月 5 日,它的日期型常量是{10/05/1999}。1999 年 10 月 5 日上午 10 点的常量{10/05/1999 10:0:0 AM}。

② 严格的日期格式

严格的日期格式是 Visual FoxPro V6.0 及其以上版本所默认的格式。这种格式不受 SET DATE 等命令的影响,其语法格式为:

{^yyyy/mm/dd [hh:[mm[:ss]][a|p]]}

例如:{^2006/12/24},{^2007 - 1 - 8 6:20 p}等都是严格的日期格式。

使用中需注意的是:Visual FoxPro V6.0 的默认格式为严格的日期格式。如果需要使用传统的日期格式,必须使用命令 SET STRICTDATE 进行设置。该命令的语法格式为:

SET STRICTDATE TO 0|1|2

0 表示不进行严格的日期格式检查,1 表示进行严格的日期格式检查,2 表示进行严格的日期格式检查,且对 CTOD( )和 CTOT( )函数也进行严格的日期格式检查。{}表示空日期值。

(5)货币型常量,在内存中占 8 个字节,用来表示货币值。在表示货币型常量时,要在数字前加美元符号($)。例如:$ 128.9 和 $ 1024。

此外,在 Visual FoxPro 中还可以创建一种特殊的常量——编译常量,这种常量只存在于 Visual FoxPro 的应用程序的编译之时。编译之后,将用常量的具体内容置换该常量在源代码中的位置,而且在常量中可以包含任意类型数据。

Visual FoxPro 中的编译时常量是需要定义的,即定义常量的内容、数据类型和作用范围。在 Visual FoxPro 中,编译时常量用预处理指令#DEFINE 进行定义。例如,#DEFINE TABLERR1"This table is not available"。定义了 TABLERR1 这个常量后,在源代码中就可以使用 TABLERR1。而在编译之后,凡是出现 TABLERR1 的地方都被字符串"This table is not available"取代。如果不需要这个常量,则可以用#UNDEF TABLERR1 撤销这个常量。

2.4.3 变量

变量是存储数据的单元。它是用一个标识符代表变化的数据,这个标识符称为变量名。变量名可由字母、数字、中文和下划线表示。在给一个变量取名时,必须符合如下规则:

① 不要和系统变量或系统保留字发生冲突。例如,不要用 USE 和 CLEAR 等作为变量名。

② 名称的开头不能是数字。例如:2x 和 4_y 等都是不合法的。

③ 系统中定义了许多系统变量,它们都以下划线"_"开头,因此用户在定义名称时尽量避免使用以下划线开头的名称。表的字段名不允许以下划线开头。

④ 自由表的字段名、表的索引标识名最多是 10 个字符,其余的名称长度最多可为 128 个字符。

变量中的数据是有类型的,往往把变量代表的数据类型称为变量的类型。在 Visual FoxPro 中,变量还可以分成字段变量、内存变量、数组变量和系统变量。

(1)字段变量。字段变量是数据库的表中已经定义的变量,字段变量是永久变量。它的数据类型包括 Visual FoxPro 中所有的数据类型。

(2)内存变量。内存变量是一种临时存放数据的变量,是在程序或命令状态时用于存放临时数据的内存工作单元。它具有字符型、数值型、日期型和逻辑型等数据类型。内存变量的类型随着存储的数据类型变化而变化。内存变量的操作、使用通过专用的命令实现。例如,对内存变量进行赋值、显示、存盘、读盘和释放等,命令格式如下:

① 赋值命令

<变量名> = <表达式>	&& 只能对一个变量赋值
STORE <表达式> TO <变量名表>	&& 可同时对多个变量赋相同的值
INPUT [提示符] TO <变量名>	&& 等待从键盘输入一个表达式
ACCEPT [提示符] TO <变量名>	&& 等待从键盘输入一个字符型数据
WAIT [提示符[TO <变量名>]]	&& 等待从键盘输入一个字符

例如:

X = 2	&& 给变量 X 赋 2
STORE X + 3 TO Y,Z	&& 给变量 Z,Y 同时赋 X + 3 的结果 5
INPUT"请输入工资" TO FGZ	&& 等待用户从键盘输入工资数,存入 FGZ 变 && 量中
ACCEPT"请输入姓名" TO FNM	&& 等待用户从键盘输入姓名,存入 FNM 变量 && 中
WAIT	&& 等待用户从键盘输入任意一个符号,输入 && 内容不保存
LIST MEMORY	&& 一次性全部输出当前定义的所有内存变 && 量。一个变量占一行,分别依次输出 && 变量名、类型、数据
DISP MEMORY	&& 输出所有内存变量,显示满一屏后自动暂 && 停,按任一键继续

② 存盘

命令格式:SAVE TO <文件名> [<变量名表>! ALL LIKE <变量名通配符>! ALL EXCEPT <变量名通配符>! MEMO <备注字段名>]

其命令功能是把内存变量保存到变量文件或数据库表中的备注字段中。"＊"代表任意多个字符;"?"代表一个任意字符。

例如:

SAVE   TO   MF   ALL   LIKE   M ＊

其命令功能是将以 M 开头的所有内存变量保存到 MF 文件中,文件的扩展名是. MEM。

SAVE　　TO　　MYF　　ALL　　LIKE　　?? A *

其命令功能是将第三个字母为 A 的所有内存变量保存到 MYF 文件中,文件的扩展名是. MEM。

SAVE　　TO　　MYF　　ALL　　EXCEPT　　M *

其命令功能是将以 M 开头的所有变量除外,其他内存变量保存到 MYF 文件中,文件的扩展名是. MEM。

③ 读盘

命令格式:RESTORE FROM ＜文件名＞! MEMO ＜备注字段名＞[ADDITIVE]

其命令功能:将指定的内存变量文件或备注字段内容读入内存。如果有 ADDITIVE 参数,则内存原有变量保留;否则,将全部被清除后再读入指定的内存变量。

例如:

RESTORE FROM MYF

其命令功能是将 MYF. MEM 文件中所保存的内存变量恢复到内存中。

④ 释放

命令格式:RELEASE　　[＜变量名表＞! ALL　　LIKE　　＜变量名通配符＞! ALL EX-CEPT＜变量名通配符＞]

其命令功能是释放指定的内存变量。

内存变量按变量的作用还可以分成局部变量、私有变量、公共(全局)变量。

局部变量在使用前必须由 LOCAL ＜变量名表＞命令申明。在结构化程序中,申明是局部变量的变量只能在本模块中使用,既不能带到下级模块中,也不能带到上级模块中。

私有变量在使用前也需要通过 PRIVATE ＜变量名表＞命令指定。在结构化模块中,指定为私有变量的变量当与上级模块中的变量同名时,自动把上级模块中的变量值保存起来,待返回上级模块时自动恢复原有值。私有变量可以带到下级模块中使用,并把修改结果带到本模块中。

公共变量在使用前通过 PUBLIC ＜变量名表＞命令指定变量。凡指定为公用变量的变量,可以在程序以后的各级模块中使用。在命令窗口中定义的变量均被自动赋予为全局变量。为了避免变量之间的冲突,尽可能少用公共变量。

例如:

main. prg	p1. prg	p2. prg	p3. prg
x = 3	private x	locate a1	public y
do p1	x = 36	a1 = 23	y = 34
? x,y	? x	? a1,x	a1 = 25
Return	do p2	do p3	? y,a1
	? x	? a1,x	return
	Return	return	

上述程序运行结果是：

36
23　　36
34　　25
23　　36
36
3　　34

2.4.4　数组

数组变量是一组有序的数据集合,其中的每个数据称为数组元素。每个元素在数组中的位置通过下标来指定。下标是一个正整数,依次采用顺序编号,编号从 1 开始;当用数组表示一张二维表的数据时,需要用两个下标。数组的使用与内存变量相似。它既可以对元素进行操作,也可以对整个数组进行操作。

（1）数组的定义

数组在使用前必须先定义,定义的方法有以下几种：

使用 DIMENSION 命令　　　　&& 定义的数组属于私有数组
使用 DECLEAR 命令　　　　　&& 定义的数组属于私有数组
使用 PUBLIC 命令　　　　　　&& 定义的数组属于全局数组
使用 LOCAL 命令　　　　　　&& 定义的数组属于局部数组

语法格式：

DECLEAR | DIMENSION | PUBLIC | LOCAL　数组名(行数[,列数])

例如：DIMENSION　　AA(3)

该命令定义了一维数组,数组名为 AA,共有 3 个元素,分别为 AA(1),AA(2),AA(3)。

例如：DIMENSION　BB(2,3)

该命令定义了一个二维数组,数组名为 BB,共有 6 个元素,分别为 BB(1,1),BB(1,2),BB(1,3),BB(2,1),BB(2,2),BB(2,3)。二维数组可以转化为一维数组使用,以上 6 个元素可分别与 BB(1),BB(2),BB(3),BB(4),BB(5),BB(6)对应。

（2）数组的赋值

数组可拥有任意数据类型。数组在定义之后,每个数组元素的默认值为 .F. 。用户可以使用数组名和数组元素位置为数组元素赋值。

例如：给数组 AA 和 BB 分别赋值。

Dimension　AA(5),BB(2,3)　　　&& 定义数组 AA 有 5 个元素,BB 是两行 3 列的
　　　　　　　　　　　　　　　　&& 二维表,有 6 个元素

AA[1] = "ABC"　　　　　　　　&& 给数组 AA 的第 1 个元素赋"ABC"
AA[2] = -128　　　　　　　　　&& 给数组 AA 的第 2 个元素赋 -128
AA[4] = {^2007 - 1 - 1}　　　　&& 给数组 AA 的第 4 个元素赋 2007 年 1 月 1 日
AA[5] = .T.　　　　　　　　　　&& 给数组 AA 的第 5 个元素赋逻辑值真
BB[2,2] = "江苏"　　　　　　　&& 给数组 BB 的第 2 行第 2 列元素赋"江苏"

BB[1,3] = "男"　　　　　　　　&& 给数组 BB 的第 1 行第 3 列元素赋"男"

可以用一个语句为数组中的所有元素赋相同的值。

例如:DIMENSION　C(2,4)

C = 12　　　　　　　　　　&& 数组中的所有元素的值为 12

在 Visual FoxPro 中,数组还可以与表中的记录交换数据。

将当前选定的记录存入数组中:

SCATTER　FIELD ＜字段名表＞|FIELDS LIKE ＜通配符＞|FIELDS ＜通配符＞
TO ＜数组名＞

COPY TO ARRAY　＜数组名＞　FIELD ＜字段名表＞

如果记录的字段个数比指定的数组元素多时,自动增加数组的元素。记录的字段值
依次存入数组相应元素中。

将数组中的数据存入记录中:

GATHER　FROM ＜数组名＞　FIELD ＜字段名表＞|FIELDS LIKE ＜通配符＞|
FIELDS ＜通配符＞

APPEND　FROM　ARRAY　＜数组名＞　[条件]

2.5　Visual FoxPro 运算符与表达式

2.5.1　Visual FoxPro 空值

Visual FoxPro 支持空值(NULL 或 .NULL.)。空值是 Visual FoxPro 中特殊的一种数据,它既不是字符空格,也不是数值 0。空值具有如下特点:

① 相当于没有任何值。

② 不同于 0、空字符串("")、空格、{}。

③ 排序中优先于其他数据。

④ 空值会影响命令、函数等的行为。

(1) NULL 的数据类型

NULL 值不是一种数据类型。当将 NULL 值赋给一个变量时,变量的值为 NULL,但数据类型不变。

例如:

Name = "张三"

? TYPE('name')　　　　　　&& 结果:C

Name = .null.

? TYPE('name')　　　　　　&& 结果:C

(2) EMPTY()、ISBLANK()、ISNULL()函数

? EMPTY(0)　　　　　　&& 结果: .T.

? EMPTY("")　　　　　　&& 结果: .T.

? ISBLANK("")　　　　　&& 结果: .T.

? ISNULL("")　　　　　　&& 结果: .F.

? ISNULL(0)	&& 结果：.F.
? EMPTY(.NULL.)	&& 结果：.F.
? ISBLANK(.NULL.)	&& 结果：.F.

（3）几个逻辑表达式的值

在 Visual FoxPro 中，.NULL. 与逻辑值运算结果如表2.4所示。

表2.4　空值与逻辑值的运算

表达式	结果	表达式	结果
.T. AND .NULL.	.NULL.	.T. OR .NULL.	.T.
.F. AND .NULL.	.F.	.F. OR .NULL.	.NULL.
.NULL. AND .NULL.	.NULL.	.NULL. OR .NULL.	.NULL.

2.5.2　运算符与表达式

运算符用于操作同类型的数据。Visual FoxPro 中的运算符有数值运算符、字符运算符、日期和日期时间运算符、关系运算符、逻辑运算符。

表达式是用字段名、内存变量、数组元素、常量、函数通过运算符组合而成的一个有物理意义的式子。在一般情况下，参加表达式运行的数据类型一致，运算结果的类型与参加运行的数据类型也一致；否则，要加以说明。按表达式运算结果的类型，将表达式分成数值表达式、字符表达式、日期和日期时间型表达式、逻辑型表达式和关系表达式。

（1）数值型运算符和表达式

数值表达式是我们最为熟知的表达方式，它是由数值型常量、变量、函数通过算术运算符组成的有意义的式子，其运算符与运算规则如表2.5所示。

表2.5　数值运算方法

运算符	运算操作
( )	改变运算顺序，( )优先
**或^	乘方运算
*、/	乘、除运算
%	模运算
+，-	加、减运算

算术运算的优先次序分别是括号、乘方、乘除后加减，同级运算从左到右依次进行。

在书写数值表达式时关键点是不能出现没有采用的运算符。一个表达式的所有符号必须写在同行上，因此，算式用表达式描述时要注意括号的正确引用。

例如，下列数值表达式是正确的：

$10*34+4**34$　　　　　　　　　$34*LEN("ABCD")$

$X1=(-b+sqrt(b**2-4*a*c))/(2*a)$

而下列式子是错误的：

$34\#34-23$ $23+"ABCD"$

例如,算式 $\dfrac{-b-\sqrt{b^2-4ac}}{2a}$ 写成对应的表达式如下：

$(-b-\text{sqrt}(b*b-4*a*c))/(2*a)$ 或 $(-b-\text{sqrt}(b*b-4*a*c))/2/a$ 是正确的。

$(-b-\text{sqrt}(b*b-4*a*c))/2*a$ 或 $-b-\text{sqrt}(b*b-4*a*c)/(2*a)$ 是错误的。

注：$\text{sqrt}(b*b-4*a*c)$ 是求 $b*b-4*a*c$ 的平方根。

例如,算式 aX^2+bX+c 写成对应的表达式如下：

$A*X*X+b*X+C$ 或者 $A*X**2+b*X+C$ 是正确的。

$aX*X+bX+c$ 或者 $aX**2+bX+c$ 是错误的,系统将 aX 与 bX 作为一个变量。

例如：% 运算方法

? $-3\%-9$ &&   结果为：-3

? $3\%-9$ &&   结果为：-6

? $-3\%9$ &&   结果为：6

? $3\%9$ &&   结果为：3

? $9\%3$ &&   结果为：0

（2）字符运算符和表达式

字符型表达式是由字符型常量、变量、函数通过字符运算符组成的有意义的式子。字符值的去处只能将两个串联成一个字符串,其运算规则如表 2.6 所示。

表 2.6   字符运算方法

运算符	运算操作
+	字符串连接运算,将运算符两边的字符串连成一个字符串
-	连接两个字符串,并将左侧字符串尾部的空格移至结果字符串的尾部
$	比较运算符,当运算符左边的字符串包含在右边时,运算结果是真,否则是假。这个运算符是一种特殊的逻辑判别运算

例如：?"AB " + "AB "   &&   结果为：AB AB

?"AB   " − "AB"   &&   结果为：ABAB   。

注意：第一个 AB 与第二个 AB 之间的空格移到了第二个 AB 之后。

例如：$ 运算方法

?"AB" $ "XYABZ"   &&   结果为：.T.

?"AB" $ "XYBAZ"   &&   结果为：.F.

（3）日期运算符和表达式

日期型表达式是由日期型常量、变量、函数通过日期运算符组成的有意义的式子。这类运算也具有特殊的功能。运算结果可能是日期型,也可能是数值型,其运算规则如表 2.7 所示。

表 2.7 日期型数据运算方法

运算符	运算操作
+	相加运算。这有两种情况:当一个日期型数据与一个整数相加后,结果是一个日期型数据,这个整数代表天;当一个日期时间型数据与整数相加后,其结果是一个日期时间型数据,这个整数代表秒
−	相减运算。当两个日期型数据相减后,结果是一个整数,代表两个日期之间相隔的天数。当两个日期时间型数据相减后其结果是一个整数,这个整数代表两个日期时间型数据之间相隔的秒数

例如:

? {^1999/10/2} + 10   && 结果为:10/12/1999(日期型)

? {^1999/10/2 10:20:40} + 120   && 结果为:10/02/99 10:22:40 AM

? {^1999/10/12} − {^1999/10/2}   && 结果为:10(表示相隔 10 天)

? {^1999/10/2 10:22:40} − {^1999/10/2   10:20:40}

&& 结果为:120(表示相隔 120 秒)

? {^1999/10/2 10:22:40} + 30   && 结果为:10/02/99 10:23:10(即 1999 年

&& 10 月 2 日 10 点 23 分 10 秒)

需注意的是:

① 两个日期型数据不能相加,两个日期时间型数据也不能相加。

② 日期型、日期时间型是两种不同的数据类,不能混合使用。日期型数据不能和日期时间型数据相加或相减。

(4)逻辑运算符、表达式

逻辑型表达式是由逻辑型常量、变量、函数通过逻辑运算符组成的有意义的式子。逻辑运算的名称如表 2.8 所示。

表 2.8 逻辑运算符名称

运算符	逻辑运算操作
( )	分组表达式改变式中的运算顺序
NOT 或 !	逻辑"非"运算
AND	逻辑"与"运算
OR	逻辑"或"运算

运算的优先次序为:( ),NOT,AND,OR。

逻辑运算的结果是逻辑型数据,采用穷举法将逻辑运算的各种情况都列举出来,如表 2.9 所示。

表 2.9 逻辑运算表

X	Y	NOT X	X AND Y	X OR Y
.T.	.T.	.F.	.T.	.T.
.T.	.F.	.F.	.F.	.T.
.F.	.T.	.T.	.F.	.T.
.F.	.F.	.T.	.F.	.F.

逻辑运算规则如下：

① "与"运算：有假出假,全真出真。

② "或"运算：有真出真,全假出假。

③ "非"运算：有真出假,有假出真。

（5）关系运算符和表达式

关系表达式是由字符型表达式或者数值型表达式或者日期型表达式通过关系运算符组成的表达式,它实际上是一个逻辑判别运算,关系运算符名称如表 2.10 所示。

表 2.10　关系运算符名称

运算符	运算操作	运算符	运算操作
<	小于	= =	恒等于
>	大于	< =	小于等于
=	等于	> =	大于等于
< > 或! = 或#	不等于		

关系运算符两边的数据类型必须相同,可以是字符型、数值型和日期型。汉字是按机内码的顺序,日期型数据是按年、月、日的顺序。字符型数据的比较取决于字符序列的设置。字符序列有三种设置:PinYin(拼音)、Machine(机器)、Stroke(笔画)。

① PinYin(拼音)序列:按照拼音顺序排列。西文字符从小到大是空格、小写字母、大写字母。

② Machine(机器)序列:按照机内码顺序排列。西文字符从小到大是空格、大写字母、小写字母。

③ Stroke(笔画)序列:汉字按照笔画的顺序排列。西文字符从小到大是空格、小写字母、大写字母。

④ 系统默认的字符排序序列为"PinYin"。

可通过 SET COLLATE 命令进行设置,也可以在"选项"对话框的"数据"选项卡中进行。

例如:

SET　　COLLATE　TO　"Machine"

　?"F" < "g"　　　　　　　　&& 结果显示为 . T.

SET　　COLLATE　TO　"Pinyin"

　?"F" < "g"　　　　　　　　&& 结果显示为 . T.

字符型数据在比较时按从左向右逐个字符比较。比较结果是逻辑值,受到系统状态设置命令 SET EXACT ON/OFF 的影响。系统默认为 SET EXACT OFF,它将右边的每个字符与左边对应位置的每个字符进行比较,如果右边字符串与左边完全相同,则结果返回 . T. (逻辑真);否则返回. F. (逻辑假)。当设置为 SET EXACT ON 时,首先要在较短的字符串尾部加上若干空格,使两个字符串的长度相等,然后再进行比较,其比较规则如表 2.11 所示。

表 2.11　字符串的比较规则

比较	OFF	ON
?"abc" ≥ "abc"	.T.	.T.
?"ab" = "abc"	.F.	.F.
?"abc" = "ab"	.T.	.F.
?"abc" = "ab "	.F.	.F.
?"ab" = "ab "	.T.	.T.
?"ab " = "ab "	.T.	.T.

当关系运算符与逻辑运算符混合使用时,先进行关系运算,后进行逻辑运算。例如:

　? 34>36　　OR　　34<36　　&&　结果是　.T.（真）

2.6　Visual FoxPro 函数

函数是对数据进行加工处理后成为另一个数据或者对系统的状态进行测试后给出结论。函数的功能相当于系统内部代码程序,只要调用它,就能得到相应的结果。按函数处理的结果的数据类型可以分成数值型函数、字符型函数、日期型函数和逻辑型函数;按参加函数加工数据的类型还可以分成数值型数据函数、字符型数据函数、日期型数据函数和无参数函数,总共可分成 16 类函数,如表 2.12 所示。Visual FoxPro 的函数十分丰富,这里仅介绍一些常用的函数,更详细的函数请参考 Visual FoxPro 的帮助。

表 2.12　Visual FoxPro 各类函数典例

变量 ＼ 结果	数值型	字符型	日期、时间型	逻辑型
数值型	INT…	CHR…	IIF…	IIF…
字符型	LN…	SUBSTR…	CTOD…	AT…
日期、时间型	DAY…	DTOC…	IIF…	ISDATE…
其他	RECN…	TIME…	DATE…	FOUND…

2.6.1　数学运算函数

（1）取整函数

格式:INT(＜数值表达式＞)

功能:将表达式的值去掉小数部分,取其整数部分。

例如:取整计算。

　　? INT（12.6）　　　　　　　　　　　　　　&&　结果为:12

　　NUM = -34.5

　　? INT（NUM）　　　　　　　　　　　　　　&&　结果为:-34

例如:取出整数部分第 N 位的数字。

　　N = 3　　　　　　　　　　　　　　　　　　&&　设取第 3 位

X = 2345.23   && 被值在 X 中

$?\ \text{INT}(x/10 * *(N-1)) - \text{INT}(X/10 * *N) * 10$ && 结果为:3

（2）取模函数

格式:MOD(<被除数> , <除数>)

功能:取模运算,返回两个数相除后的余数。

在取模运算中,应注意以下几点:

① 除数不能为 0。

② 除数如果为正数,结果返回正数;如果为负数,结果返回负数。

③ 如果被除数与除数能够整除,其结果为 0。

例如:取模运算。

  ? MOD （10,3）   && 结果为:1

  ? MOD （-10,-3）   && 结果为:-1

  ? MOD （-10,3）   && 结果为:2

  ? MOD （10,-3）   && 结果为:-2

（3）四舍五入函数

格式:ROUND(<数值表达式1> , <数值表达式2>)

功能:取 <数值表达式1> 的四舍五入值, <数值表达式2> 指定舍入后保留的小数位数。

例如:四舍五入计算。

  X = 1024.196

  ? ROUND （X,2）   && 结果为:1024.20

  ? ROUND （X,1）   && 结果为:1024.2

  ? ROUND （X,0）   && 结果为:1024

  ? ROUND （X,-2）   && 结果为:1000

  ? ROUND(1523.4 , -3)   && 结果为:2000

（4）平方根函数

格式:SQRT(<数值表达式>)

功能:取 <数值表达式> 值的平方根(只取正根)。

例如:求平方根。

  A = 5

  B = 20

  ? SQRT （36）   && 结果为:6.00

  ? SQRT （A + B）   && 结果为:5.00

（5）绝对值函数

格式:ABS(<数值表达式>)

功能:取 <数值表达式> 值的绝对值。

例如:求绝对值。

  ? ABS(20 - 24.3)   && 结果为:4.3

（6）自然对数函数

格式:LOG(<数值表达式>)

功能:求 < 数值表达式 > 的自然对数。

例如:

    ? LOG(1)   && 结果为:0

(7) MAX( )函数

格式:MAX(表达式 1,表达式 2[,表达式 3,…])

功能:返回几个表达式中具有最大值的表达式的值。所有表达式必须为同一数据类型。

例如:

    ? MAX(12.3, -8.9,108)   && 结果为:108
    ? MAX("A","D","Z")   && 结果为:Z
    ? MAX({^2007/1/1},{^2007 - 1 - 8})   && 结果为:01/08/07

(8) MIN( )函数

格式:MIN(表达式 1,表达式 2[,表达式 3,…])

功能:返回几个表达式中具有最小值的表达式的值。所有表达式必须为同一数据类型。

例如:

    ? MIN(12.3, -8.9,108)   && 结果为: -8.9
    ? MIN("A","D","Z")   && 结果为:A
    ? MIN({^2007/1/1},{^2007 - 1 - 8})   && 结果为:01/01/07

(9) RAND( )函数

格式:RAND( )

功能:返回一个 0 ~ 1 之间的随机数。

例如:

    ? RAND( )   && 结果为:0.78(以运行结果为准)
    SET DECIMALS TO 4   && 设置小数位数为 4 位
    ? RAND( )   && 结果为:0.5548(以运行结果为准)

2.6.2 字符处理函数

(1) 取子串函数 SUBSTR( )

格式:SUBSTR(< 字符表达式 1 >, < 起始位置 >[, < 子串长度 >])

功能:从字符表达式的值中,取出指定的子串。

说明:① 若无 < 子串长度 > 选项,则从指定位置开始截取到最后一个字符。

② 若 < 起始位置 > 的值大于母串中字符的个数,则给出出错信息。

例如:从字符串中取子串。

    AA = "数据库系统"

    ? SUBSTR (AA,1,2)   && 结果为:数
    ? SUBSTR (AA,7)   && 结果为:系统
    ? SUBSTR (AA,11,2)   && 结果为:显示错误信息
    ? SUBSTR("abcdef",3)   && 结果为:cdef

（2）LEFT( )函数

格式：LEFT(＜字符表达式＞,＜数值表达式＞)

功能：从字符表达式最左边一个字符开始取起,返回＜数值表达式＞所指定数目的字符。

例如：从字符串中取子串。

    AA = "数据库 Visual FoxPro 系统"

    ? LEFT(AA,9)   && 结果为：数据库 Visual FoxPro

（3）RIGHT( )函数

格式：RIGHT(＜字符表达式＞,＜数值表达式＞)

功能：从字符表达式最右边一个字符开始取起,返回＜数值表达式＞所指定数目的字符。

例如：从字符串中取子串。

    AA = "数据库 Visual FoxPro 系统"

    ? RIGHT(AA,7)   && 结果为：Visual FoxPro 系统

（4）LEN( )函数

格式：LEN(＜字符表达式＞)

功能：返回字符表达式中字符的数目。

例如：

    ? LEN("ABCD 江苏")   && 结果为：8

    ? LEN("AB" + "C   D ")   && 结果为：6（注："C   D "中有两个空格）

（5）产生空格函数 SPACE( )

格式：SPACE(＜数值表达式＞)

功能：产生一个指定长度的空格字符串。

说明：数值表达式的值为非负整数(≤254),用来确定空格的字符个数。

例如：生成 4 个空格字符串。

    A1 = "计算机"

    ? LEN（A1 + SPACE(4)）   && 结果为：10

（6）删除字符串尾部空格函数

格式：TRIM(＜字符表达式＞)

功能：删除＜字符表达式＞值尾部空格。另一同功能函数为 RTRIM( )。

例如：删除字符串尾部的空格。

    SS = "数据库原理   "

    ? LEN（SS）   && 结果为：14

    ? LEN（TRIM(SS)）   && 结果为：10

    ? TRIM （SS）   && 结果为：数据库原理

（7）删除字符串头部空格函数

格式：LTRIM(＜字符表达式＞)

功能：删除＜字符表达式＞值左边头部空格。

例如：删除字符串头部的空格。

    SS = "   数据库技术   "   && 前后各有 4 个空格

　　　　? LEN（SS） 　　　　　　　　　&& 结果为:18

　　　　? LEN（LTRIM(SS)） 　　　　　&& 结果为:14

　　　　? LTRIM （SS） 　　　　　　　　&& 结果为:数据库技术　　　　　（后有 4 个
　　　　　　　　　　　　　　　　　　　　&& 空格）

（8）删除字符串头尾部空格函数

　　格式:ALLTRIM(<字符表达式 >)

　　功能:删除 <字符表达式 >值头部和尾部空格。

　　例如:删除字符串的空格。

　　　　SS = "　　　数据　库技术　　　"

　　　　? LEN（SS） 　　　　　　　　　&& 结果为:20

　　　　? LEN（ALLTRIM(SS)） 　　　　&& 结果为:12

　　　　? ALLTRIM （SS） 　　　　　　　&& 结果为:数据　库技术

（9）AT( )函数

　　格式:AT(<字符表达式 1 >,<字符表达式 2 > ［,<数值表达式 >］)

　　功能:返回 <字符表达式 1 >在 <字符表达式 2 >中出现的位置(从最左边开始计算)。<数值表达式 >指定 <字符表达式 1 >在 <字符表达式 2 >中第几次出现,缺省时为 1。如果没有出现,则返回 0。

　　说明:

　　① AT( )函数区分字符的大小写。

　　② ATC( )函数功能相同,但不区分搜索字符的大小写。

　　例如:

　　　　Store 　　 "a" 　to 　x1

　　　　Store 　　 "AAbabyaoneABC" 　to 　 x2

　　　　? AT(X1,X2) 　　　　　　　　&& 结果为:4

　　　　? AT(X1,X2,2) 　　　　　　　&& 结果为:7

　　　　? ATC(X1,X2) 　　　　　　　　&& 结果为:1

　　　　? AT("a","ABC") 　　　　　　&& 结果为:0

　　　　? AT("ab","aBCabc") 　　　　&& 结果为:4

（10）宏代换函数

　　格式:& <字符型内存变量 >

　　功能:取 <字符型内存变量 >的值。

　　说明:① 宏代换是一种间接取值的操作,在 & 符号后面必须紧跟(无空格)一个已被赋过值的字符型内存变量的名字。

　　② 若 & <字符型内存变量 >与后面的字符之间无空格分界时,应加上“.”符号作为分界符。

　　③ 宏代换的使用可以嵌套另一个宏代换,但不能嵌套自己。例如,x = "&x"的写法是错误的。

　　④ 对于数字字符串,可以通过 & 函数使其与其他数字进行计算。

　　例如:求宏代换。

```
X = "1998"
M = "2"
? X + M                    && 结果为:19982(字符串连接)
? &X + &M                  && 结果为:2000.00
Cb = "Visual FoxPro"
Ac = "cb"
? ac                       && 结果为:cb
? &ac                      && 结果为:Visual FoxPro
```

2.6.3　日期与时间函数

（1）系统日期函数

格式:DATE()

功能:返回当前的系统日期。年份的显示受 SET　CENTURY 命令影响,默认为 SET　CENTURY OFF,即不显示世纪号。

例如:

```
    ? DATE()               && 结果为:01/28/07(以当前的系统日期为准)
    SET　CENTURY ON
    ? DATE()               && 结果为:01/28/2007(以当前的系统日期为准)
    SET　CENTURY OFF
    ? DATE()               && 结果为:01/28/07(以当前的系统日期为准)
```

（2）求年份函数

格式:YEAR(<日期表达式>)

功能:返回指定<日期表达式>中的年份,是一个四位数字。

例如:

```
    ? YEAR({^2007/1/2})    && 结果为:2007
```

（3）求月份函数

格式:MONTH(<日期表达式>)

功能:返回指定<日期表达式>中的月份。

例如:

```
    ? MONTH({^2007/1/2})   && 结果为:1
```

（4）求日期号函数

格式:DAY(<日期表达式>)

功能:返回指定<日期表达式>中的日期号。

例如:

```
    ? DAY({^2007/1/2})     && 结果为:2
```

（5）求系统时间函数

格式:TIME()

功能:按时:分:秒的格式返回当前的系统时间。

例如:日期与时间函数举例。

DD = {^2007/1/2}

Y1 = YEAR(DD)

M1 = MONTH(DD)

D1 = DAY(DD)

?"今天的日期是:",DD   && 结果为:今天的日期是:01/02/07

? Y1,"年",M1,"月",D1,"日"   && 结果为:2007 年 1 月 2 日

?"现在的时间是:",TIME()   && 结果为:现在的时间是:13:29:38

&& (以当前系统时间为准)

（6）求系统的日期时间函数

格式:DATETIME()

功能:返回当前系统的日期和时间。该函数的显示值由 SET DATE,SET MARK,SET CENTURY 等命令决定。

例如:

? DATETIME()   && 结果为:12/24/2006 10:24:30

&& AM(以当前系统时间为准)

（7）DOW()函数

格式:DOW(<日期表达式>|<日期时间表达式>)

功能:返回<日期表达式>|<日期时间表达式>中该日期是一周的第几天。周日为第一天,周一为第二天,以此类推。

例如:

? DOW(DATE())

? DOW({^2007/1/1})   && 结果为:2

2.6.4 转换函数

（1）字符型转换为日期型函数

格式:CTOD(<字符表达式>)

功能:将一个日期格式的<字符表达式>转换为日期型数据。

（2）日期型转换为字符型函数

格式:DTOC(<日期表达式>[,1])

功能:将一个<日期表达式>的值转换成字符串。参数"1"指定以年月日的顺序且没有分隔符的形式显示字符串。

例如:日期转换举例。

DA = "06/24/99"

? CTOD(DA)   && 结果为:06/24/99,它是一个日期值,与转换前

&& 的字符串"06/24/99"截然不同

? DTOC(DATE())   && 结果为:05/28/06,它是一个字符串,已不是

&& 一个日期值

? DTOC(DATE(),1)   && 结果为:20060528(字符串)

（3）数值型转换为字符型函数

格式：STR（＜数值表达式＞）［，＜长度＞］［，＜小数位数＞］）

功能：将＜数值表达式＞的值转换成字符串。

说明：① ＜长度＞是指转换后的字符串长度，含正负号、数字及小数点。

② 若无＜长度＞选项，系统按默认的 10 位长度转换，且只转换整数部分，整数部分不够 10 个字符长度的，以前导空格填空。

③ 若有＜长度＞选项，且＜长度＞的值小于＜数值表达式＞的宽度，将按指定的长度进行转换。

④ ＜小数位数＞是指转换成字符串后保留的小数位数，若省略该选项，则只转换整数部分；小数转换时进行四舍五入。

例如：将数值表达式转换成字符串。

  P＝3.1416

  ? STR（P,6,4） && 结果为：3.1416

  ? STR（P,3） && 结果为： 3（前有两个空格）

  ? STR（P） && 结果为：   3（前有九个空格）

  ? STR（P,5,4） && 结果为：3.142

  ? STR（314.2,2） && 结果为：＊＊（宽度为 2，小于整数部分的宽度，溢出）

（4）字符型转换为数值型函数

格式：VAL（＜字符表达式＞）

功能：将＜字符表达式＞的值转换成数字。

说明：VAL（）函数只取字符表达式中第一个字母前的数字，如果第一个字母前没有数字，其结果为 0。转换结果只显示两位小数。

例如：字符串转换为数值。

  ? VAL（"13"） && 结果为：13.00

  ? VAL（"B13"） && 结果为：0.00

  ? VAL（"13B"） && 结果为：13.00

  X＝"12.456"

  Y＝VAL（X）

  ? Y && 结果为：12.46

  ? STR（Y,6,3） && 结果为：12.456

  ? VAL（"1.3E2"） && 结果为：130.00

（5）小写字符转换成大写字符

格式：UPPER（＜字符表达式＞）

功能：将＜字符表达式＞中的小写字符转换成大写字符。

（6）大写字符转换成小写字符

格式：LOWER（＜字符表达式＞）

功能：将＜字符表达式＞中的大写字符转换成小写字符。

例如：大小写转换举例。

  S1＝"WINDOWS"

   X1 = SUBSTR(S1,1,1)

   X2 = SUBSTR(S1,2)

   ? UPPER(X1) + LOWER(X2)&& 结果为:Windows

（7）ASCII 码转换成字符函数

格式:CHR(＜数值表达式＞)

功能:将 ASCII 码值转换为对应的字符。

（8）取字符的 ASCII 码函数

格式:ASC(＜字符表达式＞)

功能:取＜字符表达式＞第一个字符的 ASCII 码值。

例如:ASCII 码与字符转换举例。

   ? CHR(65)   && 结果为:A

   ? ASC('a')   && 结果为:97

   ? ASC('bac')   && 结果为:98

（9）字符型转换为日期时间型函数

格式:CTOT(＜字符表达式＞)

功能:将一个日期时间格式的＜字符表达式＞转换为日期时间型数据。

（10）日期时间型转换为字符型函数

格式:TTOC(＜日期表达式＞[,1|2])

功能:将一个＜日期表达式＞的值转换成字符串。参数"1"指定以年月日的顺序且没有分隔符的形式显示字符串,参数"2"指定仅返回含时间部分的字符串。

例如:日期时间转换举例。

   DA = "06/24/2007 20:24"

   ? CTOT(DA)   && 结果为:06/24/07 08:24:00 PM,它是一个日期

           && 时间值,与转换前的字符串截然不同

   ? TTOC({^2007 - 2 - 2 14:26:32})

           && 结果为:02/02/07 02:26:32 PM,它是一个字符

           && 串,已不是一个日期时间值

2.6.5 其他常用函数

（1）IIF( )函数

格式:IIF(＜逻辑表达式＞,＜表达式 1＞,＜表达式 2＞)

功能:当＜逻辑表达式＞的值为真时返回＜表达式 1＞的值,否则返回＜表达式 2＞的值。

例如:

   X = 8

   ? IIF(x > 0,3 * x + 8,5 * x + 1) && 结果为:32

   ? IIF(x < =0,3 * x + 8,5 * x + 1) && 结果为:41

   STORE DATE( ) TO X

   Y = IIF(DOW(X) = 1 OR DOW(X) = 7, "今天休息","今天上学")

   ? Y

（2）TYPE（ ）函数

格式：TYPE（＜表达式＞）

功能：返回＜表达式＞值的数据类型。需注意的是：表达式必须用引号括起来。

例如：

    ? TYPE（" -12.8"）   && 结果为：N（测试 -12.8 的数据类型）

    ? TYPE（" ［ABC］"）   && 结果为：C（测试［ABC］的数据类型）

    ? TYPE（" .T."）   && 结果为：L（测试 .T. 的数据类型）

    ? TYPE（"DATE（）"）   && 结果为：D（测试 DATE（）的数据类型）

（3）BETWEEN（ ）函数

格式：BETWEEN（＜表达式1＞,＜表达式2＞,＜表达式3＞）

功能：判断＜表达式1＞是否在＜表达式2＞和＜表达式3＞组成的区间之内,返回值为.T.,.F.,.NULL.。

例如：

    ? BETWEEN（12,10,20）   && 结果为：.T.

    ? BETWEEN（"F","A","B"）   && 结果为：.F.

    ? BETWEEN（"F","A",.NULL.） && 结果为：.NULL.

（4）FILE（ ）函数

格式：FILE（＜文件名＞）

功能：判断指定的文件是否存在。其中，＜文件名＞以一个字符串形式存在。

例如：

? FILE（"C:\COMMAND.COM"）   && 判断 C 盘根目录下的 COMMAND.
                                  && COM 文件是否存在

SET DEFAULT TO D:\   && 设置当前路径为 D 盘根目录
? FILE（"JS.DBF"）   && 判断当前路径下的 JS.DBF 文件是
                                  && 否存在

（5）INKEY（ ）函数

格式：INKEY（［＜数值表达式＞］）

功能：返回一个键码值。＜数值表达式＞表示等待的时间,以秒为单位。如果在等待时间内没有按下键,则返回0;否则返回第一个击键的 ASCII 值。

例如：

    ? INKEY（10）   && 在10秒内如果按"A"键,则显示65

（6）DISKSPACE（ ）函数

格式：

    DISKSPACE（）

功能：返回默认驱动器上可用的存储空间,以字节为单位。如果返回值为 -1,则表示默认驱动器中没有磁盘。

例如：

    SET DEFAULT TO C:

    ? DISKSPACE（）   && 返回 C 盘可用空间

（7）GETFILE()函数

格式：GETFILE([<文件扩展名>][,<标签>])

功能：显示"打开"对话框，并返回选定文件的名称。

说明：① 可包含一种扩展名（如 dbf）或多种扩展名（dbf；prg；txt）。

② 如果只包含分号（；），则显示不带扩展名的文件。

③ 如果包含通配符（* 和?），则显示扩展名满足条件的所有文件。

例如：

  SET DEFAULT TO D:\

  FT = GETFILE("TXT","文本文件名")

执行该命令后显示如图 2.5 所示的对话框。如果选择"活动.txt"并按"确定"按钮，则变量 FT 的值为 D:\活动.txt。

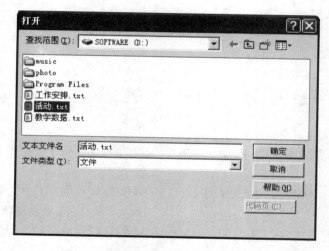

图 2.5 "打开"对话框

（8）MESSAGEBOX()函数

格式：MESSAGEBOX(<字符串 1>[,<数值表达式>][,<字符串 2>])

  功能：自定义对话框。<字符串 1>指定在对话框中显示的文本；<数值表达式>用来定义对话框中的按钮和图标（具体设置见表 2.13 和表 2.14），缺省时为 0；<字符串 2>指定对话框的标题，缺省时为"Microsoft Visual FoxPro"。

表 2.13 对话框的按钮值、对应的每个按钮的返回值

数 值	对话框按钮	返回值	按 钮
0	"确定"按钮	1	确定
1	"确定""取消"按钮	2	取消
2	"放弃""重试""忽略"按钮	3	放弃
3	"是""否""取消"按钮	4	重试
4	"是""否"按钮	5	忽略
5	"重试""取消"按钮	6	是
		7	否

表 2.14 对话框的图标值、默认按钮值

数 值	图标值	数 值	默认按钮值
16	"停止"图标	0	第一个按钮
32	问号	256	第二个按钮
48	惊叹号	512	第三个按钮
64	"信息"图标		

例如:

　　? MESSAGEBOX("是否保存该文件?",3 + 32 + 0,"保存")

执行该命令后显示如图 2.6 所示的对话框。如果单击"否"按钮,则主窗口显示函数的返回值为 7。

图 2.6 自定义对话框

(9) 判别指定数据是否是数字函数

格式:ISDIGIT(< 字符型表达式 >)

功能:判别指定数据是否是数字,如果是则返回逻辑值.T. ;否则返回.F. 。

(10) 判别指定数据是否是字符函数

格式:ISALPHA(< 字符型表达式 >)

功能:判别指定数据是否是字符,如果是则返回逻辑值.T. ;否则返回.F. 。

Visual FoxPro 的所有各类函数的简单格式见附录 A。

2.7　Visual FoxPro 项目管理器

　　项目管理器是 Visual FoxPro 中处理对象和数据的常用组织工具,它以项目文件存在。项目中的文件可被另外的项目所共享,即一个文件可同时属于不同的项目。打开需共享文件的多个项目,将文件从一个项目拖动到另一个项目即可。

2.7.1　项目管理器的创建与修改

　　(1) 创建项目

　　① 利用"文件"菜单中的"新建"命令创建项目。

　　② 利用"常用"工具栏上的"新建"按钮创建项目。

　　③ 在"命令"窗口中使用命令"CREATE PROJECT < 文件名 >"创建项目。

（2）修改项目

① 利用"文件"菜单中的"打开"命令修改项目。

② 利用"常用"工具栏上的"打开"按钮修改项目。

③ 在"命令"窗口中使用命令"MODIFY　PROJECT ＜文件名＞"修改项目。

2.7.2　项目管理器的选项卡

项目管理器有 6 个选项卡，用于显示不同的数据项，如图 2.7 所示。

（1）全部：将其他 5 个选项卡集中在一起。

（2）数据：包含数据库、自由表、查询。

（3）文档：包含表单、报表、标签。

（4）类：包含类库和类。

（5）代码：包含程序、API 库、应用程序。

（6）其他：包含菜单、文本文件、其他文件。

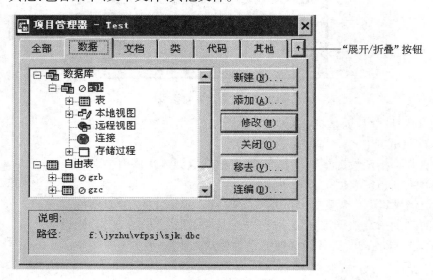

图 2.7　"项目管理器"窗口

如果某类数据项有一个或多个数据项，其前有"＋"标志，单击"＋"后可展开该数据项，此时"＋"改为"－"，单击"－"后可折叠该数据项。

2.7.3　项目管理器的定制

系统默认的情况下，项目管理器以窗口形式显示，用户可根据自己的需要改变显示方式。双击标题栏，或者将其拖放到工具栏，它就可以以工具栏的形式存在，如图 2.8 所示。双击工具栏的空白区域，或拖其空白区域到主窗口中，又可还原为窗口形式。

图 2.8　"项目管理器"工具栏形式

用户也可以通过单击"展开/折叠"按钮将项目管理器在窗口和折叠状之间进行转换。

2.7.4 项目管理器的操作

项目管理器打开后,主菜单栏上有"项目"菜单,相关操作可以通过菜单进行;也可以右击项目中的文件,利用其快捷菜单进行操作;还可以通过"项目管理器"窗口中的命令按钮进行。

（1）命令按钮

① 新建。创建一个新文件。选定文件类型后,单击"新建"按钮,新文件就显示在"项目管理器"中,并被该项目管理。不是在项目中新建的文件,文件不会显示在"项目管理器"中,并不被该项目管理。

② 添加。将已存在的文件添加到项目中。

③ 修改。选定某文件,单击该按钮后,系统则会打开相应的设计器进行相关操作。

④ 关闭/浏览/…。选定不同类型的文件,该按钮的功能不同。

⑤ 移去。将文件移出项目,或移出的同时将文件从磁盘中删除。

⑥ 连编。将项目中的所有文件连编成一个项目或应用程序。

（2）快捷菜单

选定某文件后,右击将出现快捷菜单。常用的快捷菜单有：

① 包含/排除。将所选项设置为包含或排除。如果为包含状态,则在运行时只读的,并且在连编为应用程序时,该文件被包含在应用程序中,发布时可不需要该文件。如果为排除状态,该文件前用带斜线的圆圈表示(见图2.9)。

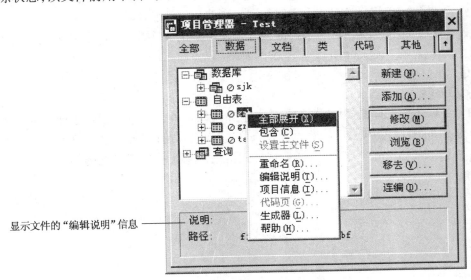

图 2.9 "项目管理器"的快捷菜单

② 设置主文件。一个项目文件只能有一个主文件,当重新设置后,前一个主文件自动作废,主文件用粗体表示。程序、表单、查询、菜单都可作为主文件,主文件在编译的应用程序中作为主程序执行。

③ 重命名。修改文件名。它不仅仅修改项目中该文件的名称,同时修改该文件的所有相关文件的文件名。例如,一个数据库创建后形成三个文件,在项目中修改库文件后,其他两个相关文件名同时被修改。如果在"资源管理器"中修改文件名,则要对所有相关文件进行逐一修改。

④ 编辑说明。对文件加注释,选定该文件后,说明信息显示在下方(见图 2.9)。

⑤ 项目信息。设置与项目有关的信息,如作者、单位、附加图标、加密等。

本 章 小 结

本章以 Visual FoxPro V6.0 数据库管理系统为典例,系统地介绍了 Visual FoxPro V6.0 产品的特点,该产品在 Windows 操作系统上安装、启动和退出的操作方法、Visual FoxPro V6.0 的主界面、操作方式、文件类型、命令与语句书写格式规定,以及在 Visual FoxPro V6.0 下的数据类型、常量表达方式、变量内涵和操作方法,运算符内涵和表达式计算方法、常用函数的格式、功能和使用说明,最后简介了 Visual FoxPro V6.0 的项目管理的作用、操作方法和操作过程。

研讨分析

(1)研讨

① 数据库管理系统 Visual FoxPro V6.0 的特点与适用范围。

② 在 Visual FoxPro V6.0 中数据表达形式与类型。

③ 在 Visual FoxPro V6.0 中空值的含义和使用方法。

④ 在 Visual FoxPro V6.0 中关键词可以缩写至前 4 个字母,这在程序设计与维护中的优点与缺点。

⑤ IIF 函数和 & 函数,$ 运算和 & 运算的功能与特点。

(2)分析

① Visual FoxPro V6.0 项目管理给信息系统软件开发与维护提供了便利的工具。

② Visual FoxPro V6.0 强大的函数给信息系统软件开发提供了丰富的资源。

③ Visual FoxPro V6.0 的灵活运算方式给信息系统软件服务功能的实现提供了有力支持。

第 3 章

数据表、库设计

数据库是由数据表等文件组成的。数据表与库是数据库系统应用的基础,也是数据组织的根本。日常使用的各类信息管理系统都必须建立在数据表与库的基础上。

3.1 数据表设计

数据表是数据的一个容器,也是数据库系统的主要操作对象,数据库系统的其他操作都是以数据表为基础的。因此,数据表的设计是数据库系统应用其他设计的基础。

3.1.1 数据表的分类

数据表是存放数据的最基本组织,根据数据表存储组织的不同,数据表可以分成自由表与数据库表两类。

(1) 自由表

自由表是独立于其他文件的数据文件。这类数据文件不受数据库的约束,因此,无法实现完整性检验,所存放的数据也不能建立主索引。如果需要对数据表的数据进行完整性约束,只有将该表添加到某一数据库中成为数据库表后才能具有完整性约束功能。

(2) 数据库表

数据库表是属于数据库的一部分,与数据库有着直接的联系,一个数据表只能从属于一个数据库。当一个数据表加入某一数据库后,在数据库内建立了与数据表的联系,称为后连接,同时在数据表文件的头部也写入了与数据库的联系,称为前连接。当一个数据表从一个数据库移到另一个数据库时,必须先从原库中移出,成为自由表后才能添加到目标库。一旦数据库表移出数据库,这个表的原标题、格式、规则等相关数据库表的特征信息全部自动消失。

3.1.2 数据表的组成

在 Visual FoxPro 中,数据表是以关系型二维表形式存储的,数据表必须由数据表结构和数据两部分组成。

无论是自由表,还是数据库表,都是由若干行数据组成,每一行即一个记录;每一行又由若干列组成,一列称为一个字段。数据表的基本单位是记录,记录是具有完整意义的最小单位,它能够反映一个数据项的完整信息,如图 3.1 所示。

（1）数据表结构

数据表结构是描述数据表各列规定的组织结构,体现了数据表固定的框架结构。在数据表设计过程中,首先要定义数据表结构,然后输入与维护该数据表的记录。数据表最多有 255 个字段。在数据表结构定义时,至少要明确各字段的名称、类型、长度(如果是数据值还要定义小数位)、是否用空值和是否建立索引等,还要遵循以下几点:

① 确保字段的数据类型与原存入该字段的信息相匹配。

② 让字段的宽度足够容纳将存储、显示的信息。

③ 为数值型或浮点型字段设置适当的小数位数。

④ 如果要让字段接受空值,须选择 NULL 值。

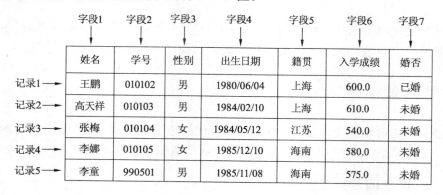

图 3.1　数据表

（2）数据表记录

数据表中的记录内容是按数据表结构的字段来组织并加以存储。因此,字段是构成记录的基本元素,所有记录的相同列具有相同的字段定义。每条记录的数据长度是固定不变的,是由数据结构定义好的。数据表结构的总字节数是各字段定义长度累加和加 1,这个字节是存储记录号和删除标记的。

不同版本的 FoxPro 对数据表可以容纳的记录数限定是不一样的,Visual FoxPro V6.0 可以包含任意数量的记录。

数值型数据的长度不能超过规定值,否则无法达到需要的精度,甚至可能产生溢出错误,无法保存数据。

字符型数据超出规定长度后,系统自动截尾处理。即后置内容无法输入,如果输入内容长度没有达到规定的长度,系统自动以空格字符补齐。

3.1.3　数据表的设计过程

设计数据表是一项十分关键和细致的工作,需要满足服务用户的要求,还要符合数据库管理系统的规定,特别是要符合选用的数据模型规则。

（1）明确设计目的,收集原始资料

设计数据表的首要问题是确定数据表的用途,不同的使用目的,需要记录的内容不同。例如:学生成绩管理记录学生成绩时,则需要记录学生的专业、学号、姓名、课程名称、课程性质、课程学分、课程成绩等内容。又如库存管理记录库存物品时,则需要记录物品的名称、型号、价格、数量、供应商、存放库位等内容。然后,需要确定记录的数据为谁服务,不同的服务对象,需要的数据不同。如记录的学生成绩,对于学生而言,关心的是课程成绩是否合格,以及在班级的排名;对于学院而言,关心的是整合专业学习情况,以及该专业中学习优秀和排名落后的学生;对于用人单位而言,关心的重点是学了什么课程,学习情况如何。又如库存物品记录,领物品的人员关注需要的物料是否存在,数量是否满足;库存管理员关心进出库物品是否正确,是否存在盘盈和盘亏现象;而库存拥有者关心的是库存是否能带来盈利,库存的安全库存量、最高存储量和最低存储量等。

可见,不同的数据表使用者对记录的内容是不一样的,设计的数据表往往需要提供相关用户的使用,因此,在设计数据表时,需要广泛收集相关资料。例如,学生成绩管理需要收集学生成绩单、成绩汇总表、学生成绩档案等直接内容,还要收集与学生成绩管理相关的课程表、教师表、专业表、学生基本情况表等内容。又如库存管理中需要收集物品进库与出库的日记账、明细账、分类账、库存盘点账、入库单、领料单等直接内容,还要收集与库存物品相关的供应商基本情况、财务往来账、库位定义、保管员工作记录等相关内容。

(2)确定数据模型,规范数据表

数据模型有层次型、网状型和关系型,在 Visual FoxPro V6.0 中采用关系型数据模型,所以在设计数据表时,需要进行关系理论式范式的检验。

在数据表设计过程中,从用户手中收集来的原始数据表往往不完整,或不符合关系理论式的第三范式,需要对这些数据表进行规范整理。例如,存放学生成绩单上记录的内容,如果把一名学生的一张成绩单作为一个关系,则存在专业名称、学生姓名等数据的冗余,而且这样的记录方式不符合实际需要,每个学生一张成绩单独立一个文件,将需要无数的数据文件。操作系统的文件管理也无法实现。如果把学生成绩单汇总成一个数据文件,首先不符合关系型的第一范式,存在表中有表的情况,因此,需要将有关学生成绩管理的内容进行综合分类,形成符合关系理论的数据表(见第 11 章综合应用),如学生基本情况表(学号、姓名、专业、性别、入学日期等)、课程表(课程编号、课程名称、课程性质、学分等)、成绩表(学号、课程编号、成绩)。这样,每张数据表都符合关系理论的要求,而且可以通过学号将学生基本情况与成绩表关联,通过课程编号将课程表与成绩表关联。

(3)定义数据表结构

这项工作是整个数据表设计最关键的环节,同时也直接影响到后续工作的有效性。我们需要依据对记录内容的整理和规范明确的数据表,逐一定义各表的结构。在定义数据表结构时,需要定义如下内容:

① 数据表名。数据表将成为独立的文件。为了便于数据表处理,数据表名往往也是数据文件名,因此,在定义数据表名时需要符合文件名命名规则,同时将数据表文件名记录在系统说明书中。

② 字段名。字段名在数据处理过程中类同于变量名,因此字段名的定义需要符合变量的命名规则,不能与 Visual FoxPro V6.0 的关键词(如 use,structure,copy 等)相同。同数据表内的字段名称不能相同。

③ 字段类型。字段类型只能在 Visual FoxPro V6.0 规定的类型中选择。用户根据数据的特点选择能容纳该数据的类型。一旦字段类型确定,不能修改。如果在数据表结构修改时改变了类型,则相应数据全部无效。

④ 字段长度。除了数值型和字符型字段需要定义长度,其他类型字段都是由系统规定长度的。数值数据在定义长度时不仅要考虑数据的精确度,还要考虑小数点和负符号也要占一位;字符型数据规定长度后,数据输入时不能超长。当需要输入的字符度无法确定,甚至会超过 255 个字节时,建议使用备注型。

⑤ 索引与 NULL。该数据表是否需要建立索引,用什么字段或哪几个字段组合成索引关键词表达式和索引类型,以及表中哪些字段可以用 NULL 等都需要在建立数据表前定义明确。

3.2 数据表结构操作

数据表结构是数据表的重要组成部分,对数据表操作首先创建数据表结构。对一张数据表而言,创建其结构只有一次。创建后供用户输入、存储、处理和输出数据等操作。

3.2.1 创建数据表结构

对一张数据表而言,创建该表结构只有一次机会,创建完成后不能重复再创建,否则将破坏已经存在的数据表。

(1)数据表结构的创建方式

数据表结构的创建与其他文件的创建可以通过菜单选择操作、Visual FoxPro 命令方式、SQL 命令方式、向导和项目操作按钮等方式。其中 SQL 命令和向导方式可以直接生成数据表结构,而其他方式仅打开了表结构创建的表设计器,还需要根据表结构逐项内容输入。

(2)使用表设计器建立新表结构

可以用如下方式打开表设计器:

① 从 Visual FoxPro 主窗口的"文件"菜单中选择"新建"命令,弹出新建对话框,如图 3.2 所示。

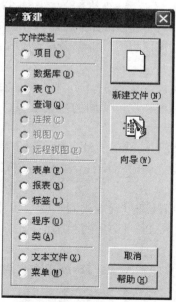

图 3.2 "新建"文件选择框

② 从"文件类型"对话框中选择"表",然后再单击"新建文件"按钮,弹出创建对话框。在创建表对话框输入新的表名并选择要存放新表的路径,如图3.3所示。

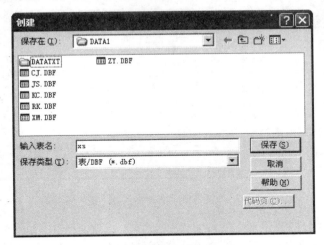

图3.3　新表的路径

例如:创建新表"xs.dbf"保存在 D:\DATA1 中。

③ 单击"保存"按钮,进入表设计器,用户可在其内建立表结构,如图3.4所示。

以上三步也可通过在命令窗口输入命令"CREATE [盘符路径][<文件名>|?]"实现。例如:CREATE D:\DATA1\xs.dbf。

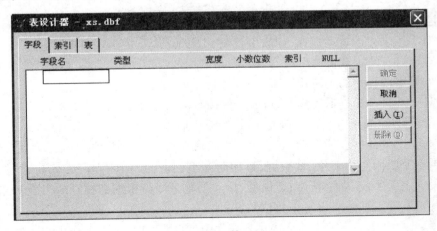

图3.4　表设计器

④ 建立第一个字段:在字段名中输入学生姓名字段 xm,在类型栏中选择"字符型",在"宽度"中输入8。如果表接受空值,则选择"NULL"。

⑤ 依次建立学号、性别、籍贯、入学成绩、出生日期、简历、照片、婚否等对应的字段,如图3.5所示。

067

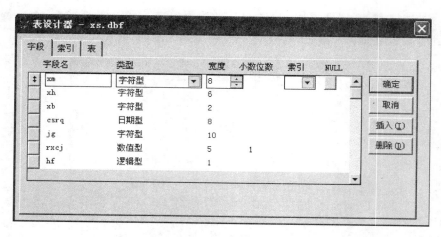

图 3.5 字段输入器

（3）表结构部分属性定义

① 字段名。字段名即表头,须遵循变量命名规则。

② 字段类型。字段类型包括字符型、数值型、整型、浮点型、逻辑型、备注型、双精度型、日期型、日期时间型、通用型、货币型。具体选用哪种类型要根据数据不同特性决定。一般遵循以下规则:

　a. 对于说明性的文本或不需要进行数学运算的数字,并且其长度不超过 254 个字符,如姓名、学号等字段,选用字符型。如果长度超过了 254 个字符,如简历、评语等字段,则用备注型。

　b. 对于用来存放日期数据,如出生日期、工作日期等,应选用日期型。

　c. 对于只有两种取值的字段,如婚否,最好用逻辑型。

　d. 如果字段存储的是货币数据,最好用货币型。

　e. 对于需要参加算术运算的数据,最好按数值类型存储。

　f. 对于图片、表格、声音、动画等 OLE 对象用通用型。

③ 宽度、小数位数。即每个记录中该字段最多可存储的数据总长度、小数位数长度。对于逻辑型字段固定为 1 位,日期型、日期时间型、货币型字段固定为 8 位,备注型和通用型字段固定为 4 位,而字符型、数值型、浮点型等字段需根据数据存放量长短来设定其宽度,数值型、浮点型还需设定小数位数。

④ 索引。定义某一字段的结构化复合索引,有由小至大排序[升序]、由大至小排序[降序]及无排序[无]三种索引方式(关于索引的具体内容将在后面章节详细介绍)。

⑤ NULL。设置字段是否可以存储 NULL 控制符号。传统的观念是当字段设置宽度后,即使没有数据,磁盘文件也会储存与字段相同宽度的空白字符。如此对后端大型数据库而言是一种浪费,因此,如果 NULL 设置为真,对于没有数据的字段就可以用 RE-PLACE 命令"REPLACE ＜字段＞ WITH . NULL. "存储一个控制符号,当表的数据上传至后端大型数据库(SQL Server 或 Oracle)时,就不会存储空白栏宽,从而可以节省空间;而当表的数据无须上传至后端大型数据库时,NULL 的设置就没有意义了。

⑥ 完成输入后单击"确定"按钮,即可将表结构保存。

（4）使用表向导创建表

"表向导"是基于已有的表结构创建表。创建表时可以从已有的表中选择满足需要的表。通过一步步的向导过程,定制表的结构和字段,并可以在向导保存表之后修改表,从而大大提高建表的效率。具体步骤如下:

① 从图 3.2 所示新建对话框中选择"向导"按钮,弹出如图 3.6 所示向导设计器。

② 从表向导屏幕的"样表"列中选择所需表。如果要使用自己设计的表,则选择"加入"按钮,再选择所需表,如 Xs. dbf,则在样表中增加了一个 Xs 表。选择该表后,在可选字段中出现了该表结构中的所有字段。从"可用字段"中选择所需字段,如图 3.6 所示。

③ 可以从可用字段中选定所需字段拖到选定字段框中,也可用以下快捷键选定字段:

▶ 将可用字段中的高亮选项加入选定字段;

▶▶ 将可用字段中的全部选项加入选定字段;

◀ 将选定字段中的高亮选项退回可用字段;

◀◀ 将选定字段中的全部选项退回可用字段。

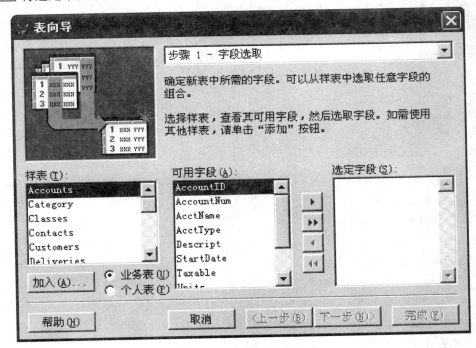

图 3.6　创建表向导

④ 选择"下一步"按钮,用户可选择将其设计为自由表或数据库表,如图 3.7 所示。

⑤ 确定是否需要更改字段的设置,例如可更改字段的类型或宽度,使其符合用户的要求(见图 3.8)。

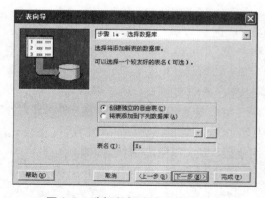

图 3.7 选择数据库或设为自由表

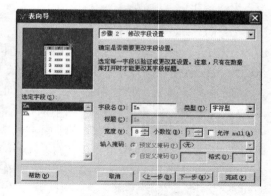

图 3.8 修改字段设置

⑥ 选择关键字段,如 Xh,则按学号字段建立了一个表索引(见图 3.9)。

⑦ 选择某一保存结果后单击"完成"按钮(见图 3.10)。

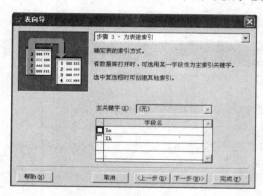

图 3.9 创建索引

图 3.10 完成保存表

(5)利用命令 CREATE TABLE-SQL 创建新表

① 命令格式:

CREATE TABLE|DBF [盘符路径] < [数据库!]表文件名 > [FREE];

(字段名 1 字段类型(宽度[,小数位数] [NULL|NOT NULL]);

[,字段名 2 字段类型(宽度[,小数位数]] [NULL|NOT NULL] …)

② 命令功能:不打开表设计器用命令直接在指定盘符路径下建立一个表结构文件。

③ 说明:

a. 字段名与字段类型之间必须有空格。

b. L,M,G,D,T,Y 等固定长度的数据类型字段宽度可缺省。

c. 表名、字段名要符合命名规则。

d. FREE:表示新建的表不加入当前打开的数据库中,成为自由表。缺省时,如果没有指定数据库,当前也没有打开的数据库,则生成自由表,否则生成数据库表并加入指定的或当前打开的数据库中,成为数据库表。

e. 某字段要使用空值则在该字段后设置为 NULL,否则设为 NOT NULL,缺省默认为 NOT NULL。

例如,在 D:\DATA1 中建立 STUDENT 自由表,该表结构与 XS 表结构相同,则命令如下:

CREAT TABLE D:\DATA1\STUDENT FREE （XM C(8),XH C(6),XB c(2),;
CSRQ D,JG C(10)，RXCJ N(5,1),HF L,ZP G,JL M)

3.2.2 显示数据表结构

数据表结构建立后系统自动打开这个表,否则在显示数据表结构或其他数据表操作前必须先打开数据表,才能供用户操作使用。数据表打开后除了执行关闭命令或遇到打开了别的数据表外,该表一直打开供用户使用,不需要重复打开。

如果要输出已经存在的数据表结构,则首先要打开这个数据表,输出表结构只能对当前打开的表操作。

（1）命令格式:

LIST|DISPLAY STRUCTURE [TO PRINT]

（2）命令功能:

输出当前数据表结构信息。

（3）说明:

① LIST|DISPLAY 表示使用 LIST 或 DISPLAY,两者取之一,如果使用 LIST 则将表结构信息一次性全部输出,如果使用 DISPLAY,在输出表结构信息时如果满屏,则自动暂停,等你按任一键将继续输出下屏。

② 如果有 TO PRINT 短语,则输出至打印机。

例如:当前的数据表是 CJ 表,则执行 LIST STRU 命令,结果为:

表结构:　　　　　H:\2011VFP\CJ.DBF
数据记录数　　　　138
最近更新的时间:　02/14/09
备注文件块大小:　64
代码页:　　　　　936

字段	字段名	类型	宽度	小数位	索引	排序	Nulls
1	IH	字符型	12		升序	PINYIN	否
2	KCDM	字符型	6		升序	PINYIN	否
3	CJ	数值型	5	1			否
4	BZ	备注型	4				否
总计 **			28				

3.2.3 修改数据表结构

创建表结构时往往可能没有正确定义表结构的各项内容,或者数据表使用一段时间后,对原表结构需要调整等原因对数据表结构进行修改。表结构的修改可以在表设计器中增加字段,或者删除字段,或者修改字段的类型、宽度、小数位数、空值和索引等内容。用户可以通过菜单、Visual FoxPro 命令、项目按钮和 SQL 语句进行修改表结构,其中 SQL语句操作方式不需要打开相应表,而其他方式都必须先打开相应表。

（1）菜单方式

首先打开被修改的表，然后在"显示"菜单中选"表设计器"，打开表设计器，进入表结构人工修改状态。

（2）项目管理器方式

在项目管理器中选择要修改的表名字，然后单击"修改"按钮，进入表设计器。

（3）命令方式

首先打开被修改的表，在命令窗口输入"MODIFY STRUCTURE"，打开表设计器，进入表结构人工修改状态。

（4）ALTER TABLE-SQL 命令

① 在表中增加一个字段

ALTER TABLE ＜表文件名＞ ADD［COLUMN］字段名 类型（宽度［,小数]）NULL/NOT NULL

例如：在 XS 表中增加一个字符型宽度为 4 允许空值的 WYZL（外语种类）字段，可执行如下命令：

ALTER TABLE XS ADD COLUMN WYZL C(4) NULL

② 在表中修改一个字段

格式：

ALTER TABLE ＜表文件名＞ ALTER［COLUMN］字段名 类型（宽度［,小数]）NULL/NOTNULL

例如：将上例中的 WYZL 字段改为数值型，宽度为 1，可执行如下命令：

ALTER TABLE XS ALTER COLUMN WYZL N(1) NULL

③ 在表中删除一个字段

格式：

ALTER TABLE ＜表文件名＞ DROP［COLUMN］字段名

例如：删除上例中的 WYZL 字段，可执行如下命令：

ALTER TABLE XS DROP COLUMN WYZL

④ 在表中修改字段名

格式：ALTER TABLE 表文件名 RENAME COLUMN 字段名1 TO 字段名2

⑤ 修改结构对记录的影响

如果修改的表已经存有记录，则因表结构的修改对记录内容会造成相应的影响。

如果仅修改字段名称或索引，则对记录没有影响。

如果修改字段的类型，则相应记录会按数据类型转换的默认规则自动转换保存，但往往会造成错误。

如果修改字段长度，且增加长度，原记录数据自动转存，字符型左对齐，数值型右对齐；如果长度改短，则字符型将自动截尾；数值型自动从最高位向右保留，当无法保留时报错。

例如：原字段为数值型，将长度（6,2）改成（4,1）。那么原记录的数据（23.12,5.3,58,0.23,123.25,231）转换成（23.1,5.3,58,0.2,＊＊＊＊,＊＊＊）。可见前四个数据能基本保留原值，后两个数据不能转换以"＊"符报错。

如果新加字段,对应记录填入默认值。

如果删除字段,则对应记录的字段值自动消失。

3.3　数据表记录操作

数据表记录操作是数据库管理系统的主要功能,主要有数据表的记录输入、修改和删除等操作。

3.3.1　给数据表录入记录

3.3.1.1　直接输入方式

使用表设计器创建数据表结构结束时,按"确定"保存表结构后出现如图 3.11 对话框,选择"否"则结束创建表结构,保存表结构;如果选择"是"则进入数据表记录的输入窗口,如图 3.12 所示。这种数据表记录输入的情况也称为"直接输入"方式,对一张数据表而言,直接输入方式只有一次。

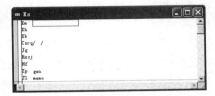

图 3.11　选择输入表数据记录　　　　图 3.12　输入表数据记录数据

在数据表记录输入过程中,针对不同的数据类型输入操作有所不同。

(1) 输入字符型、数值型、逻辑型、日期型或日期时间型字段,可以将光标置于该字段右边的方框中并输入相应的数据。

(2) 输入备注型字段中的信息,须在输入或编辑窗口中双击该备注字段,出现带有该备注型字段内容的编辑窗口,然后在该窗口中输入数据。也可以用如下命令输入数据:

APPEND MEMO　备注字段名　FROM ＜文件名＞［OVERWRITE］

例如,要求将 aa. txt 文件内容替换当前打开数据表的当前记录的 JL 备注字段中,可执行如下命令:

APPEND MEMO JL FROM aa. txt OVERWRITE

(3) 通用型字段包含已嵌入或连接的 OLE 对象,用户可以在编辑窗口中双击通用型字段或按 CTRL + HOME,进入通用字段编辑窗口,然后输入该字段对应的对象。通用型字段内容的编辑有 3 种方式:人工剪贴方式、程序控制方式和命令方式。

① 人工剪贴方式。可直接双击需编辑的通用型字段出现编辑窗口,然后复制或剪贴某声音或图像对象,最后粘贴在该通用型字段编辑窗口。

② 文件控制方式。利用编辑窗口将图片或声音文件直接加入通用型字段。双击需编辑的通用型字段出现编辑窗口,在"编辑"菜单选择"插入对象",选择所需文件。

③ 命令方式。将图片或声音等文件直接加入通用型字段中,其命令格式为:

APPEND　GENERAL　字段名 FROM　文件名

例如,将 16-1. BMP 图片文件加入 ZP 字段中,其命令格式为:

APPEND GENERAL ZP FROM 16-1. BMP

例如,将 A001. WAV 声音加入 ZP 字段,命令格式为:

APPEND GENERAL ZP FROM A001. WAV

3.3.1.2 添加输入方式

(1) 添加命令输入记录

一般情况下直接输入方式只能输入一部分记录,随后的内容都是通过添加输入方式完成输入记录的。当数据表没有打开时,首先要打开将添加输入记录的数据表,Visual FoxPro 的添加记录命令只能对当前表进行操作。

① 格式

格式 1:APPEND〔BLANK〕〔IN 工作区号│别名〕〔NOMENU〕

格式 2:APPEND FROM <表文件名> 〔FIELDS <字段表>〕〔条件〕

格式 3:APPEND FROM <文件名>〔条件〕SDF│DELIM WITH <字符>

② 功能

格式 1 有 BLANK 短语时,将自动添加一条空记录,否则打开数据输入窗,等待输入记录内容。

格式 2 将指定数据表文件符合条件的记录按同字段名添加到当前数据表中。如果两表字段同名不同类型,则该类字段添加数据可能发生错误,或无法添加到目标数据表中。如果当前数据表的字段在源数据表中不存在,则该类字段添加缺省值,反之该类字段忽略不参加操作。

格式 3 将指定的文本文件数据依次添加到当前数据表中,SDF 表示数据源的模式是标准文件,DELI 表示数据源的数据以 WITH 后的字符作为定界符。

例如,将 XS 表中入学成绩大于等于 550 分的记录对应的姓名、学号、性别、入学成绩的数据追加到 STUDENT 表中的命令如下:

USE STUDENT

APPEND FROM XS FIELD XM,XH,XB,RXCJ FOR RXCJ > = 550

(2) 插入命令输入记录

插入数据方式既有 Visual FoxPro 命令,也有 SQL 语句,在实际操作过程中一般插入结果仍然在最后一个记录,与添加操作功能相同。

① 格式:

Visual FoxPro 格式:INSERT 〔BEFORE〕 〔BLANK〕

SQL 格式:INSERT INTO < 数据表名 >〔(字段名表)〕VALUE (<表达式表>)

② 功能:Visual FoxPro 格式如果有 BLANK 短语,则自动插入一个空白记录,否则进入插入记录操作窗口,等待输入一个记录。BEFORE 短语在旧版是起到记录插入记录指针前的作用,在 Visual FxoPro V6.0 版本以后就不起作用了。

SQL 格式通过命令直接插入数据表的记录,依次将表达式运行结果存入对应字段的记录中。如果缺省字段名表,则表达式的个数必须与当前表的字段个数相同,否则表达式的个数与字段名表中字段个数一致。

③ 例如,用 SQL 语句给成绩表插入一条记录,记录内容是′0203011′,′CJ033′,89。

LNSER INTO cj(xh,kh,cj) VALUE('0203011','CJ033',89)

（3）编辑状态输入记录

在浏览数据表时,可以在"表"菜单中选择"追加方式"后输入数据。

3.3.2　输出数据表记录

数据表记录内容可以作为查询、表单、报表和标签等方式的数据源输出数据,也可以把字段作为变量提供数据输出或表达式运算,但是最简单、方便的输出方式是按表记录内容采用 LIST/DISPLAY 命令顺序列表输出到 Visual FoxPro 主窗口屏上。

（1）命令格式:LIST/DISPLAY［范围］　［FIELDS＜字段表＞］|＜表达式表＞［FOR ＜逻辑表达式＞］［ WHILE＜逻辑表达式＞］［OFF］［TO PRINTER | FILES＜文件名＞］

（2）功能:在指定范围内将符合条件的记录按指定或表达式内容依次输出。

（3）说明:

① 范围:规定命令操作的记录对象。

ALL	&& 所有记录
NEXT　N	&& 从当前记录开始向下的 N 条记录
REST	&& 从当前记录开始向下到最后一个记录
RECORD　N	&& 记录号为 N 的记录

② 条件:有 FOR＜逻辑表达式＞或 WHILE＜逻辑表达式＞,当记录对应值参加逻辑表达式运行的结果为真时,表示条件成立,该记录参加命令操作,否则忽略。

FOR　＜逻辑表达式＞:筛选在指定范围内所有满足条件的记录进行操作。WHILE ＜逻辑表达式＞筛选在给定范围内满足条件的记录进行操作,一旦遇到不满足条件的记录马上终止。当条件同时采用 FOR 和 WHILE 时,WHILE 优先。

③ LIST 滚屏显示,DISPLAY 分屏显示。

④ LIST 缺省范围和条件,范围默认为 ALL,DISPLAY 缺省范围和条件,范围默认为当前记录(NEXT 1)。

⑤ 同时有 FOR＜逻辑表达式＞和 WHILE＜逻辑表达式＞时,WHILE＜逻辑表达式＞优先。

⑥ 有 OFF 时,不显示记录号。

⑦ 有 TO PRINTER 时,同时输出到打印机。

⑧ 有 FILES〈文件名〉输出内容保存到指定文件中。

例如:要输出 CJ 表中当前记录开始连续 25 个记录中学号最后一位是'5'的记录内容。执行如下命令:

CLEAR

SET TALK OFF

USE CJ

LIST NEXT 25 FOR RIGHT(ALLT(XH),1)='5'　　&& 当前记录开始后续 25 个记录中最后一位是"5"的结果如下:

记录号	XH	KCOM	CJ	BZ
5	040202005	60023	82.0	memo

15 040202015 60023 64.0 memo

LIST NEXT 25 FOR RIGHT(ALLT(XH),1) = '5' OFF &&当前记录开始后续 25 个记录中最后一位是“5”的结果如下：

XH	KCDM	CJ	BZ
040202005	60011	82.0	memo
040202015	60011	57.0	memo
040202005	9501	68.0	memo

3.3.3 修改数据表记录

修改表记录内容的方式与修改表结构相似，同样可以通过菜单方式、命令方式、项目设计器方式和数据库设计器等方式实现，操作过程与表结构修改相似，不同在于选择的菜单项与操作命令不同，这里重点介绍菜单操作格式与使用方法。

3.3.3.1 浏览窗口修改(BROWSE)

(1) 菜单

以二维表格式显示表内容，要熟悉浏览窗口，可以浏览前面创建的“Xs. DBF”表。步骤如下：

① 打开要浏览的表文件，如：Xs. DBF。

② 在“显示”菜单中选择“浏览”命令，进入浏览窗口查看表内容，如图 3.13 所示。也可以在项目管理器中选择表名称，单击“浏览”按钮来浏览表，或者在命令窗口输入“BROWSE EXCLUSIVE”进入浏览窗口查看表内容。

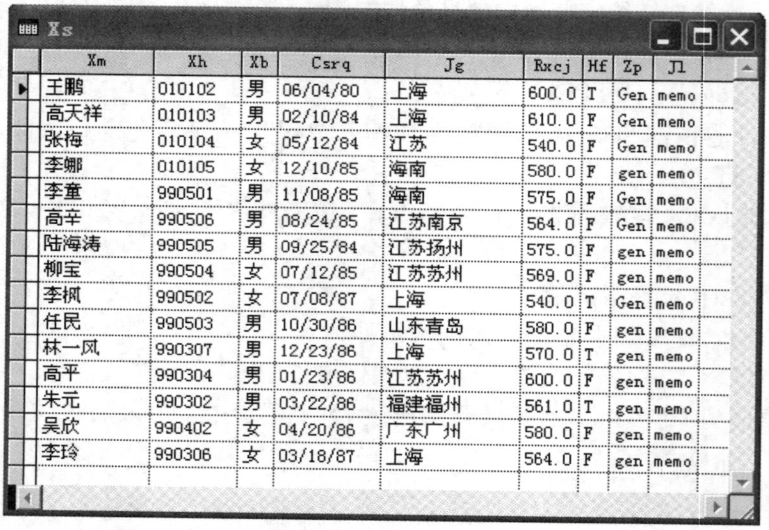

Xm	Xh	Xb	Csrq	Jg	Rxcj	Hf	Zp	Jl
王鹏	010102	男	06/04/80	上海	600.0	T	Gen	memo
高天祥	010103	男	02/10/84	上海	610.0	F	Gen	memo
张梅	010104	女	05/12/84	江苏	540.0	F	Gen	memo
李娜	010105	女	12/10/85	海南	580.0	F	gen	memo
李童	990501	男	11/08/85	海南	575.0	F	Gen	memo
高辛	990506	男	08/24/85	江苏南京	564.0	F	Gen	memo
陆海涛	990505	男	09/25/84	江苏扬州	575.0	F	gen	memo
柳宝	990504	女	07/12/85	江苏苏州	569.0	F	gen	memo
李枫	990502	女	07/08/87	上海	540.0	T	Gen	memo
任民	990503	男	10/30/86	山东青岛	580.0	F	gen	memo
林一风	990307	男	12/23/86	上海	570.0	T	gen	memo
高平	990304	男	01/23/86	江苏苏州	600.0	F	gen	memo
朱元	990302	男	03/22/86	福建福州	561.0	T	gen	memo
吴欣	990402	女	04/20/86	广东广州	580.0	F	gen	memo
李玲	990306	女	03/18/87	上海	564.0	F	gen	memo

图 3.13 “浏览”方式浏览表

(2) 编辑窗口(EDIT)

用户可以将窗口设置为编辑(EDIT)方式，在编辑方式下，列的名称(字段名称或标题名称)被显示在窗口左边，如图 3.14 所示。要将浏览方式改变为编辑方式，可在“显示”菜单单击“编辑”菜单项(或在命令窗口中输入 EDIT 命令)。要将编辑方式改变为浏览方式,可在"显示"菜单单击"浏览"菜单项。

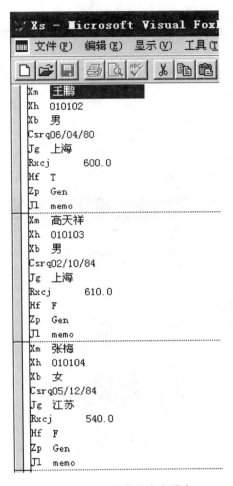

图 3.14 "编辑"方式查看表

(3) Visual FoxPro 浏览命令

格式:BROWSE[FIELD < >][范围][条件][NO MENU][NO APPEND][NO MODI-FY][LOCK < n >][FREEZE < 字段名 >]

说明:

① 范围与条件缺省组合的默认规定:当有范围没有条件时,在指定范围内的记录默认都符合条件;当无范围有 FOR < 逻辑表达式 > 时,范围默认为全部记录;当无范围有 WHILE < 逻辑表达式 > 时,范围默认为从当前记录开始直到最后一个记录;当同时没有范围与条件时,可能是全部记录符合条件,或者当前一个记录符合条件。

② FIELDS < 字段表 >:规定命令操作的字段对象。有该项时表示命令操作仅对字段表中列出的字段有效。各字段间用","分隔,该项省略时,默认为所有字段。

③ 短语[NO MENU][NO APPEND][NO MODIFY]分别规定浏览操作时不显示菜单、不允许添加和修改操作。

④ [LOCK < n >]:锁住表前 N 个字段,在移动滚动条显示时不向右移动。

⑤ [FREEZE <字段名>]:只能对该字段修改,其他字段只能显示不被修改。

(4) EDIT 和 CHANGE 命令

格式:EDIT | CHANGE   [FIELDS 字段名表][<范围>][FOR | WHILE <条件表达式>]

功能:在给定范围筛选出满足条件的记录,并可以在编辑窗口中显示修改记录。

3.3.3.2 成批修改表记录

(1) 菜单方式修改表记录

在打开浏览/编辑窗口后,选择"表"菜单中的"替换字段"菜单项,弹出如图 3.15 所示窗口,分别选择需要修改的字段,并输入修改后的值,并选择要修改的记录范围和条件。例如将 STUDENT 表中的所有籍贯为江苏省的考生入学成绩增加 5 分。

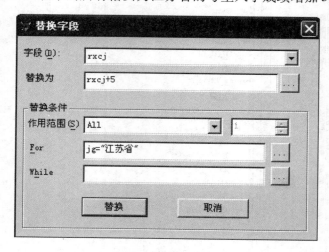

图 3.15 替换字段

(2) REPLACE 命令成批修改表记录

① 命令格式:

REPLACE [范围] <字段名 1> WITH <表达式 1>[ADDITIVE][,字段名 2   WITH <表达式 2>[ADDITIVE]…] [FOR | WHILE <条件>][IN <工作区别名/表别名>][NOOPTIMZE]

② 说明:

a. [范围],缺省范围和条件默认 next 1;缺省范围,有 FOR <条件>时,范围为 ALL;缺省范围,有 WHILE <条件>时,范围为 REST。

b. [ADDITIVE]只对备注型字段有效,把指定的数据追加到备注型数据尾部,缺省该选项则覆盖原有数据。

c. <字段名 N>与<表达式 N>的数据类型必须保持一致。

例如,将 STUDENT 表中所有籍贯为江苏省的考生入学成绩增加 5 分,可执行如下命令:

REPLACE ALL RXCJ   WITH   RXCJ +5   FOR   JG ="江苏省"

例如,将 STUDENT 表中所有记录的学号前两位为 01 的记录改为 00,可执行如下命令:

USE STUDENT

REPLACE ALL XH WITH "00" + SUBSTR(XH,3,6) FOR LEFT(XH,2) = "01"

（3）UPDATE-SQL 命令成批修改表记录

① 命令格式：

UPDATE［数据库名！］表文件名 SET 字段名 1 = 表达式 1,［字段名 2 = 表达式 2］

［,…］WHERE < 条件 >

② 功能：在不须打开表的情况下直接修改表记录。

例如,将 STUDENT 表中所有籍贯为江苏省的考生入学成绩增加 5 分,可执行如下命令：

UPDATE STUDENT SET RXCJ = RXCJ + 5 WHERE JG = "江苏省"

例如,将 STUDENT 表中性别为男的记录的学号前两位改为 01,可执行如下命令：

UPDATE STUDENT SET XH = "01" + SUBSTR(XH,3,6) WHERE XB = "男"

3.3.4 删除数据表记录

数据记录删除一般分两步实现。第一步是加删除标记,也称为逻辑删除；第二步是把加删除标记的记录清除掉,也称为物理删除或清理数据表。

（1）做删除标记

① 用户可在浏览窗口单击每个需删除的记录左边的框来标记该记录,做了标记的记录左边框变黑。例如：将李利的记录做删除标记,如图 3.16 所示。

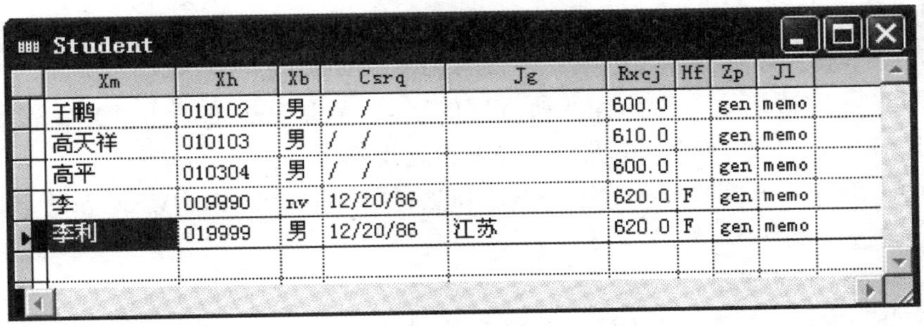

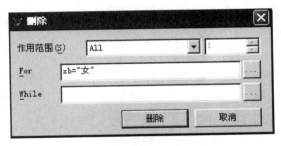

图 3.16 加删除标记

② 在"删除"对话框中通过设置范围、条件来选择做删除标记的一组记录。在"表"菜单选择"删除记录"出现删除对话框,设置删除的范围和条件。如图 3.17 所示,删除表中所有性别为"女"的记录。

图 3.17 "删除"对话框

③ 用命令"DELETE［范围］［FOR＜条件＞］［WHILE＜条件＞］"做删除标记。

功能:在给定范围内筛选出满足 FOR 和 WHILE 条件的记录做删除标记。

说明:DELETE 命令同时缺省范围和条件时,默认范围为当前记录;缺省范围,有 FOR＜条件＞,则默认范围为 ALL;缺省范围,有 WHILE＜条件＞时,则默认范围为 REST。

（2）恢复记录

做了删除标记的记录,只是做了个标记,并没有真正删除,只有彻底删除后才是真正删除。因此做了标记的记录,若不需要删除则可恢复为普通的记录。方法如下:

① 在"浏览"窗口选择做了标记的记录左边框去除标记,或者在"表"菜单单击"恢复记录"输入作用范围、条件恢复为普通记录。

② 在命令窗口输入"RECALL［范围］［FOR＜条件＞］［WHILE＜条件＞］"恢复为普通记录。缺省范围条件默认为当前记录。

（3）彻底删除记录

做了标记的记录并没有真正被删除,要真正删除记录须单击"表"菜单"彻底删除"菜单项或执行"PACK"命令,然后在提示框中单击"是"按钮,将从磁盘中彻底删除带标记的记录,不能恢复。

用命令 ZAP 也可清除当前表中的所有记录,一旦清除便不能恢复。

3.3.5 设置字段筛选和记录过滤条件

（1）设置字段筛选

① 格式:SET FIELDS TO ［＜字段名表＞｜ALL］

② 说明:＜字段名表＞给出操作所选定的字段,ALL 表示可操作当前表的所有字段,而 SET FIELDS TO 使当前表的所有字段都不能操作。

例如,SET FIELDS TO XM,XH,XB,则此后执行的 LIST/BROWSE 等命令只对 XM,XH,XB 字段进行操作。

（2）设置记录过滤条件

① 格式: SET FILTER TO［＜条件表达式＞］

② 说明:当后续执行 LIST,BROWSE 等命令时,自动筛选满足＜条件表达式＞的记录进行操作,若不给出＜条件表达式＞则取消过滤条件。

例如,SET FILTER TO XB＝"男",则此后执行的 LIST/BROWSE 等命令只对 XB 为"男"的记录进行操作。

3.4 数据表操作

数据表操作是针对数据表整体的操作,其主要功能有打开与关闭数据表,数据表的复制、查询和统计等操作。

3.4.1　打开与关闭数据表

3.4.1.1　打开表

（1）菜单方式

在"文件"菜单中选择"打开"命令，在"打开"对话框选择要打开的表名称，如 XS，按"确定"按钮，即打开表。

（2）命令方式

USE［盘符路径］［＜表文件名＞|？＞ ］［ IN 工作区号|＜表别名］［AGAIN］［ALIAS 别名］［EXCLUSIVE|SHARED］［NOUPDATE］

功能：打开指定盘符路径下的表文件。

说明：

① IN 工作区号：省略该选项则在当前工作区中打开表文件，有该选项则在指定的非当前工作区中打开表文件，但不改变当前工作区。工作区号 0 表示最小可用工作区。

② AGAIN：再一次打开在其他工作区已经打开的数据表。

③ ALIAS ＜别名＞：打开该表文件的同时，指定一个别名。缺省时，系统则默认数据表名（不包括扩展名）作为别名。

④ EXCLUSIVE：以独占的方式打开表。

⑤ SHARED：以共享的方式打开表。

⑥ NOUPDATE：将表文件以只读方式打开，表结构与记录都不能被修改。

3.4.1.2　打开表的独占与共享方式

如果打开表后需要对表进行修改则必须将该表以独占方式打开，如果以共享方式打开表，则该表显示为只读。因此常常在打开表时要指定以独占还是共享方式打开。

（1）设置独占与共享打开表的默认状态

① 菜单"工具"-"选项"-"数据"。

② 执行 SET　EXCLUSIVE OFF/ON 命令。

ON 状态以独占的方式打开表，OFF 状态以共享的方式打开表。设置该开关后当打开表时，如果没有指定独占或共享方式，则默认为开关对应的方式打开表。

（2）强行独占或共享方式打开表

USE　表名　EXCLUSIVE/SHARED

使用该命令将不管 SET　EXCLUSIVE OFF/ON 开关处于何种状态，直接以 EXCLUSIVE 或 SHARED 方式打开表。

3.4.1.3　关闭表

在使用表结束后为了保证表数据的安全要将表关闭。主要有以下几种关闭方法。

（1）USE［ IN 工作区号|＜表别名］：关闭当前或指定工作区中打开的表文件。

（2）CLOSE TABLES［ALL］：关闭全部已打开的库中所有表而不关闭数据库。

（3）CLOSE ALL：关闭所有工作区的所有表（自由表、数据库表）、数据库、索引，并选择 1 号工作区为当前工作区。同时关闭表单设计器、报表设计器、查询设计器、标签设计器、项目管理器等。

3.4.2　数据表的复制

通过数据表复制命令参数实现许多功能。不仅可能将正在使用的数据表复制到其他物理存储设备上作为备份文件,还可从当前打开的数据表中筛选、投影成用户所需要的数据子表,实现数据操作安全,还可将数据表的结构单独复制成空数据表或表结构数据文件,以及将表记录转换为 Excel、文本文件等其他格式的文件。

（1）命令格式:

COPY TO ＜表文件名＞［数据库文件名［NAME 长表名］［范围］［ FOR/WHILE ＜条件表达式＞］［FILES＜字段名表＞］［［WITH］CDX|［WITH］PRODUCTION］［［type］［xls/sdf/delimited［with delimiter/with blank/with TAB/with character delmiter］］］］

（2）功能:将当前表文件的全部或部分数据复制成一个数据库表、自由表或其他格式的文件。

（3）说明:

① 无任何可选项,是将当前表原样复制生成相同的表文件副本。

例如:复制生成一个与原 XS 表文件完全相同的副本文件 XS1.DBF,可执行如下命令:

　　USE XS

　　COPY　TO　XS1

②［范围］［ FOR/WHILE ＜条件表达式＞］［FILES＜字段名表＞］等选项与前面命令类同,在原表中指定的范围中,筛选出满足条件的记录,复制＜字段名表＞中指定的字段结构及数据。

③ 选择 CDX 或 PRODUCTION 则将结构化复合索引文件一起复制。

④ XLS:表示复制生成 Excel 电子表格文件,表中每个字段数据在 Excel 中变为 1 列,表中每个记录则变为一行。

⑤ SDF:表示创建一个标准格式的文本文件。

⑥ WITH DELIMITER:复制生成以特定字符代替引号分隔字符型字段的分隔文件。

⑦ WITH BLANK:复制生成以空格代替逗号字符型字段的分隔文件。

⑧ WITH TAB:复制生成以制表符代替逗号字符型字段的分隔文件。

⑨ WITH CHARACTER DELMITER:复制生成以特定字符字代替逗号分隔符型字段的分隔文件。

3.4.3　数据表记录定位操作

3.4.3.1　移动记录指针

在对表中的数据进行查看或修改时,有时需要针对某条具体的记录进行操作,因此就要用到记录的定位。Visual FoxPro 中,当在表中输入数据时,系统自动为每个记录设定一个顺序号,称为记录号。第一个记录为 1,第二个记录为 2,等等。

1）数据表文件内部组织结构

当打开一张表后,系统自动为该表生成三个控制标志:记录开始标志、记录指针、记录结束标志,如图 3.18 所示。记录开始标志界于表结构和表体之间,表明后面是表的数据信息;记录指针用于控制当前操作的记录,刚打开表时总是指在首记录;结束标志位于最后一条记录的下方,用于表明表数据的结束。

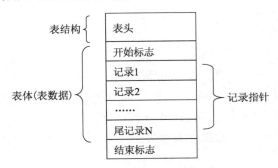

图 3.18 表文件的基本结构

2）记录指针的定位

（1）菜单方式。在浏览和编辑窗口中,可通过滚动条来移动需要定位的记录。也可以使用“表”菜单的“转到记录”命令,在弹出的菜单中选择相应的子菜单,可以迅速定位到表中的第一条记录,最后一个记录,当前记录的下一条记录或者前一条记录;如果要定位到指定记录号的记录,可以从“转到记录”子菜单选择“记录号”菜单项,在弹出的对话框中输要查看的记录号,然后单击“确定”按钮。

（2）命令方式。

① 指到物理位置的第 N 条记录:

[GO | GOTO]N

例如:指到第三条记录可用命令 GO 3 或 GOTO 3 或 3。

② 指到逻辑位置的首记录或尾记录:

$$\text{GO} | \text{GOTO} \begin{cases} \text{TOP} & \text{指到首记录} \\ \text{BOTTOM} & \text{指到尾记录} \end{cases}$$

③ 跳过逻辑位置 N 条记录

SKIP ＜N＞

若 N 为正数,则往下跳 N 条记录;若 N 为负数,则往上跳 N 条记录。缺省 N 时默认为 1。

（3）相关函数。

① RECNO( ):返回当前记录指针的位置值。

② BOF( ):判定记录指针是否已到达文件开始标志,到达开始标志位置,则返回.T.,否则返回.F.。

③ EOF( ):判定记录指针是否已到达文件结束标志,到达结束标志位置,则返回.T.,否则返回.F.。

④ 注意:在到达文件开始标志时 RECNO( )返回 1,而在到达文件结束标志时 RECNO( )返回 N+1。

3.4.3.2 顺序查找定位操作

字段变量的值是由记录指针控制,字段变量值是记录指针所记录的内容。直接移动记录指针的操作十分方便,但不实用。这是由于数据表的记录号是变化的,当某一记录删除后,原来在该记录后的记录号自动减 1,当在某记录位置插入一个记录后,该位置上的记录及其随后的记录号全部自动加 1。所以,操作人员无法了解每个记录的记录号,需要采用查找命令来寻找满足某一条件的记录。

（1）顺序查找命令

格式:LOCATE ＜条件＞［范围］

功能:在指定范围内寻找符合条件的第一个记录,并将记录指针指向该记录。

说明:① 在执行本命令前,必须先打开寻找源数据表,并处于当前工作区。

② 当缺省范围时,默认为全部记录为寻找范围。

③ 本命令改变 FOUND( )函数测试结果。当找到时,该函数结果为. T. ,否则为. F. ,记录指针移到范围最后一个记录。

例如:从成绩表中从头开始找成绩小于 60 的记录。

USE CJ	&&	打开成绩表
LIST	&&	显示成绩表记录
LOCATE FOR CJ ＜ 60	&&	顺序查找低于 60 分的记录。由图 3.19 所示 LIST 的
	&&	结果可知,指针移向第 29 个记录

记录号	XH	KCDH	CJ
1	030201	31	78
2	030201	02	80
3	*030201	03	81
4	030201	04	73
5	030201	05	82
6	030201	06	95
7	030202	01	63
8	030202	02	62
9	030202	03	69
10	030202	04	93
11	030202	05	95
12	030202	06	84
13	030301	01	63
14	030301	02	62
15	030301	03	82
16	030301	04	93
17	030301	05	95
18	030301	06	76
19	030302	01	78
20	030302	02	80
21	030302	03	89
22	030302	04	91
23	030302	05	68
24	030302	06	84
25	030303	01	87
26	030303	02	78
27	030303	03	85
28	030303	04	80
29	030303	05	51
30	030303	06	86
31	030304	01	94
32	030304	02	76
33	030304	03	53
34	030304	04	79
35	030304	05	76
36	030304	06	83

图 3.19　部分成绩表记录内容

? FOUNT( ),RECNO( )	&& 显示寻找结果和记录号,显示:.T. 29
LOCATE FOR CJ > 85	&& 顺序查找大于85 分的记录。由 List 结果
	&& 可知,指针移向第 6 个记录
LOCATE FOR CJ > 85　　NEXT 10	&& 从当前记录开始在连续 10 个记录内顺序
	&& 查找大于 85 分的记录。由 List 结果可知,
	&& 记录指针仍然移向第 6 个记录
LOCATE FOR CJ < 60　　NEXT 10	&& 从当前记录开始在连续 10 个记录内顺序
	&& 查找小于 60 分的记录。由 List 结果可知,
	&& 记录指针移向范围边界的第 15 个记录
? FOUNT( ),RECNO( )	&& 显示寻找结果和记录号,显示:.F. 15

（2）继续顺序查找命令

格式:COUNTINUE

功能:在 LOCATE 命令指定的范围内从下一个记录开始寻找符合条件的第一个记录,并将记录指针指向该记录。

说明:在执行本命令前,必须先执行 LOCATE 命令,否则出错。

例如:从成绩表中从头开始找成绩大于 80 的第二个记录。

USE　CJ	&& 打开成绩表
LOCATE FOR CJ > 85　　next 10	&& 从当前记录(第一个记录)开始在连续 10
	&& 个记录内顺序查找大于 80 分的记录。由
	&& LIST 的结果如图 3.19 所示,指针移向第 6
	&& 个记录
? FOUNT( ),RECNO( )	&& 显示寻找结果和记录号,显示:.T. 6
CONTINUE	&& 在 LOCATE 命令指定范围内(1～10)从下
	&& 一个记录(第 7 个记录)开始顺序查找大于
	&& 85 分的记录。由 List 结果如图 3.19 所示,
	&& 指针移向第 10 个记录
? FOUNT( ),RECNO( )	&& 显示寻找结果和记录号,显示:.T. 10
CONTINUE	&& 在 LOCATE 命令指定范围内(1～10)从下
	&& 一个记录(第 11 个记录)开始顺序查找大
	&& 于 85 分的记录。但是,第 11 记录已经超
	&& 出 LOCATE 命令规定的范围,所以记录指
	&& 针停在第 10 记录,并且报找不到
? FOUNT( ),RECNO( )	&& 显示寻找结果和记录号,显示:.F. 10

3.4.3.3　索引查找定位操作

顺序查找方式简单,操作方便灵活,深受用户的欢迎。但是由于顺序查找需要逐个比较,花费大量计算机运行时间。当数据表的记录和数据量较多时,用户往往无法承受查找等待。索引查找是解决查找速度慢的最好方法。

所谓索引,就是一种用于快速定位的特定记录,或者将记录分类的机制,它类似于书的索引。书页号列表用于帮助读者快速查找书中特定的页码,而表索引则是指向特定记录的记录号列表,用于确定记录的处理顺序,例如可按学生学号顺序查看"XS"表中的记录,按入学成绩高低顺序查看"XS"表中的记录。索引并不改变存储在表中的数据顺序,只是建立了一个用于快速定位特定记录的记录号列表,从而改变 Visual FoxPro 读取每条记录的顺序。

1)索引文件的类型

索引文件的类型是根据索引文件产生的方式确定的,可分成结构化复合索引文件、非结构化复合索引文件和独立索引文件,如表 3.1 所示。

(1)结构化复合索引文件(Structural Compound Index)。在表设计器定义的索引自动成为结构化复合索引。一个表文件只有一个结构化复合索引,其主文件名与表名相同,扩展名为.cdx。一个结构化复合索引文件可以定义多个索引键。结构化复合索引随表打开而自动打开,并且在修改或增加、删除记录时可以自动更新索引,保持记录的一致性。一般可以将经常要用到的索引关键字设置为这种类型索引。

表 3.1　索引文件类型

索引文件类型	可建索引文件数目	索引文件名	索引文件中索引数目	索引文件打开、关闭
结构化复合索引文件	一个	与表同名.CDX	多个	与表同时打开、关闭
非结构化复合索引文件	多个	不与表同名.CDX	多个	须单独打开
独立索引文件	多个	与表名无关.IDX	一个	须单独打开

(2)非结构化复合索引文件(Non-Structural Compound Index)。执行 Index 命令将索引键定义的一个与表不同名的复合索引文件,扩展名为.CDX。一个非结构化复合索引文件可以定义多个索引键。索引文件不随表的打开而自动打开,在使用时需要专门打开,在修改或增、删记录时如果没有打开该索引不会自动更新索引。一般用于不经常使用的多个关键字索引。

(3)独立索引文件(Stand-Alone Index)。执行 INDEX 命令新建立的索引文件,扩展名为.IDX。一个独立索引文件仅能定义一个索引键,使用时需要专门命令打开,一般用于不经常使用的或者暂时的单关键字索引,也可以作为临时索引。

2)索引类型

Visual FoxPro 的自由表具有候选索引、普通索引和唯一索引三种类型,数据库表在自由表的基础上增加了主索引。

(1)候选索引。候选索引不允许索引的字段或表达式的值在各记录中有重复值。数据表或自由表都可以创建候选索引,一个表可以创建多个候选索引,候选索引只能在复合索引文件中创建。

(2)普通索引。普通索引允许索引的字段或表达式在各记录中有重复值。数据库表和自由表都可以创建普通索引,一个表允许建立多个普通索引。结构化复合索引文件,非结构化复合索引文件及独立索引文件中都可以创建普通索引。

(3)唯一索引。唯一索引允许索引的字段或表达式在各记录中有重复值,但在索引文件中只存储重复值中第一次出现该值的记录,而忽略其他重复值的记录,产生"唯一"值的索引结果。

3）创建索引文件

不同的索引文件,创建方法和使用方法不同。因此,创建索引文件主要分成结构化复合索引文件创建和独立索引文件的创建方法。

（1）结构化复合索引文件的创建。这是在创建数据表结构时,通过表设计器创建的索引文件。当用户使用表设计器创建或修改表结构时,在表设计器中用户可以在索引页面输入索引名、索引关键字和索引类型,在字段页面指定某一字段为索引表达式和排序方式。系统自动将该字段名作为索引名,所以在索引页面可以看到索引名与索引表达式都是字段名。实际上索引表达式可以是由多个字段组成的一个有意义表达式。而索引名是一个能反映索引对象的名称。当定义了索引后,则生成一个与表名同名的.cdx 文件,这个文件是结构化复合索引文件。例如给 xs 表按 rxcj 降序建立索引,如图 3.20 所示。

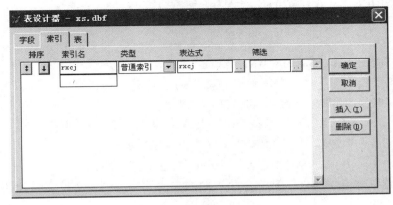

图 3.20　创建"索引"对话框

① 表设计器操作说明,在操作过程中,表设计器上的对应栏目和按钮的含义如下:

移动按钮:双向箭头按钮,位于该行最左列,用户在建立了几个索引后,使用此移动钮可以上下移动某一行,以改变索引关键字的优先顺序(前面优先)。

排序:指定索引的排序规则。↑表示升序,↓表示降序。选定一个索引,单击其左侧的箭头。

索引名:指定索引标识名。

类型:指定索引的类型包括候选索引、唯一索引和普通索引。

表达式:定义索引的表达式可以为单一字段或多字段表达式,最多可包含 240 个字符。如果要对多个字段索引,则在"表达式"框中键入用于排序的多个字段表达式,并且要将各个字段转化为字符型字段,通过字符连接符连接为字符型表达式。

例如,对 xs 表建立 rxcj 排列,rxcj 相同时按 csrq 排列索引,则表达式为 STR(RXCJ,5,1) + DTOC(CSRQ,1)。

过滤条件:定义记录索引过滤条件,也就是过滤符合条件的记录才索引。

插入:在选定的索引之上插入一个新索引。

删除:删除选定的索引。

② 新建索引。在打开数据表后,可以通过命令新建索引,该索引自动增加到结构化复合索引文件中。

格式:INDEX ON <表达式> TAG <索引标识名>〔FOR <条件表达式>〕〔AS-CENDING∣DESCENDING〕〔UNIQUE∣CANDIDATE〕

功能:建立一个结构化或非结构化复合索引文件。

短语或参数:

ON <表达式>:设定索引关键字表达式。

TAG <索引标识名>:为该索引键的标识名。

FOR <条件表达式>:定义筛选条件,只有满足条件的记录参加索引。

ASCENDING∣DESCENDING:指定升序或降序索引,缺省默认为升序索引。

UNIQUE:指定为唯一索引类型。

CANDIDATE:指定为候选索引类型。

缺省 UNIQUE 和 CANDIDATE 默认为普通索引类型。

例如:

USE xs   && 打开 xs 数据表

INDEX ON xh TAG xuehao CANDIDATE

&& 将所有记录按 xh 升序建立标识名为"xuehao"的候选索引

INDEX ON xb + STR(1000 - rxcj,5,1) TAG xb_cj

&& 将所有记录按 xb 排列,xb 相同则按 rxcj 排列建立"xb_cj"普通索引

INDEX ON rxcj TAG ns_cj FOR xb = "女" DESCENDING

&& 将所有女生的记录按 rxcj 降序排列建立"ns_cj"的索引普通

(2)创建独立索引文件。独立索引文件独立于数据表,其文件名是由用户定义,扩展名是. IDX。

格式: INDEX ON <关键字> TO <文件名>〔ASCENDING∣DESCENDING〕〔UNIQUE∣CANDIDATE〕

功能:对当前打开的数据表建立一个按指定字的指定排序方式的索引文件,并存入指定的文件中。

说明:上述短语与创建复合索引文件的含义相同,关键字是当前表的组成的表达式,文件名是指定的索引文件名,扩展名可以省略。为了便于识别独立索引文件的数据表与关键字对象,在命名索引文件名时充分考虑两部分的特征。

4)索引查找

索引查找是从"主控索引"的关键字中找用户指定相同内容,主控索引控制数据表记录的排列顺序。因此,在索引查找前,首先要指定主控索引。

(1)打开索引文件。在打开数据表时,系统自动打开结构化复合索引文件。独立索引文件需要使用命令打开。

格式1:USE <表文件名> INDEX <索引文件名表>

格式2:SET INDE TO <索引文件名表>

格式1是在打开表的同时打开独立索引文件,格式2是数据表已经打开,单独打开索引文件。

(2)指定主控索引:结构化复合索引的主控索引可以在打开数据表时指定,也可以在表打开后指定。独立索引文件的主控索引是在打开索引时自动默认排列在第一个的

索引文件作为主控索引,如果要改变主控索引,则与结构化复合索引对主控索引的操作相同。但是指定的索引文件必须已经打开。确定结构化复合索引的主控索引操作如下:

格式 1:USE＜表文件名＞[ORDER 索引顺序号|[TAG]＜索引标识名＞[ASCENDING｜DESCENDING]]

格式 2:SET ORDER TO [索引顺序号|[TAG]＜索引标识名＞][IN 工作区号|表别名][ASCENDING|DESCENDING]

格式 1 是在打开数据表的同时打开主控索引,格式 2 是在已经打开数据表后指定主控索引,不指定索引顺序号,则关闭主控索引,数据表记录顺序回到原输入顺序。

例如:

USE xs ORDER 3   && 打开 xs 表时,指定第三个索引 xb_cj 作为主控索引

SET ORDER TO TAG ns_cj   && 设置 ns_cj 为主控索引

(3) 索引查找。建立索引后便可根据索引关键字,用 SEEK 或 FIND 命令对记录进行快速定位。

格式 1:SEEK〈表达式〉

格式 2:FIND ＜字符型常量＞

功能:在主控索引文件的关键字表达式值中查找与给定的＜表达式＞值或常量相等的第一条记录,如果使用 SEEK 命令,命令后的表达式要运行后给出查找内容,如果是 FIND,则命令后指定了一个字符型数据,且不要定界符。若找到相应记录,则返回 FOUND() 函数值为. T. ,EOF() 为. F. ;否则 FOUND() 函数值为. F. ,EOF(). T. 。若查找的数据可能有多条相同数据的记录,可以用 SKIP 命令配合查找,但是下一条记录是否符合查找要求,还需要判断。

例如,将当前表记录定位到学号为"010105"的记录上,可执行如下命令:

SEEK "010105" ORDER TAG XUEHAO

或者

SET ORDER TO XUEHAO

SEEK "010105"

(4) 重建索引。结构化复合索引文件在打开数据表后自动打开,而独立索引文件和非结构化复合索引则需要使用命令打开。在修改数据表记录时,如果索引文件没有打开,那么修改到关键字字段内容,打开的索引文件会自动修改与调整,没有打开的索引文件内容很有可能出现索引文件与数据表内容不一致。造成实际存在的记录内容在索引方式下找不到。为此,在修改数据表后要对这些没有打开的索引文件进行重建,使表内容与索引文件内容一致。重建索引是在打开需要重建的索引文件后执行. REINDEX 命令即可。

例如:

USE xs

INDE ON xh TO xhxs

Browse

SET INDEX TO xhxs

REINDEX   && 重建 xhxs 索引

3.4.4 数据表数值统计

在 Visual FoxPro 中有时需要对表文件的记录数、某字段的值求和或求平均值,便要用到相应的统计命令。

(1)求记录数,计算出表中满足范围和条件的记录数,并保存到相应的指定变量中,其格式为:

COUNT［范围］［［ FOR ＜条件表达式＞］TO ＜变量名＞］

(2)求某字段值的和,计算出表中满足范围和条件的指定字段表达式值之和,并保存到相应的指定变量中,其格式为:

SUM［字段表达式表］［范围］［［ FOR ＜条件表达式＞］TO ＜变量名＞］

(3)求某字段值的平均值,计算出表中满足范围和条件的指定字段表达式值的平均值,并保存到相应的指定变量中。

AVERAGE［字段表达式表］［范围］［［ FOR ＜条件表达式＞］TO ＜变量名＞］

例如:① 统计女生的人数,并保存到变量 N1 中;② 统计所有女生入学成绩的总和,并保存到变量 S1 中;③ 统计所有女生入学成绩的平均值,并保存到变量 A1 中。可分别用以下命令:

COUNT FOR xb ＝″女″ TO N1

SUM rxcj FOR xb ＝″女″ TO S1

AVERAGE rxcj FOR xb ＝″女″ TO A1

(4)分类求和。以数据表中的某一字段作为关键字,将关键字值相同记录的指定数值型字段值求和后存入指定数据表中,其命令格式如下:

TOTAL TO ＜表文件名＞ ON ＜ 关键字＞［FIELD ＜字段表达式表＞］［字段表达式］［范围］［ FOR ＜条件表达式＞］

注:命令行中指定关键字被建立索引,并且是主控索引。

3.4.5 工作区

(1)工作区的概念

工作区是指用于标识一张打开的表的区域,因此打开表时必须要给该表指定一个工作区。

(2)工作区的性质

① Visual FoxPro 最多可以开辟 32767 个工作区,在每一个工作区中只能打开一个表。Visual FoxPro 最多可以打开 32767 个表(允许一个表在多个工作区中同时打开)。

② 在某一时刻只能选择一个工作区为“当前工作区”对其中的表进行操作。系统初始状态默认 1 号工作区为当前工作区。

③ 每一工作区打开的数据表都有各自的记录指针。在一般情况下,对数据表的操作只能移动当前工作区的记录指针。

(3)工作区的编号和别名

为了标识每一个工作区,系统给每一工作区编号为 1,2,3…,32767。同时还为工作区规定了别名,其中 1 至 10 号工作区别名为 A,B,…,J;11 至 32767 号工作区别名为

W11，W12，…，W32767。系统所定义的别名不能单独作为表名使用。

（4）选择工作区

SELECT ＜工作区号＞｜＜工作区别名＞｜＜表别名＞

① 功能：选择当前工作区，选择的工作区可以是在前面已经打开了数据表的工作区，也可以是未曾打开表的工作区。

② 说明：＜工作区号＞可选择 0～32767，0 表示最小未被使用的工作区；＜工作区别名＞可选择 A，B，…，J，W11，W12，…，W32767；＜表别名＞指已存在的表别名。

（5）测定工作区函数：SELECT（［0/1/"表别名"］）

功能：返回对应的工作区号。

说明：参数为 0 表示返回当前工作区号；参数为 1 表示返回未使用工作区的最大工作区号；"表别名"表示返回表别名对应的工作区号；若缺省参数，则系统默认返回当前工作区号。

3.4.6 多用户模式

在数据库系统应用过程中，为了提高数据的利用率，降低数据冗余度，减少数据存储成本，需要将数据表设置为共享状态，供多个用户同时调用，这称为多用户操作方式。

（1）数据表打开方式

数据表打开的方式有独占方式和共享方式两种。系统默认以独占方式打开表。在独占方式下，这个数据表只能提供给打开者操作。在表以独占方式打开期间其他用户无法操作，即无法实现多用户操作。只有以共享方式打开表，才有可能实现多用户操作。

数据表打开的方式可以通过数据表打开命令来确定，或者通过设置打开方式默认命令。

① 设置表打开方式默认状态

命令格式：SET EXCLUSIVE ON｜OFF

说明：

a. ON 表示是系统默认状态。当打开表时，系统默认为独占方式。

b. OFF 表示设置以共享方式默认打开的表。

例如：以不同的方式默认打开表。

```
CLEAR ALL            && 关闭所有文件，回到初始启动状态
USE XS               && 以独占方式打开 XS 表
SET EXCLU OFF        && 设置默认共享方式
USE XS               && 以共享方式打开 XS 表
SET EXCLU ON         && 设置默认独占方式
USE XS               && 以独占方式打开 XS 表
```

② 打开表同时指定打开方式

命令格式：USE ＜表文件名＞［EXCLUSIVE｜SHARED］［AGIAN］

说明：

a. EXCLUSIVE 表示指定以独占方式打开表。

b. SHARED 表示指定以共享方式打开表。

c. 若缺省 EXCLUSIVE 或 SHARED 短语，则以默认的方式打开表；若在打开表时指

定了打开方式,则默认方式失效。

　　d. AGIAN:用于指定同一个表在不同的工作区同时再次被打开。

　　例如:以不同的方式默认打开表。

USE XS EXCLU	&& 以独占方式打开 XS 表
SET EXCLU ON	&& 设置默认独占方式
USE XS SHARED	&& 以共享方式打开 XS 表
SET EXCLU OFF	&& 设置默认共享方式
USE XS AGIN IN 0	&& 以独占方式在第二工作区打开 XS 表

　　(2) 数据表缓存方式与缓存机制

　　用户处理的数据可以存入内存变量中,内在变量可以作为选择部分或全部存入内存变量文件中,还可以存入表的字段变量中。无论是存入数据表还是内容变量文件,内存变量是数据处理的缓存。为了提高在多用户共享方式下数据维护的需要,避免死锁与冲突现象的出现,Visual FoxPro 提供了数据表的数据表缓存方式与缓存机制。

　　① 缓存方式。Visual FoxPro 的缓存分记录缓存与整个表的缓存两种方式。记录缓存是提供每次访问或更新单个记录的操作方式,用户可以在表单上显示或编辑单个记录。表缓存是在一次更新多个记录时选用的,通常发票的细节表操作时需要表缓存。用户可以编辑细节行,并可以一次保存或取消所有的细节记录。

　　② 缓存机制。Visual FoxPro 的缓存机制分成保守式锁定和开放式锁定两种。保守式锁定是在用户选择"编辑"时加锁,并保持锁定状态直到他们选择"保存"或"取消",这可以确保在当前用户编辑记录时没有别的用户修改当前记录。开放式锁定机制只在写入瞬间锁定操作对象,一旦写入完成立即解锁,这最大化了记录的可用性。

　　③ 使用缓存机制。缓存在默认情况下是关闭的,要使用缓存必须打开,自由表和数据库中的表都可使用缓存。

　　首先要设置缓存方式、缓存机制。缓存方式是通过状态设置命令实现的,其命令格式与参数说明如下:

　　命令格式:SET MULTILOCKS ON|OFF

　　说明:OFF 状态为默认状态,设置为记录缓存。ON 状态设置为表缓存。

　　如果需要表缓冲而忘记了设置,将会得到一条错误。缓存方式也可以放入一条MULTILOCKS = ON 参数设置命令到系统配置文件(CONFIG. FPW)中,或在工具菜单中的选项对话框另外进行设置并保存它为默认值。

　　CURSORSETPROP( )函数用来控制缓存机制。如果为当前表设置缓存,则不必指定。这取决于想使用的缓存和锁记录的方法。

　　格式:CURSORSETPROP("BUFFERING",N)

　　说明:N 取 1 为无缓存;取 2 是保守式记录锁定,它锁定当前记录,在记录移动或发出TABLEUPDATE( )命令后更新;取 3 为开放式记录锁定,它一直等到移到记录指针后才锁定并更新;取 4 为保守式表锁定,它锁定当前记录,在发出 TABKEUPDATE( )函数后更新;取 5 为开放式表锁定,它一直等到发布 TABLEUPDATE( )命令,然后更新已编辑的记录。

　　(3) 锁定记录或表

　　在多用户共享数据操作环境下,对数据表的添加、编辑和删除都必须先锁定操作对象,锁定操作对象是通过自动或手动的方式实现的。

① 自动锁定操作。在多用户环境下,数据表的维护首先要锁定操作对象,自动锁定随数据表维护命令自动生效,操作结束后自动解锁。锁定对象分整个表、表头和当前记录三类。锁定整个表的命令有:PACK,ZAP,APPE FROM,ALTER TABLE,DELETE(同时多个记录),INSERT,RECALL(同时多个记录),UPDATE,REPLACE(同时多个记录)等;锁定表头的命令有:APPEND BLANK,APPEND FROM ARRARY,INSERT(sql)等;锁定当前记录的命令有:APPEND [MEMO|BLANK],REPLACE [NEXT 1,RECORD [N]],DE-LETE [NEXT 1,RECORD [N]],RECALL [NEXT 1,RECORD [N]]等。

② 手动方式操作。手动方式是通过执行特定的命令对记录或表加锁或解锁。锁定操作是由系统提供的函数实现的。RLOCK()或 LOCK()函数可以锁定一个或多个记录。FLOCK()则锁定一个表文件。这类函数返回值真(.T.),表示锁定成功,可以进行相关操作,否则没有锁定成功,不能进行相关操作。当相关操作完成后要及时解锁,使数据表能供其他用户操作。解锁命令格式如下:

命令格式:UNLOCK() ALL

说明:没有 ALL 参数时,仅解除当前表的锁,有 ALL 则解除全部表的锁。PACK,RE-INDEX,ZAP 操作的表必须是以独占方式打开,否则无法正常完成。

例如,当使用 TABLEUPDATE()函数实施对缓冲表的更改时,应先创建一个名为 EMPLOYEES 的表单,然后用 INSERT-SQL 把"SMITH"插入 CLASTNAME 字段中,multi-locks 设置为 ON,请求表缓冲。使用函数 CURSORSETPROP()设置。缓冲方式为开放式表缓冲。显示 CLASTNAME 字段的初始值(SMITH),接着用 REPLACE 命令修改 CLAST-NAME 字段,然后显示 CLASTNAME 字段的新值(JONES),最后用 TABLEUPDATE()实施对该表的更改(也可使用 TABLEREVERT()函数实施更改),最后显示 CLASTNAME 字段值(JONES)。相关操作命令如下:

```
CLOSE DATABASES
CREATE TABLE EMPLOYEE (CLASTNAME C(10))
SET MULTILOCKS ON                          && 必须打开表缓冲
=CURSORSETPROP('BUFFERING', 5, 'EMPLOYEE')  && 启用表缓冲
INSERT INTO EMPLOYEE(CLASTNAME)VALUES('SMITH')
CLAEAR
? 'ORIGINAL CLASTNAME VALUE:'
?? CLASTNAME                               && 显示 CLASTNAME 字段当前值(SMITH)
REPLACE CLASTNAME WITH 'JONES'
? 'NEW CLASTNAME VALUE:'
?? CLASTNAME                               && 显示 CLASTNAME 新值(JONES)
=TABLEUPDATE(.T.)                          && 实施更改
? 'UPDATED CLASTNAME VALUE:'
?? CLASTNAME                               && 显示当前 CLASTNAME 的值(JONES)
```

如果用户不关心原值和当前值而只想检查是否一个字段被其他用户修改了,可以用 getfldstate。这个新函数返回一个数值型的值来指明是否当前记录中的某些东西被修改

了,并返回 1~4 之间的一个数值。

返回值说明:1 表示未改变;2 表示字段已被修改记录的删除状态被改变;3 表示记录被添加但未修改且删除状态未改变.;4 表示记录被添加字段已修改或删除状态已改变。

3.4.7 多工作区环境下数据表操作

3.4.7.1 表状态测试函数

(1) FCOUNT(工作区|表别名):测定指定表的字段数。

(2) ALIAS([工作区]):返回指定工作区别名

(3) FIELD(字段号[,工作区|表别名]):返回指定工作区打开表的指定序号的字段名。

(4) USED([工作区号|表别名]):指定工作区是否有表打开或表别名是否已使用。

例如:测试 1 号工作区是否打开数据表。

```
CLOSE ALL              && 关闭所有文件,恢复 1 号工作区为当前工作区
USE XS1 ALIAS ST       && 在当前工作区打开 XS1 数据表,别名为 ST
? USED(1)              && 测试在 1 号工作区是否打开数据表,结果是.T.
? USED("ST")           && 测试在当前工作区打开的表别名是否为"ST",结果是.T.
? USED("XS1")          && 测试在当前工作区打开的表别名是否为"XS1",结果是
                       && .F.,如果在打开表时没有定义别名,则表名自动默认为
                       && 别名,这时结果是.T.
```

(5) DELETE():测试表的当前记录是否带有删除标志,带有删除标志则返回.T.,否则返回.F.。

3.4.7.2 数据库表属性测试函数

(1) DBGETPROP()函数

① 功能:取出指定数据库、表、字段、视图的相关属性值。

② 函数格式:DBGETPROP(cName,cType,cProperty)

cName:指定数据库、字段、表或视图的名称。

cType:指定与 cName 对应的当前数据库或当前数据库中的一个字段、表或视图的类型。如果 cName 是一个数据库名称,则应选 database;如果 cName 是一个表名称,则选 table;如果 cName 是一个字段的名称,则选 field;如果 cName 是一个视图的名称,则选 view。

cProperty:指定属性名称(Caption,Comment,DefaultValue,DeleteTrigger,Path,PrimaryKey,RuleExpression,Ruletext,SQL, UpdateTrigger,Version)。

例如,要取出 XS 表中的 XM 字段标题,可以使用如下函数:

? DBGETPRO("XS. XM","FIELD","CAPTION")

例如,要取出 XS 表的表注释,可以使用如下函数:

? DBGETPRO("XS","TABLE","COMMENT")

(2) DBSETPROP()函数

① 功能:为指定数据库、表、字段、视图的相关属性设置属性值。

② 函数格式:DBSETPROP(cName,cType,cProperty,ePropertyValue)

函数中的 cName,cType,cProperty 参数与 DBGETPROP()函数类似,常用 cProperty 属性主要有 Caption, Comment, RuleExpression, RuleText。ePropertyValue 则为要设置的具

体属性值。

例如，将 XS 表中的 XM 字段标题设置为"学生姓名"，可以用如下函数：

DBSETPROP（"XS. XM"，"FIELD"，"CAPTION"，"学生姓名"）

例如，将 XS 表的表注释设置为"学生基本情况表"，可以用如下函数：

DBSETPROP（"XS"，"TABLE"，"COMMENT"，"学生基本情况表"）

3.4.7.3　vfp 的事务处理

（1）事务处理概念。数据库处理时，经常因为机器的突然死机、程序出错、数据碰撞而引起程序中断，导致数据的不完整、系统崩溃。为了防止这种现象的发生，Visual Fox-Pro 引进两种数据库基本机制事务处理和数据缓存。

（2）事务处理。事务处理就是对修改的数据进行跟踪，它可以恢复修改过的数据，在机器突然死机、程序出错、数据碰撞而引起程序中断的情况下会把数据恢复到修改前的状况。它必须进行提交才会把修改数据的跟踪日志消除。事务处理可以嵌套处理，但最多支持五层嵌套。事务处理对所有打开的数据表都有作用。事务处理时会自动把数据表锁住，不允许别人存取数据，因此，应把事务处理的时间尽量缩短。

下列函数和命令在事务处理时将不被支持：CREATE CONNECTION，MODIFY CON-NECTION，DELETE CONNECTION，CREATE DATABASE，MODIFY DATABASE，DELETE DATABASE，CLOSE DATABASE，CLEAR ALL，CLOSE ALL，CREATE TRIGGER，DELETE TRIGGER，CREATE VIEW，CREATE SQL VIEW，MODIFY VIEW，DELETE VIEW，APPEND PROCEDURES，COPY INDEXES，COPY PROCEDURES，MODIFY PROCEDURE，REQUERY（）。

下列函数和命令在事务处理时将失去作用：ALTER TABLE，CREATE TABLE，DE-LETE TAG INDEX，SETCURSORPROP（），INSERT，REINDEX，PACK，MODIFY STRUC-TURE，TABLEREVERT（），ZAP。

（3）事务处理跟数据缓存的应用。在需要事务处理的数据操作前加上 BEGIN TRANSACTION 就可以开始事务处理，如果要取消所做的数据修改，就在程序中加入 ROLLBACK 命令，恢复事务处理前的数据。END TRANSACTION 结束事务处理。

（4）例如：

```
USE DBFFILE
BEGAIN TRAN                    && 开始事务处理
DELE                           && 删除一条记录
ROLLBACK                       && 把删除的记录恢复回来
DELE                           && 删除一条记录
END TRAN                       && 结束事务处理,清除事务处理跟踪日志
```

数据缓存是由 CURSORSETPROP 函数来设定缓存方式，可执行如下命令：

CURSORSETPROP（属性，方式，工作区）

把属性设定为 buffering，然后设定方式，可执行如下命令：

```
SET MULTILOCKS ON
USE dbffile
 = CURSORSETPROP（"buffering"，5，"dbffile"）
```

```
* 设定 dbffile 为乐观表缓存
DELE                              && 删除一条记录
= TABLEREVERT( . t. ,″dbffile″)    && 把删除的记录恢复回来
* TABLEREVERT 等同于事务处理的 ROLLBACK
DELE                              && 删除一条记录
= TABLEUPDATE( . t. ,. t. ,″dbffile″)
* 提交缓存的数据库到物理数据库
```

3.5 数据库的设计与基本操作

数据库是数据的一个容器,即数据表及其关系的集合。因此,在设计数据库时,把相关的表排列在同一个数据库中,便于数据的检验与容错功能的实现。

3.5.1 数据库设计过程

数据库设计是一项十分重要的工作。它将企业中有用的、可以管理的信息用数据库系统中的模式来描述。设计好一个数据库是数据库系统应用的基础。随着企业管理技术的发展和管理模式的多样性,以及对管理信息处理的实时性、完整性和可靠性等多方面指标的不断提高,给数据库的设计带来了很大的困难,数据处理不仅是数量大,而且数据结构复杂,相互联系错综复杂,被描述的事物也在动态地变化着。目前,数据库设计人员对企业管理业务了解不够,企业管理人员对数据库技术掌握不够,造成理论与应用脱节。在数据库系统开发过程中,这两类技术人员应当不断相互学习,逐步形成共识,对数据库系统的需要不断调整和完善。

(1) 依据用户需求,确定数据库

数据库设计的目的是为用户及时提供信息。通过数据库描述事物的状态、行为和过程,实测设计的运行状况。用户的需求是数据库设计的出发点。全面、正确地了解用户的需求是组织数据库的关键。首先要了解企业的经营方针、管理模式、组织结构,以及各个部门的职责范围、主要业务活动,然后深入各个处室,对具体业务活动情况进行详细了解,了解各类用户需要计算机存储和处理哪些数据,找出存在的问题,探讨解决方案,决定哪些适合计算机管理等。

在实际数据库系统实施过程中,组织结构、业务流程和信息流程都无法一次性全面刻画出来,因此了解用户的需求通常是从整体到具体,由粗及细,逐步描述。通过层次型流程图反映管理现状。在层次图中必须遵循下层是对上层中某一个过程的细化,不允许有矛盾或不一致性。在用户需求分析过程中还要遵循全面分析、重点突破、分步实施的原则,分阶段分期完成具体的数据库设计工作。

(2) 了解业务关联,明确数据库结构

通过对业务现状、信息流程的分析,确定计算机能够处理的范围和内容,明确哪些功能由计算机完成或准备让计算机完成,哪些环节加强管理制度的实施力度、由人工监控,以确定应用系统实现的功能要求。在调研、分析和收集工作中不能轻易放弃每一个细节,造成不必要的损失。

在明确了数据库系统业务范围、内容和特点后,依据业务对数据表的要求,需要整理和明确数据库内各表之间的关联,明确哪些表间有直接联系,哪个表是主(父)表,哪个表是子表,表间如何联系,并有哪些参照完整性约束。

(3)依据数据库结构与用户操作需要,明确数据的逻辑组织

在数据表设计时,已经按关系型数据模型理论对数据表进行了系列规范处理,减少了数据的冗余,但在实际数据操作时往往一个功能将涉及多个数据表,需要对撤回的物理组织,按用户要求进行灵活的逻辑组织,即创建视图。因此,在数据库设计过程中,视图设计是一个重要的环节,视图不是数据文件,而是数据文件的轮回组织,只能在数据库中存在,视图设计过程见后面章节。

(4)确定数据库表约束

数据库表与自由表最大不同在于数据库表的字段、记录和操作强大的约束,但是在数据输入、存储、查询和输出等操作方面完全相同,数据库表的操作见后面章节。

设计数据库的最后环节是要明确数据库表字段的规则、记录规则和触发器。这些规则与触发器给数据的完整、可靠和安全提供了保障(详见数据库表的操作章节)。

3.5.2 数据库的创建

3.5.2.1 创建数据库的方式

创建数据库,相当于为数据表建立一个容器。创建数据库的方式有多种,可以通过命令直接创建,也可以通过 Visual FoxPro 主窗口中的"文件"菜单创建,还可以通过项目管理器创建数据库。

(1)命令方式创建数据库

在命令窗口执行以下命令:

CREATE　DATABASE[DATABASE　NAME|?]

例如:建立 XSY1. DBC 数据库文件。

CREATE　DATABASE　XSY1

(2)菜单方式创建数据库

使用 Visual FoxPro 的菜单建立新的数据库,步骤如下:

① 选择文件菜单的"新建"菜单项。

② 单击"新建"选项,打开新建对话框。

③ 选择文件类型的"数据库"选项及"新建"按钮,进入定义数据库文件名的窗口。首先会出现缺省的文件名(数据 1. dbc),将其改为新建数据库文件名 xsy. dbc(见图3.21),输入文件名后单击"保存"按钮,进入数据库设计器窗口,如图 3.22 所示。

④ 在数据库设计器中设计数据库,单击"关闭"按钮将保存该数据库。

(3)项目管理器下创建数据库

项目管理器建立数据库文件,进入数据库设计器的步骤如下:

① 打开项目管理器"Xscjgl"。

② 在项目管理器窗口点选数据标签页,当亮光棒停在数据库处,选择"新建"按钮,即可进入数据库设计器窗口。

图 3.21　创建数据库

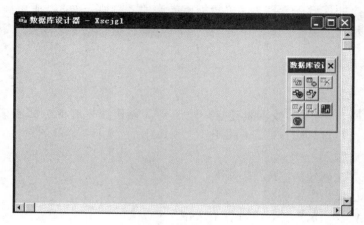

图 3.22　数据库设计器

3.5.2.2　说明

（1）数据库文件建立完成后,在磁盘上会产生 DBC,DCT,DCX 三个文件。

DBC:存储表(TABLE)及其相关属性的定义、表的关联关系触发器(TRIGGER)、本地视图(LOCAL VIEWS)、远程视图(REMOTE VIEWS)、连接(CONNECTIONS)及存储器(STORED PROCEDURE)等信息的文件(DBF 文件的格式)。

DCT:存储 DBC 文件的备注字段(MEMO 型)数据。

DCX:管理数据库相关信息的必要索引文件。

（2）一个数据库(DATABASE CONTAINER)所整合管理的对象(OBJECT)有以下 5 种。

表(TABLE):即 DBF 文件。

本地视图(LOCAL VIEWS):由数据库的表、自由表或其他视图(VIEW)新选取的字段(FIELDS)及设置条件所筛选的记录(RECORDS)所组成的暂存表,此暂存表可以让使用者对源表或视图进行维护(增、删、改),并可写回源表或视图。

远程视图(REMOTE VIEWS):透过 ODBC 伺服器由后端大型数据库的表或其他远程

视图所选取的字段(FIELDS)及设置条件所筛选的记录(RECORDS)所组成的暂存表,此暂存表可以让使用者维护(增、删、修、存),并可写回后端大型数据库。

连接(CONNECTIONS):选择后端的一个数据源(DATA SOURCE)及登录识别码与密码,建立一个存取后端数据的通道,以便建立一个新远程视图。

存储器:建立数据库需要使用的程序。

3.5.3　数据库的打开、选择和关闭

数据库创建后自动打开,供用户对该数据库进行相关操作,但当需要使用已经创建的数据库时,首先要把该数据库打开,数据库一旦打开直到关闭都可以供用户操作。

(1)打开数据库

打开数据库的方式同样有多种形式,可以通过命令、菜单和项目管理器打开。

① 菜单方式打开数据库

选择"文件"菜单"打开"选项,然后选择相应数据库(如 XSY.DBC),按"确定"按钮。

② 命令方式打开数据库

OPEN DATABASE ［DatabaseFilename｜?］

例如:在当前盘符路径中打开"XSY.DBC"数据库可使用如下命令:

OPEN DATABASE XSY

③ 用项目管理器打开数据库

在项目管理器中,展开相应的数据库,或选择对应的数据库后,单击"打开"按钮。

(2)选择数据库

如果之前同时打开多个数据库,则最后打开的数据库为当前数据库,如果需要改变当前数据库可使用如下命令:

SET DATABASE TO ［DatabaseFilename］

(3)关闭数据库

① 命令方式关闭数据库,在命令窗口输入 CLOSE DATABASE。

② 用项目管理器关闭数据库,在项目管理器中,选择对应的数据库后,单击"关闭"按钮。

3.5.4　创建数据库表

Visual FoxPro 中的表,即 DBF 文件在系统中的存在方式有两种:数据库表(与数据库相关的表)和自由表(与数据库没有关联的表)。在数据库中创建或添加到数据库中的表均为数据库表,在数据库以外单独存在的表称为自由表。数据库表比自由表多了长表名和长字段名、表中字段标题和注释、表中字段的默认值、插入、更新或删除事件的触发器、字段验证及记录验证、设定字段显示格式、匹配字段类型到类、可以在数据库表中设定表间的永久关系、在索引中增加了主索引等功能。

创建数据库表的方式同样也有三种。创建数据库前必须要打开一个数据库,创建的表自动定制为该库的表,一个数据库表只属于一个库。如果当前没有打开数据库,则同样可以创建数据表,但这个表是自由表。

（1）利用项目管理器创建数据表

首先打开项目管理器,在项目管理器中将数据展开,然后选定相应数据库下的"表",单击"新建"按钮,即打开如图3.23所示对话框,与自由表的创建一样,可以选择"新建表",进入表设计器来创建新表;也可以选择"表向导",利用 Visual FoxPro 表向导来完成表的创建。

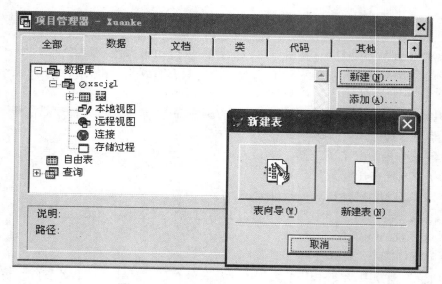

图 3.23　在项目管理器中创建数据库表

（2）利用菜单创建新表

打开相应数据库后,通过系统菜单中"文件"菜单的"新建"选项,同样可以像项目管理器一样,选择"新建表"或"表向导"两种方式来创建数据库表。

（3）利用命令创建新表

打开相应数据库后,用 CREATE TABLE 命令来创建数据库表。例如在 XSY 数据库中创建一个只有 XM 和 XH 两个字段的 ST 数据库表。命令如下:

OPEN　　DATABASE　XSY

CREATE　TABLE　ST（XM C（8）,XH C(6)）

3.5.5　添加数据库表

可以直接将已存在的自由表添加到数据库中,但若将数据库表用于新的数据库,则必须将其从原数据库中移出,再将其添加到新的数据库中。向数据库中添加表,方法如下:

（1）利用项目管理器添加数据库表

首先打开项目管理器,在项目管理器中将数据库结构展开,如图3.24所示。然后选定相应数据库下的"表",单击"添加"按钮,打开对话框,选定相应的一个表（如 js）,单击"确定"按钮,即将表添加到数据库中,如图3.25所示。

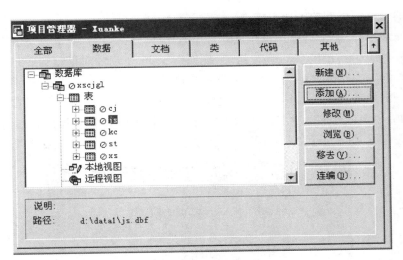

图 3.24　在项目管理器中添加数据库表

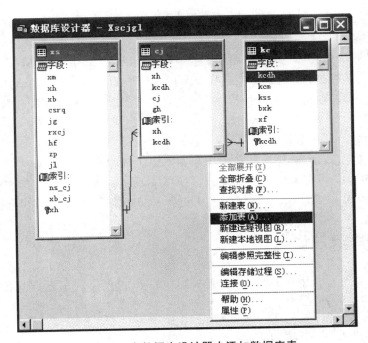

图 3.25　在数据库设计器中添加数据库表

（2）利用菜单添加自由表到相应的数据库

打开相应数据库 XSY，从"数据库"菜单或快捷菜单中单击"添加表"项，在弹出对话框中选择之前创建的自由表 XS，单击"确定"按钮。

3.5.6　移去数据库表

用户可以从数据库中移去不再使用的表，或者要在其他数据库中使用该表，则必须将其移出数据库。

（1）用项目管理器移去数据库表

跟添加表一样,在项目管理器中将数据库结构展开,然后选择相应数据库下需移去的数据库表(如 XS),单击"移去"按钮,出现如图 3.26 所示的对话框,选择"移去"按钮,则将表从数据库中移出,移去表并不从磁盘中删除表文件。但要注意,一旦从数据库中移去表,该表将变为自由表,其将失去标题、字段有效性规则、长表名等数据库表的属性。如选择"删除"按钮,则将表文件从数据库中移出的同时从磁盘中删除,并且同时将与该表相关联的备注文件(.FPT 文件)和结构化索引文件(.CDX 文件)一起删除。

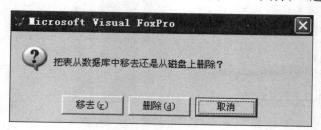

图 3.26　在数据库中移去或删除表

（2）利用菜单移去数据库表

首先打开相应数据库(如 XSCJGL),选择需移去的表(如 JS),然后在"数据库"菜单上选择"移去"选项或在快捷菜单中选择"删除",出现如图 4.26 所示的对话框,在对话框中单击"移去"按钮则将表从数据库中移去,单击"删除"则将表移去的同时从磁盘中删除。

（3）使用命令移去数据库表

首先打开相应数据库,然后在命令窗口输入以下命令:

　　　　REMOVE　TABLE　TableName　〔DELETE〕

如果加上〔DELETE〕选项,则将该表从磁盘上彻底删除,否则仅移出数据库。

3.6　数据库表的设计

本节主要介绍在自由表基础上对表结构的完善,包括字段显示属性的设置、数据有效性规则、字段及表注释、触发器等。

3.6.1　设置字段显示属性

数据库表可以使用附加的属性,这些属性在自由表中是不可用的。这些属性存储为数据库的一部分,而且只要表属于该数据库,它们就一定存在。

（1）设置字段标题

在设置字段名时为了减少所占空间或加快检索速度,往往用简称或字母表示。因此在缺省标题时,在浏览窗口或者表单中显示该默认字段名不易理解,而使用标题可以在浏览窗口或表单中显示字段的描述性标签而不是缺省的字段名。创建字段标题的步骤如下:

① 在数据库设计器中,选择表(如 xs),双击该表或单击数据库设计器工具栏的修改

按钮。

② 在表设计器中选择要创建标题的字段(如选择字段 xm)。

③ 在标题框中键入字段的显示标题"学生姓名"(见图 3.27),单击"确定"按钮。

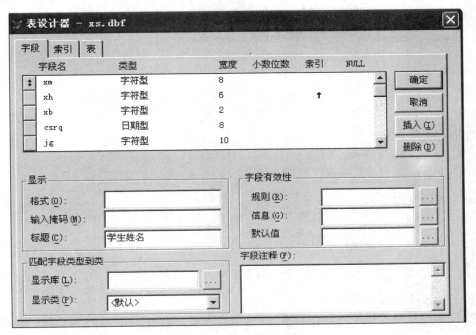

图 3.27　设置表标题属性

④ 浏览该表时,便会发现 xm 字段标题设置为"姓名"后发生改变,依次输入其他字段的字段标题,结果如图 3.28 所示。

学号	姓名	性别	入学日期	专业班级代码	籍贯	出生日期	婚否	照片	简历	入学成绩
40202029	吴宏伟	男	09/01/04	040701	江苏南京	03/20/85	F	gen	memo	500.00
40701002	秦卫	男	09/01/04	040701	江苏南京	09/14/86	F	gen	memo	560.00

图 3.28　设置字段标题后浏览页面字段标题的改变

(2) 为字段输入注释

如果要描述字段更详细的意义,可以通过注释来实现。用户可以在表设计器的字段注释框键入信息来为每个字段注释。步骤如下:

① 在表设计器中选择要加注释的字段。

② 在字段注释框中键入注释内容。

③ 单击"确定"按钮。

例如,选择 rxcj 字段,在字段注释框中输入"入学成绩包括英语、数学及专业课成绩",单击"确定",如图 3.29 所示。

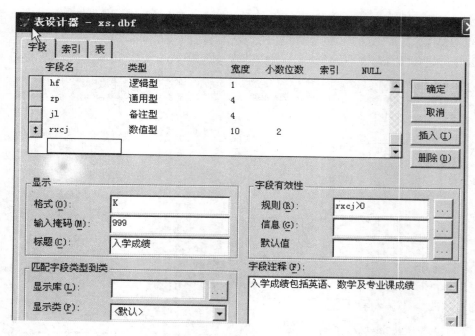

图 3.29　数据库表设计器界面

（3）设置字段显示格式

字段的显示格式用于确定在表单、浏览窗口或者报表中显示字段值的方式，如表 3.2 所示。

表 3.2　字段显示格式

代码	说　明
A	只允许字母字符（不允许空格或标点符号）
E	以英国日期格式编辑日期型数据
D	使用 SET DATE 命令所设定的日期格式
K	当光标移到文本框上时，选定整个文本框
!	将小写字母转化为大写字母
L	在文本框中显示前导零，而不是空格。数据只用于数值型数据
T	删除输入字段前导空格
^	使用科学记数法显示数值型数据
$	显示货币符号。此设置只用于数值型数据或货币型数据

例如将 xs 表的 jg 字段设置的显示格式为！时，该字段中输入的字母数据自动转化为大写字母，又如 xm 字段设置的显示格式为 T，这样如果字段输入姓名前输入了空格，将自动删除空格。

（4）设置字段输入掩码

输入掩码用于定义输入数据的格式，指定输入格式，如表 3.3 所示。

例如：为 xs 表的 xh 字段设置的输入掩码为 999999，则添加或修改记录时，在 xh 字段只能输入数字数据。

表3.3 输入掩码对照

代码	说　明
X	输入任意字符
9	输入数字或正负号
#	输入数字、空格、正负号
$	在出现位置显示 SET CURRENCY 设定的货币符号
*	在数值的左边显示 *
.	指定小数点位置
,	分隔小数点左边的数字串，每三位一个逗号
$ $	在微调控制或文本框中，货币符号显示时与数字分开

（5）设置默认类

用户可以为字段设置默认类，以便在创建表单时使用。一旦为字段设置了默认类，则每次添加字段到表单时，表单上的控件将自动使用指定的默认类。例如，当添加字符型字段到表单中时，Visual FoxPro 默认字符型字段为编辑框控件而不是文本框控件，则可以设置字符型字段的缺省类为 EDITBOX。

（6）设置有效性规则和信息

规则是指定记录中各字段取值必须满足的条件。也就是说，在字段中的值发生变化时由它来验证对该字段值所做的修改是否合理、有效，如果满足条件则可以输入或修改该字段值，否则不允许修改，从而可以限制输入数据表中的数据类型、取值范围，减少数据错误的发生。

信息则是用于定义当输入或修改的数据不满足条件时显示的提示信息。

例如：设置 xb 字段值只能输入男或女，则应在规则中输入：

XB ="男"OR XB ="女"

设置 xh 字段的有效值只能是 2 位、4 位或 6 位数字，则应在规则中输入：

LEN(ALLTRIM(XH))=2 OR LEN(ALLTRIM(XH))=4 OR LEN(ALLTRIM(XH))=6

设定如图 3.30 字段验证的规则后，在 xs 表 xb 字段中只能输入"男"或"女"，如输入其他值则弹出如图 3.31 所示的对话框报错。

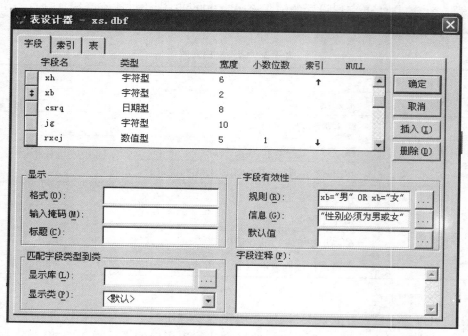

图 3.30 设置字段有效性规则图

图 3.31 字段校验报错对话框

（7）设置字段默认值

为某字段设置默认值后当增加新记录时,自动将默认值填入相应记录的字段中。例如:将 xs 表中 jg 字段默认为"江苏省",如图 3.32 所示,则新增 xs 表的记录时,该字段值自动设为"江苏省"。

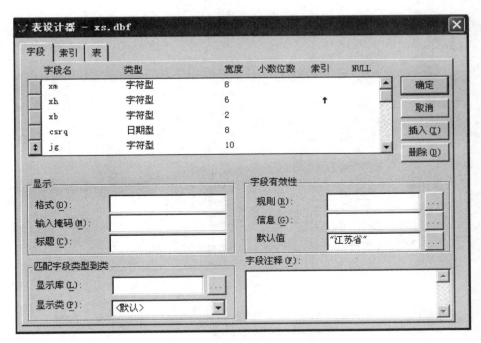

图 3.32　默认值属性的设置

3.6.2　设置表属性

　　同设置字段属性一样,也可以设置表属性或设置表中记录的属性。用户可以在表设计器中,通过"表"选项卡设置表属性。

　　(1) 长表名

　　新建表时必须指定一个.dbf 文件名。这个文件名就是数据库表或自由表的缺省表名。对于数据库表,除默认表名外,还可以指定一个长表名。长表名最多可以包含 128个字符,并且可以用它来代替短表名。只要定义了长表名,在 Visual FoxPro 的数据库设计器、查询设计器、视图设计器和浏览窗口的标题栏中都将显示这个长表名。

　　例如:将 xs 表长表名设为"学生表",如图 3.33 所示。然后在数据库设计器、查询设计器、视图设计器和浏览窗口的标题栏中都将显示这个长表名。

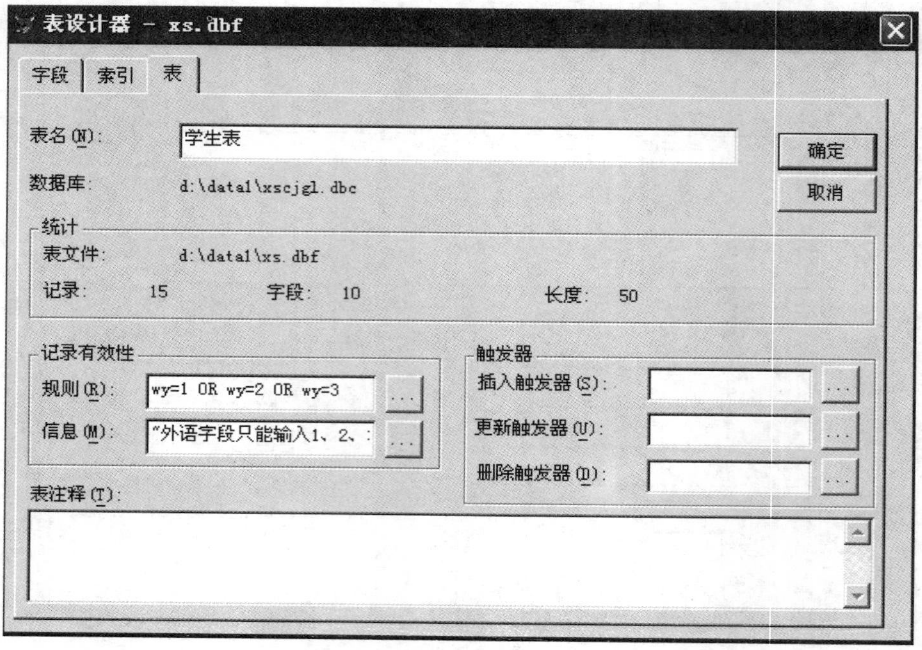

图 3.33 表属性设置

（2）记录有效性规则和说明

记录有效性规则用于确定输入数据库表中记录的数据是否合法和有效。记录有效性规则把输入记录中的数据值与规则表达式进行比较，如果输入的数据值满足规则，就将该值赋予记录，否则拒绝这个数据录入该记录。

与字段有效性规则一样，记录有效性规则也是在记录中的值发生变化时使用。无论是在浏览窗口、表单或者其他用户界面的窗口中改变了记录，还是使用 Visual FoxPro 提供的命令修改了记录，当记录指针离开这个被修改过的记录时，Visual FoxPro 将立即进行记录有效性检查，即将记录中的数据值与规则表达式相比较，满足规则才允许离开，否则显示定义的错误提示信息。但是，当字段发生变化时，则不进行记录级的有效性检查。具体设置与字段有效性规则类似。

（3）触发器

触发器也是一种检查表中记录数据有效性的机制。当对表中的记录进行插入、更新或删除操作改变了表中的记录时，就会激活相应的触发器，根据定义的验证条件进行检查。触发器必须返回.T.或.F.，当返回.T.可执行操作，否则操作失败。

触发器只能用于数据库表，不能用于自由表，并且在字段有效性规则、记录有效性规则、主/候选索引检查、空值检查和 VALID 子句之后执行。此外，与字段和记录有效性规则不同的是，触发器不能应用于缓冲器中的数据上。在每一个数据库表中，可以为每个 INSERT（插入）、UPDATE（更新）和 DELETE（删除）事件建立一个触发器。插入触发器是在记录插入时激活，更新触发器是在记录更新时激活，删除触发器是在记录删除时触发。

① 在表设计器中设置触发器：

例如，设计 XS 表触发器禁止插入表记录，则在触发器中设为.F.。

108

例如,设计 XS 表插入触发器,XH 字段必须为 6 个字节的字符串(除去首尾空格),否则不允许插入,则在触发器中设为:

LEN(ALLTRIM(XH))=6

例如,设计更新触发器,学号开头 2 位只能是"40"或"50"之间,则在触发器中设为:

SUBSTR(XH,1,2) > "40" OR SUBSTR(XH,1,2) < = "50"

例如,更新后学生的出生日期必须在 1982 年后(含 1982 年),则在触发器中设为:

YEAR(CSRQ) > = 1982

例如,设计删除触发器,RXCJ 为 0 不能删除,则在触发器中设为:

RXCJ < >0 或 NOT EMPTY(RXCJ)

② 对于比较复杂的触发器控制要求,也可以在数据库中的"存储过程"中建立相应触发函数程序,然后直接在触发器中输入相应的函数名。

③ 用命令设置触发器。

设置插入触发器:CREATE TRIGGER ON 表名 FOR INSERT AS 表达式

设置更新触发器:CREATE TRIGGER ON 表名 FOR INSERT AS 表达式

设置删除触发器:CREATE TRIGGER ON 表名 FOR INSERT AS 表达式

④ 用命令删除触发器:

DELETE TRIGGER ON 表名 FOR INSERT/UPDATE/DELETE

3.6.3 创建表之间的关系

我们知道在每个表中存储的是相对独立的信息,有时需要得到更有意义的信息,需要同时用到多个表中字段的数据,将这些表中内容重新整合,因此要建立这些表中存储数据的某种关系。而 Visual FoxPro 可以利用关系来查找数据库中有联系的信息。

表之间的关系类型一般有三种:

(1)一对多关系。一对多关系是关系数据库中最普通的关系。在一对多关系中,表 A 的一个记录在表 B 中可以有多个记录与之对应,但表 B 中的一个记录在表 A 中最多只能有一个记录与之对应。

(2)一对一关系。在一对一关系中,表 A 的一个记录在表 B 中只能有一个记录与之对应,而表 B 中的一个记录在表 A 中也只能有一个记录与之对应,即一一对应。

(3)多对多关系。在多对多关系中,表 A 的一个记录在表 B 中可以有多个记录与之对应,而表 B 中的一个记录在表 A 中也可以有多个记录与之对应。为了建立这种关系,往往把它分解为两个一对多关系,即创建第三个表作为纽带表,使其与原来的表建立一对多关系,如前面介绍的学生成表拆分为学生基本情况表(xs. dbf)、成绩表(cj. dbf)和课程表(kc. dbf),然后通过 xh 和 kcdh 进行连接。

Visual FoxPro 中,通过连接表索引可以很容易地在数据库设计器中建立表之间的关系。在数据库中创建的关系称为永久关系。永久关系作为数据库的一部分而被存储。在表单、查询或者视图设计器中,每次使用表时,这些永久关系就会作为表之间的默认连接而显示。

要创建表间的关系,只需拖放表主索引到相关表中相匹配的索引上即可。建立表之间的关系后,在数据库设计器中的两个表之间就用一根线连接,如图 3.34 所示。

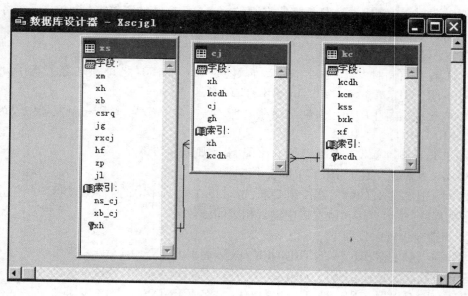

图 3.34　建立数据库表关联

　　表之间的关系类型由子表使用的索引类型决定。如果子表中的索引是主索引或者候选索引,则建立的是一对一关系,即表中的每个记录与相关表中的一个记录对应;如果子表中的索引是普通索引,则建立的是一对多关系,即表中的记录可以与相关表的多个记录对应,因此建立索引时需考虑与要建立的关系匹配。

3.6.4　设置参照完整性

　　参照完整性是用来控制数据的一致性,尤其是控制数据库相关表之间的主关键字和外部关键字之间数据一致性的规则。数据一致性要求子表中的每一个记录在对应的主表中必须有一个父记录。因此对相关表操作时应满足如下规则:

　　(1) 在父表中修改记录时,如果修改了主关键字的值,则子表中相关记录的外部关键字值必须同样修改。

　　(2) 在父表中删除记录时,与该记录相关的子表中的记录必须全部删除。

　　(3) 在子表中插入记录外关键字时,必须保证父表有主关键字与插入的子表记录外关键字相同的记录。

　　为了保证数据库表记录数据的一致性,建立表之间的关系后,可设置参照完整性规则来管理数据库中的相关记录。使用参照完整性生成器建立参照完整性,步骤如下:

　　(1) 在数据库设计器中,创建两个表之间的关系或双击关系线来编辑关系(如果是第一次建立参照完整性,则需先清理数据库)。

　　(2) 在"编辑关系"对话框中(见图3.35)单击"参照完整性"按钮。

　　(3) 在"参照完整性生成器"中设置更新规则、删除规则或插入规则,如图3.36所示。

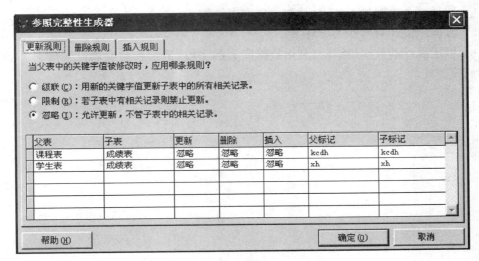

图 3.35　编辑关系对话框

图 3.36　参照完整性生成器

① 更新记录所需符合的规则有 3 种设置方式：

级联(CASCALE)：当父表的数据更新时，子表所关联的各个记录全部自动更新。

限制(RESTRICT)：当子表有关联记录存在时，限制父表数据不能更新。

忽略(IGNORE)：子表虽有关联记录存在，父表的数据仍允许被更新。

② 删除记录所需符合的规则有 3 种设置方式：

级联(CASCALE)：父表的记录被删除时，子表所有关联的各个记录全部自动删除。

限制(RESTRICT)：当子表有关联记录存在时，限制父表的关联记录不能被删除。

忽略(IGNORE)：子表虽有关联记录存在，父表的记录亦可删除。

③ 新增记录所需符合的规则有两种设置方式：

限制(RESTRICT)：父表没有对应的记录时，在子表不能新增关联的记录。

忽略(IGNORE)：父表虽没有对应的记录，子表亦可新增记录。

（4）单击"确定"按钮，完成表间关联定义。

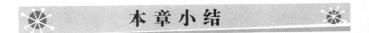

本 章 小 结

本章是数据库管理系统功能的基础，系统、全面地介绍了自由表、数据库和数据库表的设计过程和基本操作方式,为数据系统应用提供了基础理论与基本方法。特别是数据表的定义、数据输入、修改、删除、查询、统计和输出等处理是满足用户数据处理、信息利用的基本保障。

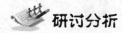 **研讨分析**

研讨

① 数据表设计将涉及哪些技术?

② 数据表设计有哪些关键环节?

③ 选择一个熟悉的业务,设计相关数据表结构。

④ 数据库设计有哪些关键环节?

⑤ 根据设计的数据表结构,利用数据库表的字段,记录和触发器设置数据表的约束和参照完整性。

查询与视图设计

在数据库表设计时,遵循无冗余性原则给用户调用数据带来不便,需要通过视图重新组织数据,运用查询预处理数据,为用户提供灵活方便的信息。

4.1 查询与视图的作用和同异

查询不仅具有数据的组织功能,还具有数据处理的功能,扩大了日常用户对数据寻找的功能需求。视图是数据表的重新组织,可以是一张表的全部或部分,也可以是多张表的数据重组。

4.1.1 查询与视图的作用

数据库、表和视图的建立、维护等操作是为了在系统中存放描述将要处理的事物的特征、属性、行为、状态等信息。数据库组织存储这些信息的主要用途之一是供用户日后查询。例如学生成绩数据库的建立,数据添加、更新的主要用途之一是为学生本人、用人单位等用户今后查询核实。查询是数据使用的主要方式之一,查询是将数据转换成信息并产生价值的重要环节。用户通过对数据库的查询获得信息。例如:从课程数据表中了解学生开课情况,从成绩表中了解一门课程或一个学生的学习成绩情况。在 Visual Fox-Pro V6.0 中通过 LOCATE 和 SEEK 等查询命令也可以实现对数据的简单查找功能。但这样的查找结果简单,操作繁杂,无法满足用户多功能的查询需求。因此,FoxPro V6.0 通过建立查询文件满足用户的复杂查询要求,将查找到的结果以数据文件、表格、图形等形式输出,也可以将找到的数据处理后输出。视图的操作和形式与查询相似,但视图是数据的一种组织形式,通过它可以对库中已有数据重新组合,产生一个虚拟表,以满足不同用户对数据浏览、修改等操作的不同要求。视图也可以作为一个数据源提供给用户。例如在建立查询、表单、报表等应用文件时,视图可以代替表作为数据源使用。

4.1.2 查询与视图的联系与区别

了解查询与视图的联系与区别,可以提高数据库数据的重组与预处理能力,正确运用 Visual FoxPro 提供的工具,快捷实现用户的信息需求。

(1)联系

Visual FoxPro 提供查询与视图设计的操作过程和界面基本相同。然而,查询是用户对数据库中数据查找统计汇总的一个过程,而视图是一个定制的虚拟逻辑表,用以给用户提供一个虚拟数据源,视图中只存放相应的数据逻辑关系,并不保存表的记录内容,但可以在视图中改变记录的值,然后将更新记录返回到源表。视图设计是为了便于用户对数据库中表的操作,将同一库的各表中数据按要求重新组织成虚拟表供用户进一步操作;在 Visual FoxPro V6.0 中视图不能独立存在,它是数据库的一部分。

（2）区别

视图与查询在功能上有许多相似之处,但又有各自特点,主要区别如下:

① 功能不同:视图可以更新字段内容并返回源表,而查询文件中的记录数据不能被修改。

② 从属不同:视图不是一个独立的文件而是从属于某一个数据库,而查询是一个独立的文件,它不从属于某一个数据库。

③ 访问范围不同:视图可以访问本地数据源和远程数据源,而查询只能访问本地数据源。

④ 输出去向不同:视图只能输出表的格式,而查询可以选择多种去向,如表、图表、报表、标签、窗口等形式。

⑤ 使用方式不同:视图只有所属的数据库被打开时才能使用,而查询文件可在命令窗口中执行。

4.2 查询设计

4.2.1 查询设计的主要方法与步骤

查询设计根据用户要求,千变万化。但其设计方法固定可以用三种:查询设计器、查询向导、SQL-SELECT 命令。不管用哪种方法,都包含如下步骤:

（1）添加表或视图作为查询的数据源。

（2）当数据来自两个以上的表时,添加第二个表,并确定表间的连接关系。

（3）确定查询结果的输出数据项。

（4）确定筛选条件,对原始数据进行筛选。

（5）确定查询结果的排序依据。

（6）确定查询中的分组条件。

（7）确定查询输出格式。

4.2.2 查询设计中常用的函数

（1）求平均函数 AVG( )

格式:AVG(数值型字段)

功能:对数值型字段求平均。该函数只在查询中使用。

例如:AVG(CJ. CJ) 对成绩表中的成绩字段求和,得到平均成绩。

（2）求总和函数 SUM( )

格式:SUM(数值型字段)

功能:对数值型字段求和。该函数只在查询中使用。

例如:SUM(KC.XF)对课程表中的学分字段求和,得到总学分。

(3)计算记录个数函数 COUNT( )

格式:COUNT(∗ | 字段)

功能:计算记录个数,该函数只在查询中使用。实际使用中根据表中记录的意义可能表述为人数、机器数、选课门数、班级人数等,而不会直接表述为求记录个数。例如,学生表中的记录数,可能表述为求某某人数;成绩表中的记录数,可表述为选课人数、选课门数;等等。

例如:COUNT(CJ. ∗)对成绩表中记录,根据课程分组,可以统计某门课程选课的人数;根据学号分组,可以统计某个同学的选课门数。

(4)最大值函数

格式:MAX(<表达式 1 > , <表达式 2 > , <表达式 3 >…)

功能:比较各表达式值的大小,结果返回最大值。该函数中的参数个数不限,类型不限。

例如:

MAX(1,2,3)   && 返回值 3

MAX("a","b","c")   && 返回值 c

MAX(CJ.CJ)   && 返回最高成绩

(5)最小值 MIN(N1,N2)

格式:MIN(<表达式 1 > , <表达式 2 > , <表达式 3 >…)

功能:比较各表达式值的大小,结果返回最小值。该函数中的参数个数不限,类型不限。

例如:

MIN(1,2,3)   && 返回值 1

MIN("a","b","c")   && 返回值 a

MIN(CJ.CJ)   && 返回最低成绩

(6)条件函数 IIF( )

格式:IIF(<逻辑表达式 > , <表达式 1 > , <表达式 2 >)

功能:当 <逻辑表达式 > 的值为真时返回 <表达式 1 > 的值,否则返回 <表达式 2 > 的值。

例如:

X = 8

? IIF(X > 0,3 ∗ X + 8,5 ∗ X + 1)   && 返回值 32

? IIF(X < = 0,3 ∗ X + 8,5 ∗ X + 1)   && 返回值 41

STORE {^2017/03/20} TO X

Y = IIF(DOW(X) = 1 OR DOW(X) = 7,"今天休息","今天上学")

                                    && 返回值"今天上学"

4.2.3 用查询设计器设计查询

为了进一步介绍查询的作用,特别是查询中的汇总统计功能,本书以学生表、成绩表、课程表为数据源,实现对表中数据的查找统计功能。

例如:单表查询。以 cj 表(成绩表)为数据源,建立查询文件,介绍查询中的求平均、求最高、最低值及统计记录数的相关函数的使用。

题目要求:以成绩表为数据源,建立查询文件 CXCJ. QPR,查询各门课程的课程代号、平均分、最高分、最低分及选课人数。结果按平均成绩从高到低显示,平均成绩相同则按选课人数从低到高排列,并输出到表 CCJ. DBF 中。

设计思路:查询结果的输出项中,课程代号是原表中存在的字段,可以直接添加到输出项中;平均分、最高分、最低分都是对成绩表中成绩字段数据的处理,可以分别使用求平均函数 AVG( )、求最大值函数 MAX( )及求最小值函数 MIN( );而选课人数则是对表中记录数的统计,当对表中记录按课程代号分组时,每一组中记录数就是一门课程的选课人数。确定好输出项后,就可以按照查询的一般步骤设计排序、分组等内容。

4.2.3.1 一般操作过程

(1)进入查询设计器

① 菜单操作方法

单击主菜单中的“文件”,选择“新建”项。弹出“新建”对话框后,选择“查询”项,单击“新建”按钮,进入查询设计器。

② 命令操作方法

命令格式:CREATE QUERY CXCJ. QPR

功能:建立查询文件,进入查询设计定义状态。

说明:查询文件扩展名可以省略,系统默认为. QPR。

(2)选择数据来源

确定查询所用的数据源,数据源可以是表或视图(使用视图作为数据源的操作读者可参见视图的使用),本题中添加 cj 表作为数据源。

一进入查询设计器,“添加表或视图”的对话框将自动弹出,用户可以在“数据库”下拉组合框中选择所需要的数据库。在“选定”选项按钮中如果选定的是“表”,则列表框中将显示当前数据库中的所有表文件,单击选中的表,按“添加”按钮,将表加入查询设计器窗中,然后单击“关闭”按钮关闭对话框,如图 4.1 所示。

例如,选择 Xsy. DBC 数据库,选中 cj 表,按“添加”按钮。

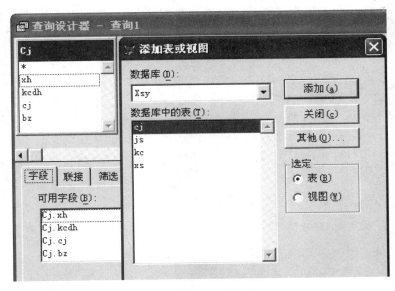

图 4.1　选择数据库中的表

（3）确定查询文件的输出列

确定查询结果中所要包含的数据列。这是查询设计的重要步骤，有如下几种情况：

① 添加表中已存在的字段。

② 利用原有字段组合成所需要的数据列。

③ 添加常量数据。

④ 利用求和、求平均、求记录数等函数汇总数据。

用户可以给新产生的输出列添加标题，以"AS 标题"给定列名。系统默认列名"EXP_N"或"函数名_字段名"，也可给原来的字段更改输出时的列名。

如果要将"选定列表框"的数据移出，则可以单击"移去"按钮。

本题将 cj 表中"kcdh"字段"添加"到"选定字段"列表框中；在"函数和表达式"文本框中分别输入表达式 count（＊）as 选课人数、avg（cj,cj）as 平均分、max（cj. cj）as 最高分、min（cj. cj）as 最低分，并"添加"到"选定字段"列表框中，用来输出选课人数、平均分、最高分和最低分，如图 4.2 所示。

（4）确定查询数据输出的排序依据

确定查询结果的排序字段，该项中可以使用列出在查询输出列中的所有字段和表达式。可以使用多个表达式，各个排序表达式可以分别指定升、降序。其中的排序表达式排在第一位的表示是第一排序依据，排在第二位的表示是第二排序依据。

本题中在排序条件列表框中添加"平均分"并指定降序排列，添加"选课人数"并指定升序，如图 4.3 所示。

（5）确定查询数据的分组依据

在设计查询的第三个步骤中，我们提到，要求输出的数据往往不都是数据源表中已经存在字段，需要用户根据已有的数据进行统计汇总，在表达式该选项中可以使用如 AVG（N）等函数，这些汇总、统计函数的使用与数据分组有联系。分组依据就是要确定数据汇总的关键字。比如,要统计各班的平均成绩则按"班级"分组;要统计每位同学的平均成绩则按"学号"分组;要统计各门课的平均成绩则按"课程代号"分组;等等。在分组设计中还可以进一步要求确定分组后数据输出的条件。

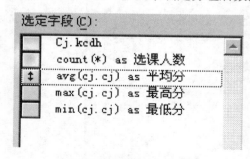

图 4.2　确定查询的输出列

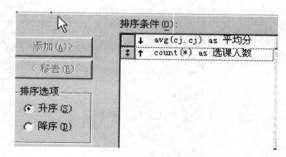

图 4.3　确定查询排序依据

本题添加 cj 表中的"Cj.kcdh"到分组字段列表框。

（6）确定查询结果的输出去向

在查询设计状态下,系统主菜单中自动添加了查询菜单,打开"查询"菜单,鼠标移动到"查询去向"子菜单,确定查询去向,弹出查询结果对话框。例如,选择表,然后在表名后的文本框中输入表文件名"ccj",单击"确定"按钮,如图 4.4 所示。各输出去向的类型如表 4.1 所示。

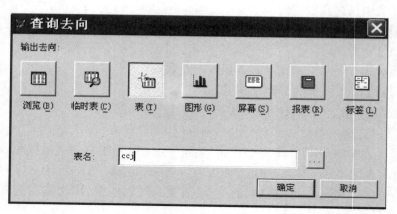

图 4.4　查询去向选择

表 4.1　查询输出类型

输出类型	用途
浏览	在浏览窗口显示查询结果
临时表	在临时只读表中存储查询结果
表	将查询结果作为表存储
图形	使查询结果用于 Microsoft Graph
屏幕	在 Visual FoxPro 主窗口或者当前输出窗口中显示查询结果
报表	将结果输出至报表文件中(.Frx)
标签	将查询结果输出至标签文件中(.lbx)

（7）运行查询

查询文件设计完成按“关闭”按钮保存后，可以在命令窗口用命令 DO 查询文件名. QPR来运行查询。在设计过程中，用户可以通过运行按钮来查看查询运行的结果，此时查询结果默认是浏览，如果用户设置了运行的输出结果是表、临时表等其他形式，则运行结果要到对应文件中查看。

例如，本例题中的运行结果是输出到表 ccj 中，则应在对应文件夹下打开表文件，才能查看到查询结果，如图 4.5 所示。

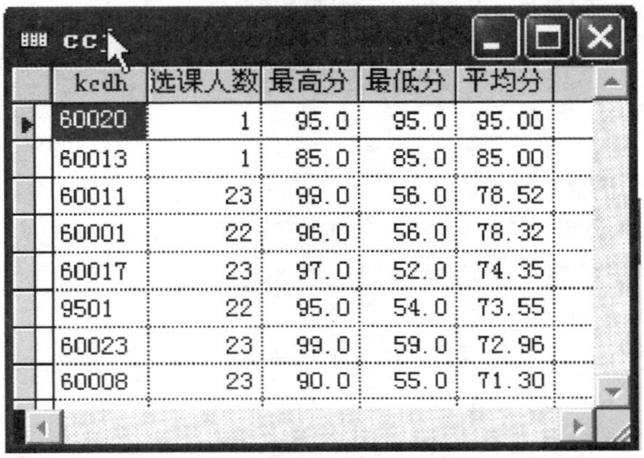

kcdh	选课人数	最高分	最低分	平均分
60020	1	95.0	95.0	95.00
60013	1	85.0	85.0	85.00
60011	23	99.0	56.0	78.52
60001	22	96.0	56.0	78.32
60017	23	97.0	52.0	74.35
9501	22	95.0	54.0	73.55
60023	23	99.0	59.0	72.96
60008	23	90.0	55.0	71.30

图 4.5　查询运行结果

例如：多表查询。以学生表和成绩表为例，介绍表中数据筛选时可用的比较符号及多表查询中表之间的连接关系。

4.2.3.2　查询筛选

查询设计中往往需要依据用户要求筛选特定的记录，需要采用比较符号进行筛选运算，在设计器中提供的比较操作符及操作功能如下：

（1）＝。指定字段值相等。

（2）LIKE。指定字段包含与实例文本相匹配的字符（“学号 LIKE 1”与来自“10”“01”“100”学号的记录都相匹配，查询输出）。LIKE 是字符串匹配运算符，可使用通配符，通配符“%”表示 0 或多个字符，通配符“_”表示一个字符。如果在 LIKE 前具有否定义，即相应的位置用钩形符号标志，则指定字段不包含与实例文本相匹配的字符（“学号 NOT LIKE 1”与来自“13”“01”“11”“1561”等的记录不相匹配，不输出）。

（3）＝＝。指定字段与实例文本必须逐字符完全匹配。在＝＝前加“否”，指定字段与实例文本必须逐字符完全不匹配。

（4）＞。指定字段大于实例文本的值。

（5）＞＝。指定字段大于或等于实例文本的值。

（6）＜。指定字段小于实例文本的值。

（7）＜＝。指定字段小于或等于实例文本的值。

（8）Is NULL。指定字段包含 NULL 值。在 NULL 前加“否”，指定字段不包含 NULL 值。

（9）BETWEEN。指定字段大于或等于实例文本中的低值并小于或等于实例文本中的高值。实例文本中的这两个值用逗号隔开（"成绩 BETWEEN 60,70"等价于表达式"成绩 > =60 AND 成绩 < =70"）。在 BETWEEN 前有"否"标志,则指定字段大于等于实例文本中的高值或小于等于实例文本中的低值。实例文本中的这两个值用逗号隔开（"成绩 NOT BETWEEN 60,70"与成绩小于等于 60 或大于等于 70 的记录相匹配）。

（10）In。指定字段必须与实例文本中逗号分隔的几个样本中的一个相匹配。在 In 前加"否"标志,指定字段必须与实例文本中逗号分隔的几个样本中的任何一个都不相匹配。

在对查询的筛选项设置过程中要注意:

① 如果有多个条件项,则多个条件要用逻辑关系连接（AND 或 OR）。

② 筛选页筛选的对象是表中的原始数据。如果要筛选汇总后的数据,应该在分组页中的"满足条件"项中。

4.2.3.3　表之间的连接类型关系

在查询时,往往数据来源于多张表,这时需要规定子表与主表之间是如何联系的,Visual FoxPro 查询与视图设计中可提供的联系类型主要有以下几种:

（1）内连接

内连接是指查询结果中包含两个表中共同字段值的记录。等同于集合的交集操作。

（2）左连接

取出左侧关系中所有记录,右侧关系表如果没有相匹配的记录,用空值填充所有来自右侧关系的字段值。

（3）右连接

取出右侧关系中所有记录,左侧关系表如果没有相匹配的记录,用空值填充所有来自左侧关系的字段值。

（4）完全连接

完全连接是指取出两个表的所有记录。等同于集合的并集操作。

在查询设计器设计查询过程中,如果查询中所用的两个表在数据库中有参照完整性关系,则系统会自动确定两个的连接条件,并默认设置为内连接;如果两表不存在参照完整性关系,在向设计器中添加第二个表时,系统自动根据两个表的共同字段提示用户确定两表的连接条件。

4.2.3.4　实例操作

（1）题目要求:要求查询统计专业（专业班级代码为040202）所有选课学生的课程平均分,并根据平均分将平均分大于 80 分（包括80）的同学等级设为"优秀",输出数据为学号、姓名、平均分、等级。输出结果中只包含等级为"优秀"的学生信息,记录按平均分从高到低排列。

（2）设计思路:同样考虑查询结果的输出项,输出项中的学号、姓名是原表中存在字段,可以直接使用;平均分可以使用 AVG( )函数对成绩求平均,由于求的是每位同学的个人课程平均分,所以与上题不同的是分组的依据应该是学号;最后的等级输出项是一个常量"优秀",但该值是根据平均分的大小来确定的,属于条件函数的范围,考虑用 IIF（AVG(Cj. cj) > =80,"优秀"," "）表达式来实现。

（3）设计步骤：

① 打开查询设计器。方法如例1。

② 添加数据表。选择 Xsy.DBC 数据库，选中 Xs 表，按"添加"按钮，再选中 Cj 表，单击"添加"按钮。由于两表在数据库中已经存在永久性关系，Visual FoxPro 则直接添加两个表的关系在查询中。如果不存在表间关系，在用户添加第二个表时，系统根据两表的同名字段创建连接条件。

③ 确定查询结果中的输出项。按题目要求分别将学号、姓名从"可用字段"列表框添加到"选定字段"列表框；在"函数和表达式"文本框中分别输入表达式 AVG(Cj.cj) AS 平均成绩、IIF(AVG(Cj.cj)>=80,"优秀","   ")AS 等级并添加到"选定字段"列表框输出项，如图 4.6 所示。

④ 确定查询中使用的表之间的连接条件和类型。表的连接条件一般在添加第二个表时，系统根据永久性关系或同名字段的原则已经创建。当然用户也可以在此时修改。本题中 Xs 表和 Cj 表连接关系如图 4.7 所示。

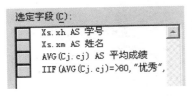

图 4.6　字段选择

图 4.7　Xs 表与 Cj 表的内连接关系

⑤ 确定查询结果的输出条件。单击查询设计器的"筛选"选项卡，确定筛选条件。本例中的筛选条件为专业班级代码值是"040202"，如图 4.8 所示。

联接	筛选	排序依据	分组依据	杂项			
字段名		否	条件	实例		大小写	逻辑
Xs.zybjdm			=	"040202"			

图 4.8　筛选条件

⑥ 设定排序条件。按题意，设定按平均成绩降序排列，如图 4.9 所示。

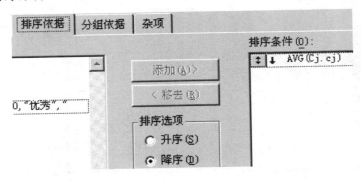

图 4.9　排序条件

⑦ 设定分组及分组数据的筛选条件。本例中要求输出选课学生的平均成绩，因此设定排序依据为 xh（学号），在分组依据选项中（见图 4.10）有“满足条件”按钮，该按钮用于设定查询结果中对输出数据的筛选。如本例中要求输出的是等级为“优秀”的学生信息，因此点击“满足条件”按钮，打开对话框（见图 4.11），输入图中的条件表达式。

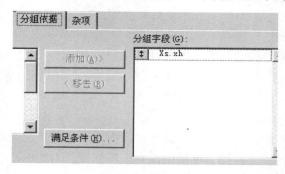

图 4.10　分组依据

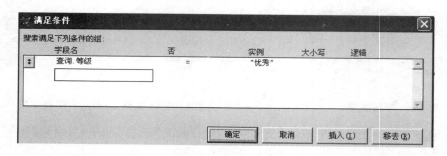

图 4.11　分组依据设计

运行查询可以得到查询结果中包含 3 条记录（见图 4.12）。如若去除等级为优秀的条件，则查询结果为 21 条记录，如图 4.13 所示。可比较二者结果。

查询

学号	姓名	平均成绩	等级
40202009	陈香	85.67	优秀
40202008	陈洁	83.33	优秀
40202012	周理	81.50	优秀

图 4.12　优秀记录

查询

学号	姓名	平均成绩	等级
40202009	陈香	85.67	优秀
40202008	陈洁	83.33	优秀
40202012	周理	81.50	优秀
40202020	董陈娟	77.67	
40202010	范燕亮	77.50	
40202002	王炜	77.33	
40202011	童振琦	76.17	
40202006	惠冰竹	75.33	
40202016	王哲	75.17	
40202017	金寅杰	75.17	
40202022	王思齐	74.67	
40202013	刘天娇	74.00	

图 4.13　全部记录

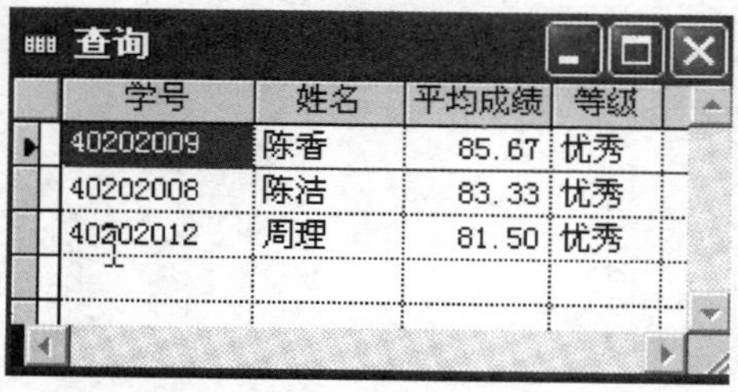

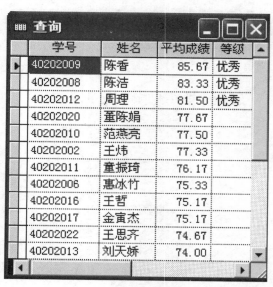

⑧ 对杂项选项卡进行设置：

"无重复记录"复选框用来从查询结果中去掉有整行值相同的行。在对多个表的数据进行组合查询时,经常会出现查询结果中存在相同行的情况,用户可以根据需要来决定结果中的相同行保留还是不保留。

"列在前面的记录"框指定查询输出包含的特定数目的行数(或百分比 percent)。选择"全部"则输出所有查询结果;反之,可确定一定行数输出,可以是 1 ~ 32767 之间的整数;选择"百分比"选项,则确定输出全部数据中的百分比,可以是 0.01 ~ 99.99 之间的实数。注意使用该项时必须有排序。

4.2.4 用 SELECT-SQL 命令设计查询

查询设计保存在文件中的内容实际上是 SELECT-SQL 语句,因此,可以根据用户的查询要求通过编写 SELECT-SQL 语句,完成用户查询要求。SELECT-SQL 命令格式如下:

SELECT［ALL｜［表名.］*］［DISTINCT］［TOP N［PERCENT］］;

　　［表名.］字段名 1｜表达式［AS 标题］;

　　［表名.字段名 2｜表达式 AS 标题…］;

FROM［<数据库名>!］<主表名>;

　　<INNER｜LEFT｜RIGHT｜FULL>JOIN <连接子表名>ON <连接条件表达式>;

［WHERE <条件表达式>［AND｜OR <条件表达式>…]];

［ORDER BY <字段 1>［ASCE｜DESC］[,<字段 2>｜N［ASC｜DESC］…]];

［GROUP BY <字段 1>[,<字段 2>…]｜N［HAVING <条件表达式>]];

［TO SCREEN｜INTO CURSOR <临时表名>｜;

INTO TABLE <表名>｜INTO ARRAY <数组名>｜TO FILE <文本文件名>［AD-DITIVE］｜TO PRINTER［PROMPT］]

［UNION［ALL］子查询］

参数说明:

(1) SELECT 是该命令的命令动词,不可省略,书写在句首。

(2)［ALL｜［表名.］*］［DISTINCT］［TOP N［PERCENT]]

［表名.］字段名 1｜表达式［AS 标题］;

［表名.］字段名 2｜表达式 AS 标题…]

该子项表示查询输出的数据列的组成情况。该列组成情况复杂,变化多样,可以是字段、常量、表达式等。

① 当数据源的多个表中有同名字段时,为了明确输出字段是哪个表中字段,需要在字段名前加上表名来区分。

例如:以成绩表和学生表为数据源,查询学生的学号、姓名及成绩,要求该学生选修了课程代号为"01"的课程,在学生表和成绩表中都有"学号"字段。

SELECT Cj. xh, cj,bz, xm, zybjdm, kcdh;

FROM xsyl! xs RIGHT OUTER JOIN xsy! cj ON Xs. xh = Cj. xh;

WHERE Cj. kcdh = "01"

本例中使用了 Cj 表中的"Xh",因为查询的是选课的学生,而非所有学生(Xs 中学

123

生）。

② All | ［表名.］* :表示输出所有字段。

当查询结果中要输出的数据是数据源表的所有字段时,可以使用 ALL 或 * 子项来简化书写,而不必把所有字段都书写出来;当数据源表有多个,而要求输出的数据是某一个表的所有字段及其他表的部分字段时,可以用"表名. * "或"表名. 字段名"的方式。例如,要输出的是 Cj 表中所有字段和 Xs 表中 xm,zybjdm 字段,可以简化书写为:

SELECT Xs. xm, Xs. zybjdm, Cj. * ;

FROM xsy! xs RIGHT OUTER JOIN xsy! cj ON Xs. xh = Cj. xh;

WHERE Cj. kcdh = "01"

③ 表达式［AS 标题］:可参见用设计器建立查询中的相关内容。

④ DISTINCT:从查询结果中去掉有重复值的行。等价于查询设计器中杂项页中的"无重复记录"选项。

⑤ TOP N［PERCENT］:指定查询输出包含的特定数目的行数(或百分比 PER-CENT)。TOP N 作为行数时,等价于杂项页中的"列在前面的记录"项,N 可以是 1 ~ 32767 之间的整数;TOP N PERCENT 作为百分数时,可以是 0. 01 ~ 99. 99 之间的实数。同时注意使用该项时必须有 ORDER 子句 。

(3) FROM ［ < 数据库名 > !］ < 主表名 > ;

< INNER | LEFT | RIGHT | FULL > JOIN < 连接子表名 > ON < 连接条件表达式 >

① FROM 子句用来确定查询所用的数据源。如果不是当前打开的数据库中的表,则在表名前以"数据库名! 表名"的格式表示。

② 在查询中经常用到多个数据表,各表之间要通过连接条件连接起来,连接条件一般是两个表的公共字段,确定连接条件后再确定连接类型。连接类型可以参看用设计器建立查询中的步骤。

(4) WHERE < 条件表达式 >

该子句用来定义查询的筛选条件,指定查询结果中的记录必须满足的条件,条件可以是以下形式:

① 字段名 1 比较符号 字段名 2

例如: WHERE Xs. Xh = Cj. Xh

② 字段名 比较符号 表达式

例如: WHERE Cj. cj < 60

③ 字段名［NOT］BETWEEN N1 AND N2 等价于设计器中的 BETWEEN。

④［NOT ］IN VALUELIST,表示在所列出的数据中的一个。

例如:SELECT xs. xh, xm,xs. zybndm FORM xscjgl! xs ;

WHERE xs. zybjdm NOT IN ("01","02","04")

⑤ 字段名［NOT］LIKE 表达式,表达式中可以使用通配符。

例如:查找学生表中所有非江苏籍的学生。

SELECT xs. xh, xm,xs. zybjdm ,xs. jg;

FORM xsy! xs ;

WHERE xs. jg NOT LIKE "江苏%"

⑥［NOT］IN（子查询）

在查询设计过程中,如果查询的筛选表达式的右边不是一个简单的值,而是一条查询命令,这样的查询称为子查询。

例如:查询成绩表中"周理"所在班级的所有学生的选课平均成绩。要求输出数据为:专业班级代码、姓名、平均分。

分析:本例中要求输出的是某个班的学生的信息,因此只要设定筛选条件为专业班级代码即可,但题目中未明确 zybjdm(专业班级代码)的具体值,只告诉是"周理"这个学生所在的班级,因此,需要先确定周理所在 zybjdm(专业班级代码)值。可以用以下查询命令得到:

SELECT zybjdm FORM xs WHERE xm = "周理"

通过查询知道,周理所在 zybjdm(专业班级代码)值为"040202",因此,可以按题目要求查询这个班的所有学生的选课平均成绩。

SELECT zybjdm AS 专业班级代码,xm AS 姓名,AVG(cj. cj) AS 平均成绩;

FROM xsy! xs INNER JOIN xsy! cj ;

ON Xs. xh = Cj. xh;

WHERE Xs. zybjdm = "040202" ;

GROUP BY Cj. xh

将查询专业班级代码的查询命令代入条件中就得到子查询:

SELECT zybjdm AS 专业班级代码,xm AS 姓名,AVG(cj. cj) AS 平均成绩;

FROM xsy! xs INNER JOIN xsy! cj ;

ON Xs. xh = Cj. xh;

WHERE Xs. zybjdm in(SELECT zybjdm FORM xs WHERE xm = "周理");

GROUP BY Cj. xh

本例中子查询的结果是一个值,因此条件中可以用" = ",如果不确定子查询结果中包含几个值,一般用"in"。

注意:如果在查询设计器中设计带有子查询的筛选项,则在查询条件中"实例"部分输入 SELECT xs. zybjdm FROM xs WHERE xm = "周理"。查询设计器在保存后不能再次打开修改,必须在编辑器(实际上是对应的查询命令组成的程序文件)中打开修改。

（5）ORDER BY ＜字段 1＞［ASCE|DESC］［,＜字段 2＞|N［ASCE |DESC］…］］;

用 ORDER BY 子句定义查询结果的排序字段。该子句等价于查询设计器中的排序页。其中 ASCE 表示升序,升序也是默认顺序;DESC 表示降序。该子句中可以使用列出在查询输出列中的所有字段和表达式。可以使用多个字段,各个排序字段可以分别指定升降序。

ORDER BY N 是该子句提供的一种简化书写,以排序关键字在输出结果中的位置代替字段或表达式,表示按输出结果中的第 N 列排序。

例如:依据课程表和成绩表查询已选课程的课程名称、课程代号、平均分及学分。

SELECT Cj. kcdh AS 课程代号, Kc. kcm AS 课程名称, AVG(cj) AS 平均分,;

Kc. xf AS 学分;

FROM xsy! cj INNER JOIN xsy! kc ON Cj. kcdh = Kc. kcdh;

GROUP BY Cj. kcdh ORDER BY 4，3 DESC

（6）［GROUP BY ＜字段 1＞［，＜字段 2＞…］｜N［HAVING ＜条件表达式＞］］

用 GROUP BY 短语定义查询分组，表示按指定字段进行分组、汇总。

GROUP BY N 表示按输出结果中的第 N 列分组，雷同于 ORDER BY N。

若查询的分组结果不是输出所有数据，而是要筛选分组后的结果，则应包含 HAVING 条件。该筛选条件的使用要与 WHERE 子句的筛选条件区别对待。WHERE 子句是对数据源表中的原始数据进行筛选，而 HAVING 则是对查询分组结果的筛选。

例如：输出例 6 中平均分低于 65 分的课程信息。

SELECT Cj. kcdh AS 课程代号，Kc. kcm AS 课程名称，AVG（cj）AS 平均分，；

Kc. xf AS 学分；

FROM xsy！ cj INNER JOIN xsy！ kc ON Cj. kcdh ＝ Kc. kcdh；

GROUP BY 1 HAVING 平均分 ＜65；

ORDER BY 4，3 DESC

（7）［TO SCREEN｜INTO CURSOR ＜临时表名＞｜INTO TABLE ＜表名＞｜INTO ARRAY ＜数组名＞｜TO FILE ＜文本文件名＞［ADDITIVE］｜TO PRINTER］

INTO 子句用来定义查询结果的输出方式。其中：

① TO SCREEN：输出到浏览窗口，是默认结果。

② INTO CURSOR ＜临时表名＞：输出到临时表。

③ INTO TABLE ＜表名＞：输出到自由表。

④ INTO ARRAY ＜数组名＞：输出到二维数组，每行一个记录。

⑤ TO FILE ＜文本文件名＞［ADDITIVE］：输出到. TXT 的文本文件。使用［ADDI-TIVE］则表示将结果添加到原文件的尾部，否则将覆盖原来文件。

⑥ TO PRINTER［PROMPT］：输出到打印机。使用［PROMPT］可以在开始打印之前打开打印机设置对话框，供用户选择。

（8）［UNION［ALL］SELECTCOMMAND］

该子句用来将一个 SELECT 命令的最后查询结果同另一个 SELECT 命令的最后查询结果组合起来。

缺省 ALL 则表示 UNION 检查组合的结果，并消除重复的行。

使用括号可组合多个 UNION 子句。

使用 UNION 必须注意下列情况：

① UNION 不能用来组合子查询。

② 参与组合的 SELECT 命令必须在查询输出中有相同的列数，对应列的数据类型和宽度相同（一般为同意义数据）。

③ 只有最终的 SELECT 命令中可以包含 ORDER BY 子句，即子查询中不可以有 OR-DER 子句，且排序关键字只能用列号表示。排序对所有结果有效。

例如：基于 xsy. dbc 数据库中 xim. dbf（系名表）、js. dbf（教师表）和 xs. dbf（学生表），查询"工商"的全体师生名单，结果中包含类别和姓名两列。其中，类别用于注明"教师"或"学生"，输出结果首先按照类别排序，若类别相同再按姓名排序。

SELECT "教师" AS 类别，Js. xm FROM xsy！ xim INNER JOIN xsy！ js ；

ON Xim. xdh = Js. xdh WHERE Xim. ximing = ″工商″ Union；

SELECT ″学生″ AS 类别，Xs. xm FROM xsy！xim INNER JOIN xsy！xs ；

ON Xim. xdh = Xs. xdh WHERE Xim. ximing = ″工商″ Order by 1

4.2.5　用查询向导设计查询

使用向导创建查询不仅操作简便，而且格式丰富多样，如果用户对通过向导创建的文件不满意，可以通过设计器调整，这样大大地节省了查询设计和操作的时间。用查询向导建立查询可以是查询向导、交叉表向导、图形向导三种类型。

（1）查询向导

这是一种最常用的查询格式，将查询的结果按表的形式输出，每列对应一个字段，每行对应一个记录值。其思想与查询设计器相同。

进入查询向导的方式，单击"文件"菜单，选择"新建"项，选择"查询"然后单击"向导"，弹出"向导选取"对话框，如图 4.14 所示，选择"查询向导"类型后，单击"确定"按钮。

步骤 1：字段选取。

定义查询数据源，指定查询结果中需要包含的字段：可以是来自于多个表的字段，不能添加表达式。

步骤 2：为表建立关系。

如果可用字段选择了不同表或视图中的字段，需定义表之间的关联，否则跳过本操作。在左右字段选项窗中分别选定对应表的关联字段，单击"添加"按钮确认，选择"移去"按钮删除阴影指定的表间关联。

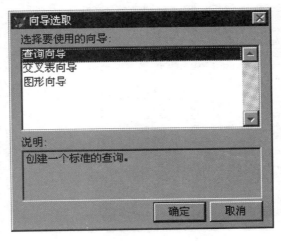

图 4.14　向导选择

当所选字段来自两个表时，定义记录包含方式。

仅匹配行：等价于查询设计器中的内部连接。

此表中行（右表）方式：等价于查询设计器中的左连接。

此表中行（左表）方式：等价于查询设计器中的右连接。

所有表的所有记录方式：等价于查询设计器中的完全连接。

步骤 3:筛选记录。

定义记录筛选的条件,即逻辑表达式。如果有两个逻辑表达式组成的复合运算,逻辑表达式之间通过“与”(AND)、“或”(OR)操作符连接成一个复合运算式,系统自动默认为“与”运算。

步骤 4:记录排序。

定义查询输数据的排列顺序。在选中字段中可以依次选取出最多三个字段按升序或降序排列,不能分别指定升降序。

此外,用户还定义限制记录,确定查询显示的记录个数,它等价于设计器中的“杂项”选项卡。

步骤 5:完成。

完成查询向导时可选择“保存查询”“保存并运行查询”“保存查询并在查询设计器中修改”中的一种,单击“完成”按钮,结束查询向导的设计。

(2) 交叉表向导

将查询数据源记录中的三个字段值分别排列在二维表的行列和表中组成一个二维数据表。例如查询学生成绩表,分别输出学生的学号、课号和成绩,将学号、课程号分别排列在行、列上,而成绩字段拖放到表中,如图 4.15 所示。

Cjjc

Xh	C_60001	C_60008	C_60011	C_600	C_60017	C_600	C_60023	C_9501
40202001	87.0	69.0	67.0		80.0		75.0	65.0
40202002	62.0	87.0	69.0		81.0		91.0	74.0
40202003	67.0	66.0	70.0		52.0		66.0	92.0
40202004	66.0	71.0	89.0		61.0		70.0	66.0
40202005	73.0	66.0	82.0		61.0		82.0	68.0
40202006	56.0	76.0	92.0		79.0		80.0	69.0
40202007	76.0	68.0	89.0		64.0		61.0	69.0
40202008	82.0	70.0	97.0		89.0		78.0	84.0
40202009	96.0	81.0	79.0		91.0		81.0	86.0
40202010	76.0	90.0	68.0		69.0		69.0	93.0
40202011	96.0	68.0	66.0		83.0		60.0	84.0
40202012	84.0	79.0	98.0		67.0		91.0	70.0
40202013	84.0	65.0	77.0		56.0		67.0	95.0
40202014	69.0	77.0	56.0		72.0		62.0	80.0
40202015	68.0	75.0	57.0		81.0		64.0	75.0
40202016	63.0	77.0	99.0		78.0		68.0	66.0
40202017	67.0	62.0	86.0		97.0		69.0	70.0
40202018	95.0	65.0	82.0		68.0		60.0	54.0
40202019	89.0	61.0	80.0		64.0		62.0	55.0
40202020	88.0	56.0	81.0		90.0		73.0	78.0
40202021	90.0	55.0	60.0		58.0		99.0	57.0
40202022	89.0	66.0	82.0		84.0		59.0	68.0
40701002		90.0	80.0	85.0	85.0	95.0	91.0	

图 4.15 交叉表输出结果

在“向导选取”对话框中,选择“交叉表向导”类型后,单击“确定”按钮,如图 4.14 所示。

步骤 1:字段选取

同样定义查询结果的可用字段,不同的是只能是来自于同一个表的三个字段,并且其中有一个是数值型字段。

步骤 2:定义布局

将选定的三个字段分别拖放到行、列和数据区。其中拖放到输出表数据区的字段必须是数值型,否则统计列数据失去意义。

步骤 3:加入总结信息

定义数据分类汇总列和总计类型。"总和"规定数据区中数据。"小计"规定小计列中的数据。

① 总和。在求和、计数、平均、最大、最小中选择其中之一,当行、列交叉的值存在多个时,例如一个学生的同一门课有多个成绩(考试、补考、积欠、积欠后),单击"总和"规定输出查询结果,如果没有交叉的数据,则输出 NULL。

② 小计。在数据求和、含数据的单元格数目、表总计的百分比、无四种类型中选择其中之一。

③ 无。输出没有小计列。

④ 数据求和。按同一行上数据累加后显示在小计列中。

⑤ 含数据的单元格数目。在小计列输出同行上具有数据的单元个数。

⑥ 表总计的百分比。在小计列上输出同行累计值占表格总数的百分比。

步骤 4:完成。

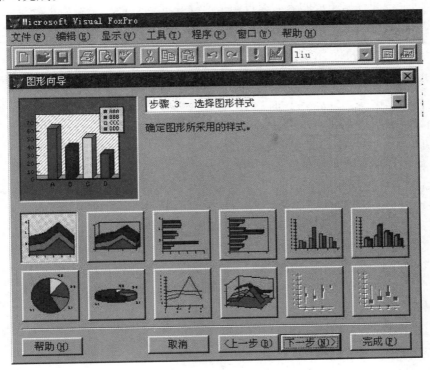

图 4.16　图形选择对话框

完成交叉表向导时可选择"保存交叉表查询""保存并运行交叉表查询""保存交叉表查询并在查询设计器中修改该查询"中的一种,单击"完成"按钮,结束交叉表查询向导的设计。

（3）图形向导

将查询结果以图形的形式输出。这类查询输出往往用于对分类汇总统计结果的输出。例如企业产量变动情况分析,某一学生各个学期平均成绩分布情况等。在"向导选取"对话框中,选择"图形向导"类型后,单击"确定"按钮,如图4.14所示。

步骤1:字段选取

与交叉表向导相同。

步骤2:定义布局。

与交叉表向导意义相同,将选定的三个字段中的两个分别拖放到行坐标和数据区域。与交叉表向导相同,拖放到数据区的字段必须是数值型。

步骤3:选择图形样式。

确定输出图形的类型,在如图4.16所示的图形类中选取一个作为查询结果的输出形式。

步骤4:完成。

在结束定义退出向导之前,分别定义图形标题名,查询结果输出图形存入位置。图形存入系统指定的表文件的通用型字段中或建立查询文件,如果系统指定的表文件不存在,则系统自动建立表文件。在执行查询文件时,不直接输出图形,而是需要操作者确定输出图形的类型和存放图形的表。通过图形向导建立的查询结果输出最终都是在表中,图形的输出是通过对表中通用型字段值的输出实现的。

4.2.6 查询文件的使用

（1）运行查询

查询设计结束后,形成的"查询"文件可以选择查询菜单的"运行查询"命令来执行查询。如果查询结果按浏览方式或交叉表方式输出,执行查询文件后输出查询结果在浏览窗,也可以在命令方式下调用查询文件。

命令格式:DO ＜查询文件名＞.QPR

功能:调用查询命令文件。

（2）查询文件的修改

查询条件、查询输出形式和查询数据来源等情况发生变化,需要进行查询文件修改时,可以直接调用文件编辑命令,修改查询文件中的 SQL 语句;或者通过打开查询文件,在查询设计器下修改,这种方式较直观。在退出查询设计器前应当保存修改内容,否则修改无效。

命令格式:MODI COMM ＜查询文件名＞.QPR

功能:进入查询文件编辑状态。

说明:不能缺少文件扩展名。

4.3 视图设计

根据视图数据的来源分成本地视图和远程视图。本地视图的数据来自本地工作站,而远程视图是通过 ODBC 从远程数据源建立的视图。本节内容主要介绍本地视图的建立与使用。

所谓 ODBC,即 Open DataBase Connectivity(开放式数据互连)的英语缩写,它是标准的数据库接口,以动态链接库(DLL)方式提供。

4.3.1 创建视图

视图设计过程的查询设计过程的方法相似,读者可以参考查询设计的相关内容,创建视图中将着重介绍视图数据的修改与保存。

(1)进入视图设计器

首先按设计查询的过程将需要创建的视图设计好,然后通过激活视图设计器逐步定义相应项或通过向导按提示定义相关内容,完成视图创建过程。在创建视图前必须打开对应的数据库。

① 用菜单打开本地视图设计器

单击主菜单中的"文件",选择"新建"项。弹出"新建"对话框后,单击"视图",选择"新建"项,进入视图设计器(将要保存视图的数据库必须是打开的)。

② 用命令打开本地视图设计器

命令格式:CREATE VIEW［视图名］

功能:进入创建视图的定义状态;打开视图设计器。

(2)定义视图的字段输出、连接、筛选、排序依据、分组依据和杂项

按照查询设计的方法和步骤分别确定视图的各个项目。

(3)定义更新条件

视图实际上是对数据库内表中的字段重新组合,方便用户操作。当用户通过视图浏览后,对某些数据修改并要求将修改结果保存到相应的表中时,则由本项定义哪些字段可以保存。如果不定义此项,则字段修改结果不保存到表中。

定义时首先要对数据源选定一个关键字(在钥匙列单击),关键字一般不保存修改内容,然后定义需要保存修改结果的字段,单击字段名左边,破选中(标记为钩形符号)的字段是可以保存修改结果的。

(4)完成视图

不指定视图名时系统在关闭视图设计器时提示指定视图名。

4.3.2 修改视图

视图创建后,可以类同数据库表提供用户使用。当数据来源的表结构,或用户对视图的要求发生变化后,可能通过视图修改,调整视图,满足用户需要。

(1)在数据库设计器状态下,右击要修改的视图,弹出快捷菜单,选择"修改"项,进入视图修改编辑状态,重新定义视图的相应项,操作方法与创建视图的方法相同。关闭视图设计器时,系统提示是否保存修改内容,选择"是",则保存修改后的内容。

(2)在命令状态下,输入视图修改命令。

命令格式:MODI VIEW［视图名］

功能:进入修改指定视图的状态。

说明:不指定视图名时系统弹出视图名选择窗口,在使用视图修改命令前,必须先打

开对应的数据库。

（3）视图的字段属性设置

视图具有表的类似属性，因此可以像设置数据库表的字段属性一样设置视图的字段属性，但注意不能设置视图中组合产生的表达式的属性。

在视图设计器的"字段"选项卡中单击"属性"按钮，弹出视图字段属性对话框，如图 4.17 所示。在对话框中单击"字段"列表框以选取字段，然后就可以像设置数据库表中字段属性一样设置视图字段属性。

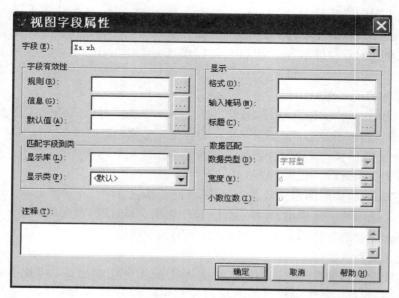

图 4.17　视图字段属性对话框

4.3.3　视图的使用

视图创建和维护的目的是为了方便用户对数据库中一个或多个表可以同时操作，它不仅可以在定义格式时规定将要操作的字段（从表中挑选出来），而且还可以选择符合某一条件的记录。视图作为数据库的一部分，调用视图的方法与调用数据库中表的方法和操作命令相同，不同之处在于视图操作必须在相应的数据库环境下，即必须先打开数据库，才能打开视图，不能独立操作视图。视图调用操作命令有以下几类。

（1）打开视图

① 在数据库设计器环境下单击要打开的视图图标。

② 视图打开命令。

命令格式：USE［视图名］

功能：打开当前数据库中的一个视图，并处在数据操作状态。

说明：先打开数据库文件。

注意：不能用菜单操作命令打开视图，视图不独立作为文件存放，菜单中的视图文件类是提供向下兼容的。

（2）输出视图数据

视图可以作为报表、标签、表单和查询设计操作的数据源,也可以作为记录输出命令的输出数据源。视图所起的作用和具有的数据操作几乎与表相同。

记录输出命令有以下几种格式:

① 输出视图定义

命令格式:

［LIST｜DISPLAY VIEWS［TO PRINTER［PROMPT］］｜TO FILE 文件名］［NOCON-SOLE］

功能:显示当前数据库中的所有视图名和视图类型。

说明:

a. TO PRINTER［PROMPT］:打印输出内容,有 PROMPT 参数,则在打印前提示打印机设置。

b. TO FILE 文件名:规定输出内容存入到指定的文件中。如果指定文件已经存在,并且系统 SAFETY 状态处在 ON,Visual FoxPro V6.0 提示文件是否覆盖;SAFETY 状态处在 OFF,则不提示操作者,直接覆盖旧文件。

SAFETY 参数设置命令格式为:

SET SAFETY ON   && 设置为 ON 状态
SET SAFETY OFF   && 设置为 OFF 状态

此后,凡是当命令执行结果会生成新文件时,如果指定文件已经存在,则系统都按本条规定处理。

c. NOCONSOLE:表示不向 Visual FoxPro V6.0 系统主窗口或用户定义的活动窗口输出。

d. DISPLAY 与 LIST:在功能上不同之处在于前者为输出超出一屏时,自动分屏输出,每输出一屏后暂停,等待操作者按任一键后继续下一屏。而后者则一次性输出结束,因此当输出内容超出一屏需要显示输出时,往往使用 DISPLAY 命令。如果输出到打印机上时使用 LIST 命令完成。

② 输出视图数据

命令格式:

LIST｜DISPLAY［FIELDS 字段名表］［范围］［FOR 逻辑表达式］［OFF］［NOCON-SOLE］［NOOPTIMIZE］［TO PRINTER［PROMPT］］｜TO FILE 文件名］

功能:显示当前视图指定的记录。

说明:FIELDS 字段名表规定输出字段,如果没有这部分,输出视图中的全部字段。其他参数的说明与表记录输出的规定相同。

（3）视图数据的修改

视图的数据可以像表中数据一样通过 BROWS,EDIT,APPEND,INSERT,REPLACE 等命令实现数据的添加和修改操作,并按视图设计时规定的属性将允许更新并发送的数据保存下来。

（4）视图的关闭

视图是随着数据库的关闭而自动关闭。当用户处在视图数据编辑窗时,单击窗口右上角的⊠按钮将关闭当前操作的视图窗。

（5）视图作为数据源

在建立查询、表单、报表等文件过程中要使用数据源表,视图文件是一个虚拟表,因此,视图建立后,可代替表作为数据源使用。例如在建立查询文件时,当弹出"添加表或视图对话框",选择"选定"选项按钮组中的视图项,就会显示出对应数据库中的视图,把视图当作表一样添加到查询设计器中后,即可设计查询文件。

✳ 本 章 小 结 ✳

本章重点介绍了查询与视图的内涵、作用和同异。从用户对数据获取的角度系统全面地介绍了在 Visual FoxPro 中查询功能实现的过程和设计方法,以及查询将涉及的相关函数格式、功能和参数运用方法;同时,还全面地介绍了 SELECT-SQL 语句的格式、功能、参数和应用;介绍了视图的设计、创建、维护和调用方法。

研讨分析

（1）查询与视图有何不同,在需要制作一张不规则表时（例如学生成绩单）,如何应用查询与视图。

（2）当查询或视图的数据来源超过两张表时（例如有 A,B,C 三张表）,若 A 表是 B 表的主表,B 表是 C 表的主表,或者 A 表是 B 表的主表,C 表是 B 表的主表,如何设计、创建查询或视图。

（3）研讨学生成绩管理、教材管理、培养计划管理和学生综合测评管理等事务中分析出需要从数据表中查询信息的要求,并写出对应的 SELECT-SQL 语句,以及创建相应的视图需求的过程。

第 5 章

程序、过程设计

在 Visual FoxPro V6.0 中的程序设计,相对于其他计算机语言系统而言要简单,这是由于 Visual FoxPro V6.0 的命令本身就具有强大的数据处理能力。对于熟悉 Visual FoxPro V6.0 命令系统的用户,可以直接在 Visual FoxPro V6.0 系统下灵活、方便地按要求进行数据处理。因此,Visual FoxPro V6.0 程序设计的目的通常是为了一般用户也能掌握数据处理操作,它是由 Visual FoxPro V6.0 命令组成的命令集合。Visual FoxPro V6.0 的表单设计器设计结束后自动生成表单和运行代码程序,菜单设计器设计的结果通过"生成"菜单的执行程序。本章重点介绍在 Visual FoxPro V6.0 下如何按用户需要编制数据处理程序。

5.1 程序设计基础

编制一个完整的程序,通常需要经过一系列的步骤,并根据每个步骤整理出程序说明书。也就是说,程序说明书是程序设计过程的文档资料。在上机调试程序前必须做好充分准备,才能事半功倍,减少程序调试的工作量和复杂度。

(1) 确定用户需要,明确编程目的。根据需要,描述其业务内容和数据处理特殊需求。

(2) 确定计算方法和计算过程,确定程序的模型。

(3) 确定编程语言,确定重要的输入数据来源和输出格式,画出程序流程图。其中画出程序流程图是最复杂的,也是最关键的工作,流程描述了数据处理和计算机处理的思想与方法,编程质量好坏,程序是否能达到用户需求都取决于此。

(4) 写出对应命令,也称为编写程序。

(5) 建立程序文件,输入程序内容。

(6) 准备样本数据,选择调试方式,执行程序文件。

(7) 修改程序文件。

(8) 调试完成后交付使用。

本节重点介绍从第五步及其后续步骤,需要更详细地了解第一步的内容请参阅《软件工程》或《管理信息系统》;若要了解第二步的内容,则参阅《计算方法》。本教材采用 Visual FoxPro V6.0 语言系统,输入数据来源和输出数据格式按实际应用而定,程序流程图参阅《软件工程》。

5.1.1 建立与编辑程序文件

（1）程序代码的引用

在 Visual FoxPro V6.0 中，程序代码既可以独立成一个文件被单独运行，还可以给指定对象完成某些动作。因此，程序代码的编辑可以借助于"表单设计器""类设计器""菜单设计器""报表设计器"和"项目管理器"等代码、过程和自定义函数等设计工具完成程序代码的建立与编辑，应用相应设计器的编辑程序代码的方法见相关章节内容。

（2）程序文件编辑

本章节要介绍的程序文件，是独立的 Visual FoxPro V6.0 程序文件，其扩展名是.prg。建立、编辑 Visual FoxPro V6.0 的应用程序文件可以有多种方法，常见的有以下几种。

方法一：命令方式。

命令格式：MODIFY COMMAND［＜文件名＞］

功能：打开程序文件编辑窗口。

说明：在命令窗口输入该命令，当指定文件存在，则调出该文件，供用户修改，否则创建新的程序文件。

注意：在程序编辑状态下，输入程序不被执行，需要引用程序调用语句或命令才能运行。在编辑过程中，程序中的命令都必须按语句书写规范要求，不能把语句输入命令窗口；否则，每输入一条命令，Visual FoxPro 立即执行，有些语句无法输入。

方法二：菜单方式。

在 Visual FoxPro V6.0 系统主菜单下，打开"文件"菜单，单击"新建"选项卡，弹出新建文件对话框，选择"程序"，单击"新建"按钮，进入程序编辑窗口。

方法三：利用项目管理器新建程序。

打开项目管理器，如图 5.1 所示在"代码"中选中"程序"，单击"新建"按钮，弹出程序编辑窗口，输入程序即可。

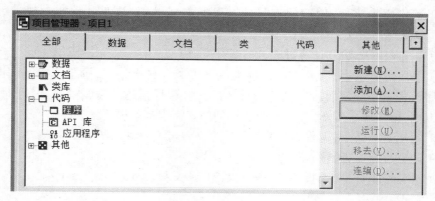

图 5.1　项目管理器中建立程序

方法四：利用其他编辑软件（如 Windows 的记事本程序）来编辑程序。

在 Visual FoxPro V6.0 的文本编辑环境下，不仅对程序文件可以进行输入和修改，还可以实现字符串查找、替换和删除等功能。程序文件以文本格式保存，系统中任何文本编辑器都可以建立和修改程序。

（3）保存程序

程序文件编辑完成后，可以用以下方法保存程序。

方法一：直接按编辑窗口的■■按钮，弹出图 5.2 所示对话框，选择"是"按钮，则保存程序文件；选择"否"按钮，则放弃保存；选择"取消"按钮，则回到编辑状态。

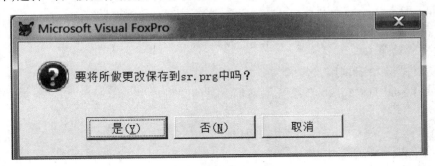

图 5.2　保存程序对话框

方法二：在程序编辑窗口打开情况下，直接按快捷键 Ctrl + W 或 Ctrl + Enter 保存程序文件；按快捷键 Ctrl + Q 或 Esc 键编辑无效退出程序编辑状态，返回 Visual FoxPro。

5.1.2　程序文件的调试与运行

（1）程序的调试

程序调试的目的是找出程序中存在的错误并改正。为了避免编程人员人为因素，往往专门设置程序调试岗位，由调试人员来完成调试工作。

程序调试的方法有很多，总体上可以分为黑箱调试、白箱调试和灰箱调试三类。黑箱调试不需要了解程序内部代码，只要通过输入数据与输出结果对应关系检验程序是否存在问题，当输入正常数据（在规定取值范围内与指定数据类型一致）时，经程序处理后输出的结果正确，说明程序可用；否则，当输入异常数据（超出规范取值范围或与指定数据类型不一致）时，查检程序是否能够识别，并等待用户纠正输入错误，如果能够识别并具有修正输入的程序称该程序具有容错能力，否则应当列入程序使用操作说明。白箱调试是运用逻辑推理工具对程序代码的正确性进行论证，这类方法比较复杂，而且调试困难。灰箱调试是将一个复杂的程序通过分段插入暂停语句，分段输出结果，由程序功能与数据处理过程判别每个阶段处理结果的正确性，对每段内部相当于黑箱调试，每段之间是白箱调试，这类方法的灰色程序由分段数据和段粒粗细决定，段粒最精是黑箱，最细为白箱。这类方法的关键是分段。一般情况下，把一个完整分支语句、循环语句作为一段，便于查找程序存在的问题。

（2）程序代码的执行

在 Visual FoxPro V6.0 中，调用程序文件有很多方法，这里介绍两种常用的方法。

方法一：命令方式。

命令格式：DO　< ProgramName > | ?［WITH Parameterlist］

功能：执行指定程序。

参数说明：

① ProgramName 为指定要执行的程序的名称。

② WITH Parameterlist 指定要传递给程序或过程的参数。列在 Parameterlist 中的参数可以是表达式、内存变量、字母和数字、字段或用户自定义函数。默认情况下,参数按引用传递给程序和过程,也可以将参数放在括号中按值传递。

例如:DO main. prg WITH x,y

执行程序名为 main 的程序,同时传递参数 x 和 y。

方法二:菜单方式。

在"文件"菜单下调用。步骤为:

① 在 Visual FoxPro V6.0 系统主菜单下,打开"程序"菜单,选择"运行",进入"运行"窗口。

② 在"运行"窗口,选择要调用的程序。

方法三:项目管理器中执行。

在项目管理器中选中要执行的程序,单击"运行"按钮。

注意:运行程序文件后,系统会自动地对程序文件(.prg)进行编译(包括对程序词法和语法的检查),生成"伪编译"程序文件(.fxp),执行程序时,系统实际是执行伪编译程序。

(3) 程序运行中止

程序运行结束后.需要使用结束语句,指定程序结束后的去向,否则系统默认回到 Visual FoxPro 系统的命令状态。Visual FoxPro 有三种不同的结束去向,如表 5.1 所示。

表 5.1　Visual FoxPro 程序运行结束去向

语句格式	功能	说明
CANCEL	返回 Visual FoxPro 系统	默认结束方式
QUIT	返回操作系统	用于主控模块结束
RETURN [x]	返回调用断口	过程、子程序或自定义函数

注:RETURN 后的参数是用于指定自定义函数的返回值。

5.1.3　程序中常用的命令

(1) 注释语句

为了提高程序的可读性,方便程序维护,往往需要对某段程序或某个语句加以说明,注释语句起到了程序代码说明的作用,说明内容不参与程序运行。

① 注释行语句。注释内容独占一行,往往用于说明下列程序代码的功能或处理方法。

命令格式:NOTE|*　<注释内容>

功能:指定注释内容不参加程序运行。

说明:可以用 NOTE 关键词或 * 符号,在程序调试过程中往往用 * 符号比较方便,这个符号还可以作为语句行幕蔽功能,暂停某一语句参加运行。

② 文本注释。当需要注释的内容很多,以及在程序运行过程需要提醒用户程序的有关特性或功能等情况时,可以用文本注释语句。

命令格式:

TEXT

<注释内容>

ENDTEXT

功能:用 TEXT 和 ENDTEXT 短语指定注释内容。

说明:有一个 TEXT 必定有 ENDTEXT 对应。TEXT 与 ENDTEXT 各独一行,在程序运行过程中 TEXT 与 ENDTEXT 指定的注释将显示输出。

③ 命令后缀注释。当需要对某个语句进行注释,而且注释内容很少时可以采用命令后缀注释。

命令格式:<语句> && <注释内容>

功能:用于对命令进行注释。

说明:注释内容不参加程序运行,不影响语句功能。

(2)会话状态命令

SET TALK ON/OFF

确定 Visual FoxPro 是否显示命令执行的结果。

ON(默认值):允许命令的结果发送到 Visual FoxPro 的主窗口和系统信息窗口。

OFF:禁止结果输出到屏幕。该命令不影响程序运行与功能。

(3)格式定位输出

表达式或变量内容的输出可以通过定位语句输出到指定位置,这样既可以实现屏幕格式设计的输出,还可以实现填空式输入/输出。

语句格式:

@ <行>,<列> SAY <表达式>;

[FUNCTION <字符表达式 1>][PICTURE <字符表达式 2>];

[SIZE <数值表达式 1>,<数值表达式 2>];

[FONT <字符表达式 3>[,<数值表达式 3>][STYLE<字符表达式 4>]];

[COLOR SCHEME <数值表达式 4>|COLOR <颜色对>]

功能:在指定行、列位置上输出表达式运算结果值。

说明:

① 行、列都可以是数值表达式。对于不同的输出设备,坐标定义和允许的取值范围不同,如表 5.2 所示。

表 5.2　坐标定位

输出设备	原点	行坐标方向	列坐标方向	行取值范围	列取值范围
显示器	左上角(0,0)	从上至下增大	从左向右	0~24	0~79
打印机	启动行左上边	向前走纸	从左向右	0~255	0~打印机行宽

注:在一行上可以输出的字符数据与输出设备的行宽和输出字体的大小有关,在实际输出时,必须测试。

② 表达式是指定输出内容,可以是任意表达式。

③ PICTURE/FUNCTION 子句通过特定的描述码规定了输出内容的格式,如表 5.3 和表 5.4 所示。

表 5.3　PICTURE 描述码和意义

PICTURE 码	作用
A	只允许字母
L	只允许逻辑数据
N	只允许字母和数字
X	允许任何字符
Y	只允许 Y,N,而且 n,y,n 分别转换成 Y,N
9	对字符数字数据只允许数字,对数字数据只允许数字和正负符号
#	允许数字、空格、正负符号
!	转换小写字母为大写字母
$	显示货币符号
*	显示在数字前面,为了检查保护,可以和货币符号一起使用
.	输出小数点
,	放在小数左边,用于数字分隔

　　用户可以选用 PICTURE 或 FUNCTION,或者两者同时使用,以控制表达式输出方式。在 PICTURE 中可以使用 FUNCTION 中的代码,同时起到 PICTURE 和 FUNCTION 的作用,要求在 FUNCTION 码前加"@"符号。另外,PICTURE 码只对相应一个字符起作用,而 FUNCTION 码对整个字段起作用,因此只需要一个 FUNCTION 码。

表 5.4　FUNCTION 描述码和意义

FUNCTION 码	作用
A	只允许字母
B	数字数据输出字段里左对齐
C	在正数后显示 CR(贷款),只能同数字数据(在 SAY 中)连用
D	使用当前 SET DATE 的格式
E	使用欧洲日期数据
L	在字段内文本数据居中对齐
J	在字段内文本数据右对齐
K	当光标移动至字段时为编辑选择这个字段
L	在数字输出显示时,显示前导 0(而不是空格),仅用于数字数据
M	预置选择,只能同字符数据和 GET 一起使用
R	显示非样板描述格式,仅能和字符数据连用
S	限制显示宽度为 N 个字符,N 为正数,表示水平流动字段,可用←和→键移动这个显示宽度内的字符,仅用于字符数据
T	调整字段前后空格

FUNCTION 码	作用
X	在一个负数后面显示 DB(借数),仅用于数字字段(同 SAY 连用)
Z	若数字为 0 用空格显示
(	把正负数括在括号内
!	将小写转换成大写
$	用货币格式显示数据
ˆ	用科学记数法显示数据

④ SIZE <数值表达式 1>,<数值表达式 2>表示在屏幕显示的区域大小。数值表达式 1 表示行数,数值表达式 2 表示列数。例如,SIZE 5,20 表示显示区域为 5 行 20 列。

⑤ FONT <字符表达式 3>[,<数值表达式 3>][STYLE <字符表达式 4>]指定输出数据的字体、字号和字体的样式。

⑥ COLOR SCHEME <数值表达式 4>|COLOR <颜色对> 指定输出数据的颜色,输出颜色可以用颜色码表示,也可以用颜色对表示。

5.1.4 结构化程序设计概念及顺序程序结构

(1)程序设计的概念

Visual FoxPro V6.0 交互工作方式,要求用户必须比较熟悉数据库知识,了解数据组织结构,如果要同时对数据表格多次进行某些操作,就必须反复执行相关命令,这些命令不被保存。对于使用大量数据的最终用户来说,直接使用交互方式管理数据是不现实的。因此,要建立真正的管理信息系统必须编制程序。程序设计反映了利用计算机解决问题的全过程,程序执行方式是预先把多条命令按一定的规则组织成一个有机的序列,这个命令序列称为程序。程序存放在程序文件中,运行程序时,系统按照一定的顺序自动执行文件中的命令。程序设计中使用最广的是结构化程序设计方法,它要求程序按照一定的规则编写,具有良好的顺序结构,且容易阅读和理解。结构化程序设计有三种基本结构:顺序结构、分支结构、循环结构。

(2)顺序程序设计

顺序程序设计是程序设计中最基本、最常用的设计方法。顺序程序是指一条接一条地执行的语句序列。

例如,编写一个在数据表 XS.DBF 中按专业班级代码查找学生情况的程序,程序名为 prog1.prg。程序清单如下:

```
SET TALK OFF
USE XS
Number  = "02"
LOCATE for ZYBJDM = Number
DISPLAY
SET TALK ON
```

CANCEL

上述程序就是一个顺序结构,程序从第一条开始执行,紧接着执行第二条,一直执行到第六条语句为止。

例如,编写程序打开学生表,并浏览表中记录,程序名为 prog2. prg。程序清单如下:

SET TALK OFF

CLEAR

COLSE ALL

USE XS

BROWSE

USE

SET TALK ON

RETURN

试一试:编写顺序结构程序,查看成绩表中指定学号的学生的各门课程的成绩及平均成绩。

顺序程序的结构实际上是一种简单的程序设计方法,这种结构的程序没有任何逻辑功能,然而任何事情并不总是像记流水账那样简单,有时需要根据不同的条件采取不同的措施。Visual FoxPro V6.0 在引入了程序的逻辑判断功能后,能使程序的执行发生转移,结果导致了程序的分支结构。

5.2 分支程序设计

在交互式命令方式中,命令根据输入的先后顺序执行。在程序执行方式中,程序语句也是按顺序执行的。但当在程序中加入流程控制以后,程序执行的顺序可以被改变。

5.2.1 简单分支语句

在数据处理过程中往往需要对中间结果进行判别才能确定下一步的数据处理方法。需要经过判别才能完成数据处理的程序称为分支程序。在分支程序中最简单的分支程序结构如图 5.3 所示。

语句格式:

IF <条件表达式>

    <命令行序列>

ENDIF

说明:有一个 IF,必定有一个 ENDIF 对应组成完整的语句,IF 和 ENDIF 各占一行。

例如:在上例的基础上判断学生表是否存在,存在时打开该表并浏览记录的程序。

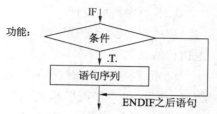

图 5.3 简单分支语句

程序分析:测试(JS)表是否存在,需要用 FILE 函数,判别执行顺序,需要二分支语句,程序清单如下:

CLEAR

```
IF FILE('XS. DBF')
USE XS
BROWSE
ENDIF
RETURN
```

例如:编制求 Y=|X|的程序,即求 X 的绝对值,X 从键盘上任意输入。

程序分析:当 X 为负时,Y 取 −X;否则,Y 取 X 的值。

用 IF 语句的程序清单如下:

```
CLEAR
INPUT 'X = ' TO X
Y = X
IF X < 0
Y = − X
ENDIF
? Y
RETURN
```

还可以用 IIF 函数的程序清单:

```
CLEAR
INPUT 'X = ' TO X
Y = IIF( Y > 0 ,X , − X)
? Y
RETURN
```

5.2.2 二分支语句

当判别有二个分支时,例如:根据 <逻辑表达式> 的值控制执行的命令序列,称为二分支程序。二分支程序利用 IF 语句的逻辑表达式判别程序执行去向,如果逻辑表达式结果为"真",则执行 IF 后语句序列,否则执行 ELSE 后的语句,如图 5.4 所示。

语句格式:

```
IF <条件表达式>
    <命令行 1 >
ELSE
    <命令行 2 >
ENDIF
```

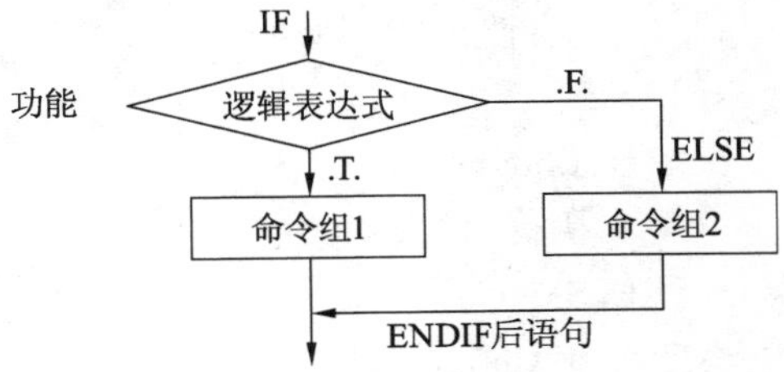

图 5.4 二分析语句

说明:有一个 IF,必定有一个 ENDIF 对应组成完整的语句,IF,ELSE,ENDIF 各占一行。

例如:编写对客户表(CUSTOMER)任意指定条件的通用程序。

程序分析:在本程序中,首先要初始化运行环境,然后打开数据表 CUSTOMER,通过表达式生成器,由用户直接生成一个逻辑表达式。根据这个逻辑表达式执行搜索(需要用宏替换),如果找到(需要 IF 语句)则显示该记录,否则(需要 ELSE 短语)显示找不到

143

需要的记录。通用程序清单如下:

```
CLOSE DATABASES
    OPEN DATABASE
    USE Customer                                        && 打开 Customer 表
    * * * *以下语句将打开一个表达式编辑框
GETEXPR "在此编辑表达式" TO gcTemp;
TYPE 'L' DEFAULT 'COMPANY =  '
LOCATE FOR & gcTemp                                     && 输入 LOCATE 表达式
IF FOUND ( )                                            && 是否找到记录
DISPLAY                                                 && 如果找到则显示这条记录
ELSE                                                    && 如果没找到
? 'Condition' + gcTemp + 'was not found'                && 显示一条信息
ENDIF
USE
```

说明:这里用到一个 GETEXPR 命令,它能显示表达式生成器对话框,从中可以创建表达式并把此表达式存储在内存变量或数组元素中。

5.2.3 分支嵌套

在实际程序设计过程中经常会遇到判别后的去向可能有多个,称为分支嵌套程序。通过 IF 语句的嵌套,即 IF 语句中的 <语句序列 1> 或 <语句序列 2> 中还可以有 IF 语句,可以实现判别后执行多个去向。例如,建立一个菜单"1. 添加;2. 修改;3. 保存;4. 退出"供用户选择。当选择 1 时,执行添加功能,选择 2 执行修改功能,依次类推。请编写完成该功能的程序。如果还是使用 IF 语句编写程序,若用户选择结果存入内存变量 Choose 中,则程序清单如下:

```
CLEAR
INPUT "请选择:1. 添加;2. 修改;3. 保存;4. 退出" TO CHOOSE
IF Choose = 1
    *执行"编辑"模块
ELSE
  IF Choose = 2
   *执行"修改"模块
  ELSE
    IF Choose = 3
     *执行"保存"模块
    Else
      IF Choose = 4
       *执行"退出"模块
      ENDIF
    ENDIF
```

```
    ENDIF
ENDIF
RETURN
```

在程序设计时,IF 语句中的 IF 必须和 ENDIF 配对。一般使用缩进书写方式,以增加程序的可读性。

5.2.4 多分语句

在程序设计时,运用 IF 语句嵌套,容易造成逻辑思维上的混乱,有经验的程序设计员在实际程序设计时,尽可能不要随便使用 IF 语句完成多分支去向判别,而是使用简洁的多分支语句(DO CASE)结构,DO CASE 语句结构如图 5.5 所示 。

语句格式:

```
DO CASE
    CASE <条件表达式 1 >
        <命令行 1 >
    CASE <条件表达式 2 >
        <命令行 2 >
    …
    CASE <条件表达式 N >
        <命令行 N >
    [ OTHERWISE
        <命令行 N + 1 >]
ENDCASE
```

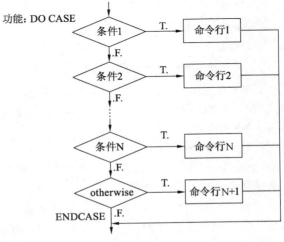

图 5.5　DO CASE 语句

说明:在语句中有一个 DO CASE,必定有一个 ENDCASE 对应组成完整的语句,DO CASE,CASE,OTHERWISE,ENDCASE 各占一行。DO CASE 与第一个 CASE 之间不能有任何其他语句。只能选择执行一个 CASE 后的语句组,执行后直接指定 ENDCASE 后的语句。当有多个条件都成立时,只执行第一个 CASE 后的语句。

上述功能选择模块的程序如果使用 DO CASE 语句,则相应的程序清单如下:

```
CLEAR
INPUT "请选择:1. 添加;2. 修改;3. 保存;4. 退出" TO CHOOSE
DO CASE
    CASE Choose = 1
    * 执行"编辑"模块
    CASE Choose = 2
    * 执行"修改"模块
    CASE Choose = 3
    * 执行"保存"模块
    CASES Choose = 4
    * 执行"退出"模块
```

ENDCASE

RETURN

由此可见,使用 CASE…ENDCASE 语句结构来代替嵌套 IF 语句,程序更加简洁。

例如:创建 OptionGroup 控件并把它放置在表单上。OptionGroup 控件有三个按钮,分别显示圆、椭圆或正方形。利用 Buttons 属性和 Caption 属性指定每个选项按钮旁边显示的文体。使用 Shape 控件创建圆、椭圆和正方形。OptionGroup 控件的 Click 事件使用 DO CASE…ENDCASE 结构及 Value 属性,在单击选项按钮时显示相应的形状。OptionGroup 控件的 Click 事件的程序代码如下:

```
X1 = thisform. OptionGroup1. Value
DO CASE
CASE X = 1
Thisform. shape1. Value = 99
CASE X = 2
Thsiform. shape1. Value = 45
CASE X = 3
Thisform. shape1. Value = 0
ENDCASE
Thisform. refresh
```

例如:从键盘上任意输入三个实数,分别作为一元二次方程的三个系数,要求编制一个通用程序能求出该方程的根。

程序分析:由于用户输入的三个系数是任意的,因此可能会出现如下情况:

(1) 三个系数同时为 0,则 X 取任意数都符合一元二次方程。

(2) 当 a 和 b 输入为 0,c 不为 0 时,则 X 取任意值,该一元二次方程无法成立,所以无解。

(3) 当 a 输入为 0,b 输入不为 0 时,则该方程只有一个解,即 - c/b。

(4) 当 a 输入不为 0,b * b = 4 * a * c 时,则该方程只有一个根,即 - c/2/a。

(5) 当 a 输入不为 0,b * b > 4 * a * c 时,则该方程二个实根,即 (- b ± sqrt(b * b - 4 * a * c))/2/a。

(6) 当 a 输入不为 0,b * b < 4 * a * c 时,则该方程二个虚根,即 - b/2/a ± sqrt(b * b - 4 * a * c)/2/aJ。

根据上述方程求解分析,可以编制对应的程序,清单如下:

* * * * * * * * * DOCASE 语句示例 * * * * * * * * *

下面的例子是根据一元二次方程系数 a,b,c 判断方程根的情况:

```
CLEAR                              && 清屏
INPUT TO a                         && 将输入的内容赋值给内存变量 a
INPUT TO b
INPUT TO c
delta = b * b - 4 * a * c
DO CASE
```

146

```
CASE delta > 0
    ?"方程有两个不等的实数根:"
    ?? (-b+SQRT(delta))/(2*a)              && 输出两个不等的实根
    ?? (-b-SQRT(delta))/(2*a)
CASE delta = 0
    ?"方程有两个相等的实数根:"
    ?? -b/(2*a)                            && 输出一个实根
CASE delta < 0
    ?"方程有两个复根:"
    real_part = -b/(2*a)
    img_part = SQRT(-delta)/(2*a)
    ? ALLTRIM(STR(real_part))+"+"+ALLTRIM(STR(img_part))+"i" AT 100
    ? ALLTRIM(STR(real_part))+"-"+ALLTRIM(STR(img_part))+"i" AT 100
ENDCASE
? a AT 20 , b AT 40 ,c AT 60                && 输出系数 a,b,c
```

5.2.5 分支语句格式说明

在使用分支语句时,归纳上述说明,应当特别注意如下几点:

(1) IF…ENDIF 和 DO CASE…ENDCASE 必须配对使用,DO CASE 与第一个 CASE <条件表达式>之间不应有任何命令。

(2) <条件表达式>可以是常量、变量或函数组合成的不等式判别式或逻辑表达式,其运算结果必须是逻辑值。

(3) <命令行序列>可以由一个或任意多个(仅受存储空间限制)语句(或命令)组成,可以是条件控制语句组成的嵌套结构。

(4) DO CASE…ENDCASE 命令,每次最多只能执行一个<命令行序列>。在多个 CASE 项的<条件表达式>值为真时,只执行第一个<条件表达式>值为真的<命令行序列>,然后执行 ENDCASE 的后面的第一条命令。

5.3 循环程序设计

循环结构可以按照需要任意多次地重复执行一行或多行代码。在 Visual FoxPro 中有三种循环结构:DO WHILE…ENDDO,FOR…ENDFOR,SCAN…ENDSCAN。

若想要在某一条件满足时结束循环,可以使用 DO WHILE 语句,使用该语句不必事先知道循环的次数,但应知道什么时候结束循环的执行。

事先知道循环次数,则可以使用 FOR 循环。例如,已知表中的记录数(记录数可以用函数 RECCOUNT()得到),就可以用一个 FOR 循环对表中的全部记录进行相应的操作:

```
FOR nCnt = 1 TO RECCOUNT()
* * 所要进行的操作 * *
```

ENDFOR

若要对表中全部记录执行某一操作,可以使用 SCAN 循环,随着记录指针的移动,SCAN 循环允许对每条记录执行相同的代码块。

5.3.1　DO WHILE 循环语句

在大量的统计工作中,统计对象有多少个,往往在统计前不知道,需要通过逐个判别才能得到结论。在这种情况下使用 DO WHILE 结构的条件循环语句编制的程序结构简洁,语句结构如图5.6所示。

语句格式:

 DO WHILE ＜条件表达式＞

 ＜循环体语句序列＞

 ENDDO

说明:在语句中有一个 DO WHILE,必定有一个 ENDDO 对应组成完整的语句,DO WHILE 和 ENDDO 各占一行。

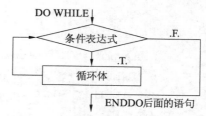

图5.6　DO WHILE 语句

例如:编程求 $1+2+3+\cdots+N$ 之和。N 由键盘随机输入。

程序分析:求解过程中需要一个累加和的变量(S)和一个计数的变量(I),循环结束的条件是计数变量小于 N。因此,可以使用 DO 语句,将循环变量作为计数变量(I),循环的计数单位为1。在执行循环前要对累加变量初始化处理,其程序清单如下:

```
SET TALK OFF
CLEAR
INPUT "请输入 N 值:" TO N
S = 0
r = 1
DO WHILE r < = N
  S = S + r
  r = r + 1
ENDDO
? "1 + 2 + 3 + ··· + &N =", S
SET TALK ON
RETURN
```

例如,统计一个字符串中有多少个不同的字符及汉字,以及每个字符或汉字出现的次数。程序清单如下:

```
CLEAR
Cstr = '数据库管理系统(DBMS)'
DO WHILE LEN(Cstr) > 0
  Nlen1 = len((Cstr))
  X = asc(left(Cstr,1))
  IF X > 127
```

```
        Cstr1 = left(Cstr, 2)
    ELSE
        Cstr1 = left(Cstr, 1)
    ENDIF
    Cstr = strtran(Cstr, Cstr1, Space(0))
    Nlen2 = len(Cstr)
    IF X > 127
        ? Cstr1, (Nlen1 - Nlen2)/2
    ELSE
        ? Cstr1, Nlen1 - Nlen2
    ENDIF
ENDDO
```

5.3.2　FOR 循环语句

在数据处理过程中有时对循环次数是已知的。在这种情况下,使用 FOR…ENDFOR 语句的设计循环程序结构最简洁,语句结构如图 5.7 所示。

语法:

FOR ＜循环变量＞ = ＜初值＞ TO ＜终值＞ ［STEP 步长］

＜循环体语句序列＞

ENDFOR ｜ NEXT

说明:

(1) 省略 STEP ＜步长＞,则＜步长＞为默认值 1。

(2) ＜初值＞、＜终值＞和＜步长＞都可以是数值表达式,但这些表达式仅在循环语句开始执行时计算一次。

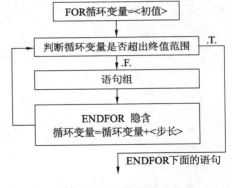

图 5.7　FOR 语句

例如:将上例 S = 1 + 2 + … + N 改为 FRO 结构的循环。

程序分析:求解过程中需要一个累加和的变量(S)和一个计数的变量(I),总共循环累加 10 次。因此,可以使用 FOR 语句,初值为 1,终值为 10,将循环变量作为计数变量(I),每次循环的步长为 1。在执行循环前要对累加变量初始化处理,程序清单如下:

```
CLEAR
S = 0
INPUT "请输入 N 值:" TO N
FOR I = 1 TO N
S = S + I
ENDFOR
? S
RETURN
```

149

5.3.3 SCAN 循环语句

对数据表进行记录逐个判别执行时,使用 SCAN···ENDSCAN 语句设计循环程序最简洁,语句结构如图 5.8 所示。

语法:

SCAN[范围][FOR 条件表达式]

＜循环体语句序列＞

ENDSCAN

说明:

(1)当前必须打开一个数据表。

(2)SCAN 和 ENDSCAN 各占一行。

(3)缺省范围和条件时,默认全部记录都符合条件,则循环体语句序列将重复执行当前打开数据表的记录个的次数。

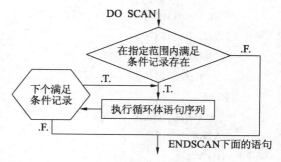

图 5.8　DOSCAN 语句

已知学生成绩表(CJ. DBF)具有学号(XH,C,12)、课程代号(KCDH,C,6)和成绩(CJ,N,5,1)三个字段。下面程序段用来检查表中的成绩是否小于0,如果小于0,则给出提示信息。例如:如果第三条记录的成绩小于0,则显示提示信息:"第3条记录的成绩录入不合法"。程序清单如下:

```
USE CJ
SCAN
IF CJ < 0
N = RECNO( )
S = "第" + str(N,3) + "条记录的成绩录入不合法"
WAIT S
ENDIF
```

例如:使用 SCAN···ENDSCAN 语句,调用 CARD 表单以卡片的形式显示 Customer 表中 Company 中有"C"字母的内容。

程序分析:在执行显示前首先要打开数据表 Customer,然后使用 SCAN 语句确定搜索的条件与范围。在本例中没有范围约束,则搜索全部记录。循环体将调用显示程序,程序清单如下:

```
CLEAR
USE Customer                    && 打开 Customer 表
SCAN FOR 'C' $ Company
DO form CARD
ENDSCAN
RETURN
```

5.3.4 循环嵌套

循环嵌套是指程序中出现两个或两个以上循环语句,它们之间是内外层关系,不是

并列关系。例如以下程序,是显示如图 5.9 所示的一个口诀表,程序清单如下:

```
SET TALK OFF
CLEAR
FOR m = 1 TO 9
? STR(m,2) +":"
FOR n = 1 TO m
?? STR( m * n ,4)
ENDFOR
ENDFOR
RETURN
```

运行结果如图 5.9 所示。

```
1: 1
2: 2    4
3: 3    6    9
4: 4    8   12   16
5: 5   10   15   20   25
6: 6   12   18   24   30   36
7: 7   14   21   28   35   42   49
8: 8   16   24   32   40   48   56   64
9: 9   18   27   36   45   54   63   72   81
```

图 5.9　口诀表

试一试:完数是指数 n 的各分解因子(1 视为因子,n 不视为因子)之和正好等于该数本身,例如 6 为完数(因子为 1,2,3,且 1 + 2 + 3 = 6)。下列程序的功能是:找出 100 之内的所有完数,并将找出的完数及该数的所有因子输出。试写出输出答案。

```
CLEAR
FOR i = 1 TO 100
  m = 0
  s = ""
  FOR j = 1 TO i - 1
    IF i/j = INT(i/j)
      m = m + j
      s = s + (str(j))
    ENDIF
  ENDFOR
  IF i = m
    ? i
    ?? s
  ENDIF
ENDIF
```

RETURN

注:参考答案输出结果形式为:

$$6,1,2,3$$
$$28,1,2,4,7,14$$

5.3.5 LOOP 和 EXIT 语句的使用

在循环体内当出现某种状况对后续部分程序代码不需要执行,或需要中止循环体运行时,可以使用 LOOP 语句或 EXIT 语句。

(1) LOOP 命令

LOOP 命令又称短路语句。在程序循环中,一旦遇到 LOOP 语句,则结束本次循环。重新判断循环的条件,继续执行程序。

例如:阅读以下程序,得出运行结果。

```
S = 0
FOR I = 1 TO 100 STEP 2
  IF MOD(I,3) = 0
    LOOP
  ENDIF
  S = S + I
ENDFOR
? S
RETURN
```

分析:在 FOR 循环中,I 变量从 1 变化到 100,每次增量为 2,即步长为 2,所以 I 的取值实际是 1 ~ 100 之间的奇数;IF 语句的条件是,当 I 的值为 3 的倍数时,执行 LOOP 语句,即当 I 值是 3 的倍数又是奇数时,I 的值不累加到 S 中,所以该程序的功能是,求 1 ~ 100 之间非 3 的倍数的所有奇数之和。

(2) EXIT 命令

EXIT 又称退出语句。在循环结构中,一旦遇到 EXIT 语句,则不判断循环条件是否满足,直接结束该循环,执行循环外的命令。

例如:随机产生一个在 70 ~ 80 之间的数。

```
x = 0
DO WHILE .T.
  x = RAND() * 100          &&RAND():随机产生一个 0 ~ 1 之间的小数。
  IF x > 70 AND x < 80
    EXIT
  ENDIF
ENDDO
? x
RETU
```

试一试:阅读下列程序,写出运行结果。

152

```
CLEAR
x = 12
DO WHILE . T.
   x = x + 1
   IF x = INT ( x/4 ) ∗ 5
      ? x
   ELSE
      LOOP
   ENDIF
   IF x > 10
      EXIT
   ENDIF
ENDDO
RETURN
```
参考答案:15

5.4 过程与自定义函数

一般来说,用户直接执行的程序认为是主程序,而在程序中被调用的程序为子程序。一个文件中包含一个程序,则文件名就是程序名,程序文件中也可以包含过程或自定义函数。一个文件中包含若干个子程序,这个文件就是过程文件,过程文件的程序就是过程。包含返回值的子程序又称为自定义函数。

5.4.1 过程的种类

过程根据存储方式和使用特点可以分为下面三种。

(1) 外部过程,也叫子程序,和主程序一样以程序文件(. PRG)的形式单独存储在磁盘上。

例如:分别建立如下程序文件,则 MAIN 为主程序,而 SUB 是 MAIN 的子程序。SUB 除了在 MAIN 中可以运行,也可以在主窗口单独运行。

```
∗ MAIN. PRG                    ∗ SUB. PRG
SET TALK OFF                   ? "正在执行 SUB"
? "正在执行主程序"              RETURN
DO SUB
SET TALK ON
RETURN
```

(2) 过程文件,即专门用来组织内部过程的文件包。在命令窗口像建立一般程序一样进入程序编辑窗口,然后输入各个内部过程。

语句格式:

PROCEDURE <过程名 1>

［PARAMENTS 形式参数表］

　＜命令序列 1＞

RETURN

…

PROCEDURE ＜过程名 N＞

　［PARAMENTS 形式参数表］

　＜命令序列 N＞

RETURN

例如：建立过程文件 SUB。

在命令窗口输入 MODIFY COMMAND SUB，打开文件编辑窗口，编辑过程文件 SUB，如图 5.10 所示。

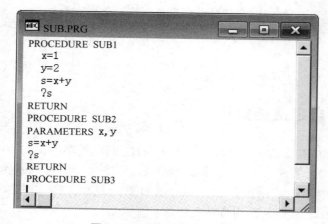

图 5.10　建立过程文件 SUB

（3）内部过程，不单独运行的程序文件。

包括三种形式：

① 保存在数据库中的过程。数据库包含的过程叫存储过程。在打开数据库时，数据库中的所有过程被打开。在数据库的可视状态，单击右键，选择 STORED PROCEDURE 可对其中的过程进行编辑。库中的过程用 COPY PROCEDURE 命令拷出。过程文件也可用 APPEND PROCEDURE 命令加入库中。

② 组织在过程文件中的过程。如上例过程文件 SUB 中的 SUB1 和 SUB2，就是内部过程。

③ 放在调用它的程序文件的末尾。主程序为 MAIN，SUB4 为 MAIN 的内部过程。

例如：

```
* MAIN. PRG
SET TALK OFF
? "正在执行主程序"
DO SUB4
SET TALK ON
RETURN
```

PROCEDURE SUB4

? "正在执行 SUB4"

RETURN

注：主程序 MAIN 在运行到 RETURN 命令后结束。其中调用的 SUB4 保存在 MAIN 的下面。

5.4.2　过程文件的使用

（1）打开过程文件

在程序中想要调用过程文件中的过程,必须先打开过程文件,然后才能调用其中的内部过程。一般用下列语句打开过程文件:

SET PROCEDURE TO ［＜过程文件名表＞］［ ADDITIVE］

说明:系统可同时打开多个过程。选 ADDITIVE,则在打开当前过程文件时原先的过程不关闭。注:用包含 IN 参数的 DO 语句调用子程序时,则到 IN 指定的文件中去找指定的过程执行。如果该过程文件当前还未打开,则首先打开它,然后再执行。当用不带 IN 的 DO 命令或用函数方式调用子程序时,则按下列次序查找:

① 当前程序。

② SET PROCEDURE 打开的过程文件。

③ 磁盘同名文件。

（2）关闭过程文件

不再使用过程文件时,应该关闭过程文件,关闭过程文件可以使用下列三种方式:

① RELEASE PROCEDURE ＜过程文件名＞,用于关闭指定过程文件。

② SET PROCEDURE TO,用于关闭当前过程文件。

③ CLOSE PROCEDURE,用于关闭所有过程文件。

5.4.3　自定义函数的定义

自定义函数和过程一样,可以以独立的程序文件形式单独存储在磁盘上,也可以放在过程文件或直接放在程序文件中。

语句格式:

FUNCTION ＜函数名＞

　　PARAMETER ＜参数表＞

　　　　＜命令序列＞

　　RETURN ＜表达式＞

ENDFUCTION

功能:定义指定函数的数据处理功能,其中 PARAMETER 将指定函数的参数,RE-TURN 指定函数返回结果。

例如:定义一个计算给定参数乘积的函数,函数名为 FUN。程序清单如下:

FUNCTION FUN

PARAMETERS X,Y

S ＝ X ∗ Y

```
RETURN S
ENDFUCTION
```

5.4.4　过程及函数的调用方法

过程或函数编写完成后,要通过主程序调用才能使用,在主程序中调用过程或函数的方式有两种:

格式 1:DO ＜过程名＞［IN ＜过程文件名＞］［ WITH ＜表达式表＞］

格式 2:［＜变量名＞］=＜函数名＞(＜表达式表＞)

说明:

① 子程序一般用 DO 语句调用,自定义函数一般用“=”调用。

② 子程序也可以用“=”调用,仅是返回的值为真(.T.);自定义函数也可以用 DO 语句调用,但这时自定义函数返回的值没有意义。

③［IN ＜过程文件名＞］表示执行指定过程文件中的过程。

④ WITH＜表达式表＞表示在调用过程时将带入实际参数。有该项参数时,过程文件的第一条语句须为 PARAMETERS 语句,用以接收调用过程时传入的实际参数,格式如下:

格式 1:PARAMETERS ＜变量名表＞

格式 2:LPARAMETERS ＜变量名表＞

其中＜变量名表＞中变量的个数与位置顺序必须与 WITH＜表达式表＞的项数和位置顺序相同,一次最多只能接收 24 个。实际传递的参数个数可用 PARAMETERS( )函数得到。

参数＜变量名表＞指定被赋值的局部内存变量或数组的名称,＜变量名表＞中的参数用逗号隔开。格式 1 命令中的参数个数要与用 DO…WITH 语句规定的相同。在 LPA-RAMETERS 语句中列出的变量或数组比用 DO WITH 传送的多,且其余的变量或数组被初始化为假(.F.)。

5.4.5　过程及函数调用中的参数传递

由于程序模块的相关性,需要从主程序向子程序传递数据,而子程序有时也需要将处理结果回传给主程序,这些数据被称为参数。根据参数的不同性质,参数分为实际参数和形式参数。实际参数是指主程序调用子程序时,主程序向子程序传递的参数,可以是常量,也可以是变量或数组。形式参数是指子程序或自定义函数中用来接收从主程序传递来数据的参数,该参数必须是变量,在过程或自定义函数中以 PARAMETERS 语句定义。

例如:

```
* 主程序:MAIN. PRG
SET? TALK? OFF
CLEAR?
S = 0
DO? SUB? WITH? 10 ,S
```

? S
RETURN

* 子程序 SUB. PRG
PARAMETERS ? D1,D2
D1 = D1 + D1
D2 = D1 * 2
RETURN

例如:自定义函数。
CLEAR
SET TALK OFF
STORE 3 TO n
? ss(n)
? N
RETURN
FUNCTION ss
PARAMETERS x
y = 1
p = 0
FOR i = 1 TO x
y = y * i
p = p + y
ENDFOR
X = 0
RETURN p
ENDFUNC

分析:主程序中调用 SUB 过程时,将实际参数常量 10 及变量 S 的值传递给过程中的形式参数 D1 和 D2,D1 和 D2 经过过程中的使用,其值可能发生变化,过程运行结束后,D2 的值传递给对应变量 S,主程序中 S 的值发生变化,这种参数传递方式,称为传地址方式。主程序调用函数 ss 时,同样给定实际参数,变量 N,n 的值传递给对应形式参数 X,函数运行结束后,返回变量 P 的值,而 n 值不变。这种参数传递方式,称为传值方式。

(1) 子程序和以子程序方式调用(DO 语句)的自定义函数,都是以传地址方式进行。被调用的程序中对接受参数的变量的值的修改,使得调用程序中传递参数的变量的值也会发生修改。

(2) 以函数方式调用的自定义函数和子程序,都是以传值方式进行。被调用的程序中对接受参数的变量的值的修改,不会对调用程序中传递参数的变量的值发生影响。

(3) 对于数组作为参数,传值方式中只有数组的第一个元素被传递,而传地址方式中整个数组的所有元素都能被传递。

（4）除了默认的参数传递方式外，Visual FoxPro 还给用户提供了用户自定义的数据传递方式，即命令设置与强制设置两种方式。

① 命令设置。用户在调用过程或函数前，设定参数的传递方式。

传值方式：SET UDFPARMS TO VALUE

传地址方式：SET UDFPARMS TO REFERENCE

② 强制。用户在调用过程或函数时，强制进行传地址或传值方式的设定。

在变量两边加"（ ）"则强制设定为传值方式，在变量前加"@"设定为传地址方式。

例如：

```
* 主程序：MAIN. PRG
SET? TALK? OFF
CLEAR?
S = 0
DO? SUB? WITH? 10,(S)          && S 的值为 0，比较上题的结果
? S
RETURN


* 子程序 SUB. PRG
PARAMETERS ? D1,D2
D1 = D1 + D1
D2 = D1 * 2
RETURN
```

例如：自定义函数。

```
CLEAR
SET TALK OFF
STORE 3 TO n
? ss(@ n)            && 强制设置 n 的传递方式为传地址，则 N 的
                     && 值为 0，比较上题的结果
? n
RETURN
FUNCTION ss
PARAMETERS x
y = 1
p = 0
FOR i = 1 TO x
y = y * i
p = p + y
ENDFOR
X = 0
```

```
RETURN p
ENDFUNC
例如:
* ----------------------------------------------------------------
* F3_TVAR. PRC
* ----------------------------------------------------------------
CLEAR
SET TALK OFF
? "方式","X 的值"AT 25
SET UDFPARMS TO VALUE
STORE 1 TO X
 = INC(X)
?"UDFPARMS(X):",X AT 20          && X = 1
STORE 1 TO X
 = INC (@ X)
?"UDFPARMS(@ X):"X AT 20         && X = 2
SET UDFPARMS TO PFERENCE
STORE 1 TO X
 = INC(X)
?"REFER(X):",X AT 20            && X = 2
STORE 1 TO X
 = INC ((X))
? "REFER((X)):" X AT 20          && X = 1
* ----------------------------------------------------------------
FUNCTION INC
PARAMETER T
T = T + 1
RETURN T
```

5.4.6 程序运行中的变量作用域

在程序运行过程中,离不开内存变量,程序的嵌套调用过程中,各个过程对变量产生不同的影响。系统默认规则是上层变量可以供下层使用,在下层返回上层时自动把结果带出来,而在下层启用的新变量,在返回上层时自动取消。但也可以通过设置变量的作用域改变这种规则。内存变量的作用域分为三种:全局变量、局部变量和私有变量。

(1) 全局变量

全局变量又称公共变量,在所有程序中都可使用和重新赋值的变量称公用变量,既可以是单个内存变量,也可以是数组。

格式:PUBLIC <内存变量名表>

　　　 PUBLIC ARRAY <数组名表>

功能：定义一个内存变量或一个数组为全局变量。

说明：

① ＜变量名表＞既可是一般内存变量，也可以是数组。若是数组，则必须同时指定它的最大下标，并且数组名前也可以加 ARRAY 说明。实际上，在定义这些变量（包括数组）为公用变量的同时，它们本身就同时被定义（它们的初值为 .F.）。对于数组也就不要再用 DIMENSION 进行定义了。

② Visual FoxPro 命令窗口定义的内存变量默认为全局变量。

③ 全局变量不会自动释放，必须用 RELEASE 命令释放，或者退出 Visual FoxPro 系统。

例如：

PUBLIC KM,TJ,KREC(20)

PUBLIC ARRAY KRS(80)

（2）局部变量

局部变量就是相对于全局变量，只是在部分程序中使用的变量。局部变量又分两种：用 LOCAL 定义的局部变量简称局部变量；用 PRIVATE 定义的局部变量，简称私有变量。

语句格式：LOCAL ＜变量名表＞ | ARRAY ＜数组名表＞

说明：

① 局部内存变量和内存变量数组只能在创建它们的过程和函数内部使用和修改，而不能被高级和低级程序访问。一旦包含局部内存变量和数组的过程或函数执行完毕，该局部内存变量和数组被释放。

② 用 LOCAL 创建的内存变量和数组被初始化为假（.F.）。

③ 不能把 LOCAL 缩写，因为 LOCAL 和 LOCATE 的前四个字母相同。

（3）私有变量

格式：PRIVATE ＜变量名表＞ | ARRAY ＜数组名表＞ | ALL LIKE ＜结构＞ | ALL EXCEPT ＜结构＞

说明：

① 用 PRIVATE 命令定义的局部变量在本程序及调用的子程序中都可使用和修改，如图 5.11 所示。

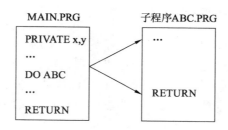

图 5.11　变量传递

② PRIVATE 定义这些变量（包括数组）为局部变量的同时，它们本身并没有同时被定义，对于数组仍需用 DIMENSION 进行定义。

③ 程序中未加说明直接使用的内存变量默认为 PRIVATE 定义的变量。

例如:阅读下列程序,确定输出结果。

MAIN. PRG

SET TALK OFF

CLEAR

CLEAR MEMORY   && 清空内存变量,以防干扰

I = 2

DO ABC

?"主程序中的输出结果:"

?"I = " + STR(I,2) + " J = " + STR(J,2)

SET TALK ON

RETURN

PROCEDURE ABC

PUBLIC J

J = I * 8

J = J + 5

?"过程中的输出结果:"

?"I = " + STR(I,2) + " J = " + STR(J,2)

RETURN

分析:主程序中直接使用了变量 I,则 I 是未加说明的私有变量,它的使用范围是从定义它开始到 MAIN 程序结束及子程序 ABC 中。J 为 PUBLIC 定义的全局变量,因此所有程序中都可以使用。

在程序中,可能出现同名内存变量。对于同名内存变量,遵循以下原则:

① 同一模块内,小局部变量优先于(即隐藏)大局部变量,如图 5.12 所示。

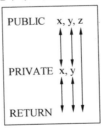

图 5.12   模块内变量传递示意图

② 不同模块中,子模块局部变量优先于(即隐藏)主模块同名内存变量,如图 5.13 所示。

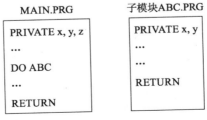

图 5.13   ABC 子模块中定义的 x,y 将隐藏主程序 MAIN 中的 x 和 y

例如：

```
MAIN. PRG
R = 100
P = 10
DO ABC
? "主程序中 P 和 R 的值:",P,R
RETURN
PROCEDURE ABC
PRIVATE P
P = R * 20
R = 5
? "子程序中 P 和 R 的值:",P,R
RETURN
```

试一试:阅读下列程序,确定变量输出的值。

```
* -------------------------------------------------
*  F3_LOCAL. PRG
* -------------------------------------------------
CLEAR
h = 6
i = 7
j = 8
 = Level1 (j)
? h, i, j
FUNCTION Level1
PARAMETERS j
h = 16
PRIVATE i
i = 17
j = 18
 = Level2 (j)
? h, i, j
RETURN 0
FUNCTION Level2
LPARAMETERS j
LOCAL h
h = 26
i = 27
j = 28
```

```
= Level3 （ ）
? h，i，j
RETURN 0
FUNCTION Level3
h = 36
? h，i，j
RETURN 0
```

本 章 小 结

本章系统介绍了 Visual FoxPro 环境下程序设计的基础知识和基本方法。全面介绍了顺序程序、分支程序和循环程序的结构、作用、应用及相关特殊语句的格式、功能和注意事项。重点介绍了程序设计过程、关键语句和实现方法,强调了程序调试的重要性和一般方法。

研讨分析

（1）如何将用户的需要转换成程序实现？分析用户需要类型,研讨编程过程。

（2）如何选用最合适的分支程序？如何避免分支程序调试遗漏,确保每条路径都被测试到？

（3）设计测试循环程序的方案,当程序具有分支、循环和嵌套时,如何设置测点,判别测试结果。

（4）研讨在程序之间、对象之间,以及对象与程序之间如何设置数据传送,并避免数据传送过程中的冲突。

第 **6** 章

面向对象程序设计基础

Visual FoxPro 不仅支持传统的结构化的程序设计,同时还支持面向对象的程序设计方法。

面向对象的程序设计是目前程序设计中主要的方法之一,它是建立在基于消息传递机制的事件驱动模型上的。程序员只要针对某一事件编写一段响应代码,当事件触发的时候,这段响应代码被执行,从而完成相应功能。至于程序如何响应,怎样传递消息等,程序员不必考虑。

在面向对象的程序设计中,程序代码大多是为类或对象的某些事件编写的事件处理程序代码,程序代码的执行总是由某个事件的发生而引起,即采用面向对象的程序设计方法设计的应用程序,其功能的实现是由事件驱动的。

对于由事件驱动的应用程序来说,用户可以通过引发不同的事件而安排程序执行的顺序。

面向对象的程序设计是通过对类和对象的设计来实现,类的设计使得代码的重用性大大增强,代码维护也变得更加简单,对象对各个事件的响应代码是独立的,如果一个事件的响应代码要修改,程序员只需单独修改该事件的代码即可,不会影响到其他事件代码的行为。

6.1 类和类的特性

6.1.1 类

具有相同属性和操作,遵守相同规则的对象聚合在一起,这组对象被称为类(Class)。

在客观世界里,有许多具有相同属性和操作,遵守相同规则的对象,例如,玻璃杯、塑料杯、水晶杯等,都是属于水杯这个大类,而在各种应用系统的界面里,"确定"按钮、"取消"按钮、"重试"按钮等,都是属于按钮这个大类。

类是面向对象程序设计的重点。类的设计使得代码的重用性大大增强,代码维护变得更加简单,设计和维护工作量大大降低。

6.1.2 基类

在 Visual FoxPro 中,系统提供了一些已经设计好的可供程序员直接使用的类,包括基类(BaseClass)和一些根据基类创建的用于不同应用的子类。提供的子类的多少根据软件版本的高低有所不同,这些子类存放在相应的类库文件中。

Visual FoxPro 系统提供一些最基本的内部定义的类,我们称为基类。我们可以根据它派生子类或者直接生成对象。

由某个类派生的类叫这个类的子类(SubClass)。派生出其子类的类,称为父类。父类可以是基类,也可以是已经创建的子类。

Visual FoxPro 的基类包括控件类和容器类。

(1) 控件类(非容器类)是指可以包含在容器类中的基类,并且不能容纳其他类,或者其组件不能被单独修改或操作。

在 Visual FoxPro V6.0 中的控件类主要有标签(Label)、文本框(TextBox)、编辑框(EditBox)、复选框(CheckBox)、组合框(ComboBox)、列表框(ListBox)、命令按钮(CommandButton)、微调(Spinner)、计时器(Timer)、OLE 容器控件(OleContainerControl)、OLE 绑定控件(OleBoundControl)、形状(Shape)、图像(Image)、线条(Line)、标头(Header)、控制(Control)和自定义(Custom)等。

(2) 容器类是指可以包容其他类的基类。将根据容器类创建的对象加入表单后,无论在设计时还是在运行时,既可以将该容器类的对象作为一个整体进行操作,也可以分别对其包容的对象进行处理。

在 Visual FoxPro V6.0 中,容器类主要有:

① 表单集(Formset):可以包容表单和工具栏。

② 表单(Form):可以包容除了表单集、表单和工具栏以外的其他任何类。

③ 命令按钮组(CommandGroup):可以包容命令按钮。

④ 选项按钮组(OptionGroup):可以包容选项按钮。

⑤ 页框(PageFrame):可以包容页面。

⑥ 页面(Page):可以包容容器、自定义和任意控件。

⑦ 表格(Grid):可以包容表格列。

⑧ 表格列(Column):可以包容标头以及除了表单集、表单、工具栏、计时器和其他表格列以外的任意类。

⑨ 工具栏(ToolBar):可以包容页框、容器和其他任意控件。

⑩ 容器(Container):可以包容任意控件。

6.1.3　类的特性

在面向对象的程序设计中,类具有继承性、多态性和封装性等特性。

(1) 继承性

继承性是指子类能够延用父类的属性和方法的能力。这种继承特性相当于父子关系,原对象是父对象,生成的对象是子对象,子对象在生成过程中自动继承了父对象的全部属性及方法,如果子对象的某个属性值和其父对象的一样,就直接继承不需要改动,如果属性值不同才需要重新设置。同样,如果子对象的某个事件触发时的功能和其父对象的一样,就直接继承事件代码不需要改动,如果功能不同才需要重新编写事件的程序代码。这一特性极大地增强了数据库系统应用程序代码的重用性,减少了设计开发的工

165

作量。

（2）多态性

多态性是指允许相关的类对同一消息做出不同反应。例如，相关联的几个对象可以同时包含 Click 事件及其方法，当传递一个单击的消息时，它会根据单击的对象触发其 Click 事件并自动调用相应的方法程序。

多态性使得相同的操作可以作用于多种类的对象上，并获得不同的操作结果。也就是说，多态性允许每个对象以适合自身的方式去响应共同的消息，增强了系统开发的灵活性、可维护性和扩充性等。

（3）封装性

说明了类包含和隐藏类的信息（如内部数据结构和代码）的能力。用户不需要了解类的属性、事件和方法代码在内部是如何定义的，只需要知道这个类具有哪些属性、事件和方法，以及如何使用这些属性、事件和方法即可。

面向对象的类是封装良好的模块，类定义将其说明（用户可见的外部接口）与实现（用户不可见的内部实现）显式地分开，使得类的内部复杂性与应用程序的其他部分隔离开来。对象是封装的最基本单位。封装防止了程序相互依赖性而带来的变动影响。

6.2 对象

客观世界里的任何实体都可以被看作是对象（Object）。对象可以是具体的物，也可以是指某些概念。

类和对象有着密切的关系，类是对象的抽象描述，是对象的蓝图和框架，而对象是基于某个类所创建的实例。

对象在 Visual FoxPro 中主要指表单、表单集及各种控件，它们都是根据 Visual FoxPro 提供的基类或者其子类创建的。

表单就是应用系统中各种窗口和对话框，表单集是指包含一个或多个表单（包括工具栏）的集合，控件就是放在表单上的用于完成编辑数据、执行操作或美化界面等功能的对象，例如标签、文本框、页框和命令按钮等。

对象具有状态，一个对象用数据值来描述它的状态。对象还有操作，用于改变对象的状态，对象及其操作就是对象的行为。对象实现了数据和操作的结合，使数据和操作封装于对象的统一体中。

每个对象都有属性以及与之相关的事件和方法。在开发应用程序时，通过设置属性值、编写事件和方法程序代码来处理对象。

6.2.1 属性

对象的属性（Property）描述对象的特性和状态，例如描述课程这个对象有课程名称、课时数、是否必修课等属性。

每个对象都有属性，它是由对象所基于的类决定的。也就是说，根据某个类产生的对象，自动拥有该类所具有的属性。

用户可以自定义新的属性，只是新的属性永远属于最外层的对象。比如在表单设计时,最外层有表单集,则新增的属性属于该表单集,否则属于该表单。

属性的值可以在设计时或在运行时进行设置。某些属性的值可以在设计时或在运行时进行设置;某些属性的值只能在设计时进行设置,运行时只读,例如页框对象的 PageCount 属性;而还有一些属性的值则是不能进行设置的,运行时只读,例如表单集对象的 FormCount 属性。

对象可以通过基类直接产生,而基类的最小属性集有:Class,BaseClass,ClassLibray, ParentClass。

Class:派生该对象的类的类名。

BaseClass:该类由何种基类派生而来。

ClassLibray:该类存放在哪个类库文件中。

ParentClass:派生该对象的父类的类名。

6.2.2 事件

事件(Event)是对象可识别的一个动作,对象识别到这个事件的时候,该事件被触发(事件一般由用户或系统触发),并通过执行事件相应的程序代码来对此动作进行响应。例如用户用鼠标左键单击一个命令按钮,该命令按钮就会触发其 Click 事件。

事件相应的程序代码可以是系统自带的程序,也可以是用户编写的程序。如果某个对象的某个事件没有相应的程序代码,当事件被触发时就不会有任何响应。

用户不能创建新的事件,对象的事件集由对象的基类的事件集决定。基类的最小事件集只包括三个事件:Init,Destroy,Error。

Init:当对象创建时触发。

Destroy:当对象从内存中释放时触发。

Error:当类的方法程序在执行中发生错误时触发。

6.2.3 方法

方法(Method)是对象能够执行的一个操作,是与对象相关联的过程或函数。调用方法即可完成指定的功能。

方法的调用有两种,一种是和事件相关联的方法(事件名字和方法名字相同),除了用命令调用方法之外,还可以在事件被触发时自动执行方法,以完成一个指定操作任务。另外一种是独立于事件的方法(方法名字和事件名字不相同),只能用专门的命令调用这些方法。

基类的有些方法是系统已经编写好程序代码并封装在类里面的,调用这些方法就可以完成相应的功能。例如表单具有 Refresh 方法,其中的程序代码是系统已经设计好的,用户只需要调用该方法就可以完成刷新表单的操作。

除了系统提供的方法外,用户还可以自定义新的方法,为新方法编写程序代码,并在需要时调用它。只是新的方法永远属于最外层的对象。比如在表单设计时,最外层有表单集,则新增的方法属于该表单集,否则属于该表单。

6.3 对象的引用、属性值的设置和方法的调用

6.3.1 对象的引用

不管是需要在运行时设定属性值还是调用方法,都必须引用对象,而要引用对象必须清楚对象的容器层次关系和对象的名字。这就像要运行电脑上某个文件一样,除了要知道文件的名字之外,还必须知道这个文件在哪个盘的哪个文件夹下面。

引用对象时,各个对象之间、对象与属性之间用"."进行分隔。

引用对象时需要的关键字包括:

Parent:当前对象的直接父容器对象。

This:当前对象。

ThisForm:当前对象所在的表单对象。

ThisFormSet:当前对象所在的表单集对象。

ActiveForm:当前活动表单对象。

ActivePage:页框中当前活动的页面对象。

ActiveControl:当前表单中有焦点的控件对象。

_Screen:当前屏幕对象。例如,在不知道当前活动表单的名字时,可以使用_Screen. ActiveForm 来引用它。

This,ThisForm,ThisFormSet:只能在方法程序或者事件处理代码中使用。

对象的引用方法分为绝对引用和相对引用。

绝对引用:从容器的最高层次引用对象,给出对象的绝对地址。

相对引用:从当前对象出发的引用对象。

绝对引用和相对引用可以用以下例子来说明。

已知在一个表单集(Name 为 FormSet1)下有两个表单(Name 分别为 Form1 和 Form2),在 Form1 上有一个命令按钮组(Name 为 CommandGroup1),组里有两个命令按钮(Name 分别为和 Command1 和 Command2),在 Form2 上有一个文本框(Name 为 Text1),当前对象为 Command2。下面分别使用绝对引用和相对引用来引用 Text1 对象。

绝对引用:

ThisFormSet. Form2. Text1

相对引用:

This. Parent. Parent. Parent. Form2. Text1

6.3.2 属性值的设置

对于可以在设计时进行设置的属性,通过下一章要介绍的"属性"窗口进行交互式设置。

对于可以在运行时设置值的属性,既可以在"属性"窗口设置,也可以在相关的方法程序代码中用以下命令设置。

格式:引用对象.属性名 = <表达式>

注意:表达式的类型要和属性值的类型一致。

例如,要设置上例中的 Command1 和 Command2 的文本信息为"确定"和"取消",可以使用下面的命令:

ThisFormSet. Form1. CommandGroup1. Command1. Caption = "确定"

ThisFormSet. Form1. CommandGroup1. Command2. Caption = "取消"

6.3.3　方法的调用

用户可以在应用程序的任何地方调用已存在的对象的方法程序。

格式:对象的引用. 方法名

例如:要刷新当前对象所在的表单对象,可以使用以下命令:

ThisForm. Refresh

6.4　常用事件的触发顺序和常用方法

在面向对象的程序设计中,程序代码大多是为类或对象的某些事件编写的方法程序代码,程序代码的执行总是由某个事件的触发而引起,即采用面向对象的程序设计方法设计的应用程序,其功能的实现是由事件驱动的。

对于由事件驱动的应用程序来说,用户可以跟随当前时间点上出现的事件,通过引发不同的事件而安排程序执行的顺序,执行相关任务,完成相应的功能。

6.4.1　对象的层次关系

Visual FoxPro 的对象有两种类型的层次关系:容器层次和类层次。

例如:表单 Form1 上有一个基于 CommandButton 基类的子类 Tuichu 产生的对象 Command1,类层次关系是:基类 CommandButton→子类 Tuichu→对象 Command1。容器层次关系是:表单 Form1→对象 Command1。

为对象编写与事件相关的方法程序代码时,要注意两条一般性原则。

(1) 容器不处理与所包含的控件相关联的事件。

用户以任何一种方式与对象交互时,每个对象都独立地接收自己的事件。

例如上例中,单击表单上的 Command1 时,只会触发该命令按钮的 Click 事件,而不会触发表单 Form1 的 Click 事件。如果没有为该命令按钮的 Click 事件编写程序代码,则单击该命令按钮时,不进行任何处理。

(2) 如果没有与控件相关联的事件代码,Visual FoxPro 将在类层次的更高层上检查是否有与此事件相关的代码,若找到则执行该代码。这一点正是类的继承性的体现。

例如上例中,如果用户没有为对象 Command1 编写 Click 事件代码,但子类 Tuichu 已经编写了 Click 事件代码,当单击对象 Command1 时,会执行其父类 Tuichu 的 Click 事件代码。

但是要注意,上述原则也有两个例外:

(1) 对选项按钮组和命令按钮组来说,如果组中个别按钮没有编写某事件代码,当该按钮该事件触发时,将执行组的相关事件代码。

例如:表单 Form1 上有一个命令按钮组 CommandGroup1,组中包括两个命令按钮 Command1 和 Command2,如果用户没有为 Command1 编写 Click 事件代码,但已经编写了 CommandGroup1 的 Click 事件代码,则当单击对象 Command1 时,会执行其父容器对象 CommandGroup1 的 Click 事件代码。

（2）当连续发生一系列事件时,若起始事件与某个控件相关联,那么整个事件队列都属于该控件。

例如,在一个命令按钮上按下鼠标左键,并拖动鼠标到表单上,产生的 Click,Mouse-Down,MouseMove,MouseUp 等事件均与该命令按钮相关联。

6.4.2 主要事件的触发顺序

例如:建一表单文件,内有一个表单集 FormSet1,表单集里包含两个表单 Form1 和 Form2,两个表单上各有部分控件对象。运行该表单文件,交互操作后关闭该表单文件,这个过程中主要事件的触发顺序如下:

（1）装载阶段（Load 事件）

FormSet1. Load

↓

FormSet1. Form1. Load

↓

FormSet1. Form2. Load

（2）对象生成阶段（Init 事件）

FormSet1. Form1 各控件对象触发 Init

↓

FormSet1. Form1. Init

↓

FormSet1. Form2 各控件对象触发 Init

↓

FormSet1. Form2. Init

↓

FormSet1. Init

（3）交互式操作阶段涉及的主要事件

Activate:当激活表单集、表单、页面及显示工具栏对象时触发。

Deactivate:对于一个容器对象,当所包含的对象没有焦点而不再处于活动状态时发生。对于工具栏,当使用 Hide 方法隐藏工具栏时发生,卸载表单时不发生。激活新对象时,旧对象的 Deactivate 事件发生。

KeyPress:当用户按下并释放某个键时发生此事件。

Click:鼠标单击对象时发生。

RightClick:在对象上按下并释放鼠标右键时发生。

DblClick:当连续两次快速按下左键并释放时发生。

InterActiveChange:在使用鼠标或键盘更改控件的值时发生。

MouseDown：当用户按下一个鼠标键时发生。

MouseMove：用户在一个对象上移动鼠标时发生。

MouseUp：当用户释放一个鼠标键时发生。

When：在控件接收焦点之前发生，如果 When 的方法程序代码返回.F.，该控件不能接收到焦点。

GotFocus：当对象接收到焦点时发生。

Valid：在控件失去焦点之前发生，如果 Valid 的方法程序代码返回.F.，该控件不能失去焦点。

LostFocus：当对象失去焦点时发生。

（4）对象释放阶段（Destroy 事件）和卸载阶段（UnLoad 事件）

FormSet1. Destroy

↓

FormSet1. Form2. Destroy

↓

FormSet1. Form2. 各控件对象触发 Destroy

↓

FormSet1. Form2. Unload

↓

FormSet1. Form1. Destroy

↓

FormSet1. Form1. 各控件对象触发 Destroy

↓

FormSet1. Form1. Unload

↓

FormSet1. Unload

6.4.3 控制事件循环

利用 Visual FoxPro 进行应用程序设计时，必须创建事件循环。

READ EVENTS 命令用于建立事件循环。通常出现在应用程序的主程序中或主菜单的清理代码中。

CLEAR EVENTS 命令用于终止事件循环。

说明：中止事件循环后，继续去执行 READ EVENTS 命令下面的那一行命令代码。

6.4.4 常用方法

在 Visual FoxPro 中，系统提供了一些方法，其程序代码是一些默认过程，被封装在类里面。用户可以调用这些方法，实现默认的功能，也可以重新为这些方法编写新的程序代码，以实现用户指定的功能要求。另外，用户还可以新建方法，并编写相关程序代码以实现用户特殊的功能要求。

下面就一些常用方法进行简单介绍。

171

（1）AddItem 方法：在组合框或列表框中添加一个新数据项。

格式：对象引用. AddItem（＜字符表达式＞[,＜数值表达式 1＞][,＜数值表达式 2＞]）

字符表达式：指定添加到组合框或列表框中的字符串。

数值表达式 1：指定添加到组合框或列表框中行的位置。

数值表达式 2：指定添加到组合框或列表框中的列的位置。

（2）Hide 方法：隐藏表单、表单集或工具栏。

格式：对象引用. Hide

（3）Refresh 方法：重画表单或控件，并刷新所有值。

格式：对象引用. Refresh

（4）Release 方法：从内存中释放表单集或表单。

格式：对象引用. Release

（5）RemoveItem 方法：从组合框或列表框中移去一项。

格式：对象引用. RemoveItem（＜数值表达式＞）

数值表达式：指定组合框或列表框中要被移除的行的顺序值。

（6）SetAll 方法：为容器对象中的所有控件或某类控件指定一个属性设置。

格式：对象引用. SetAll（＜字符表达式 1＞,＜表达式 2＞[,＜字符表达式 3＞]）
字符表达式 1：指定要设置的属性名。

表达式 2：指定属性的值，类型要与属性的类型一致。

字符表达式 3：指定要设置属性值的类名。

（7）SetFocus 方法：为一个控件指定焦点。

格式：对象引用. SetFocus

（8）Show 方法：显示一个表单，并且确定是模式表单还是无模式表单。

格式：对象引用. Show（[＜数值表达式 1＞]）

数值表达式 1：其值为 1 或者 2，1 表示表单为模式表单（只有释放或隐藏模式表单，用户的输入才能被其他表单或菜单接收），2（默认值）表示表单为无模式表单。如果省略，表单按 WindowType 属性指定的模式显示。

本 章 小 结

本章是面向对象程序设计的基础。简要介绍了类、基类和类的特性，对象、对象的引用、属性值的设置、方法的调用，还有对象的层次关系、常用事件的触发顺序和常用方法。

研讨分析

（1）对象的绝对引用和相对引用分别适合什么样的情形？

（2）Init 事件的触发顺序是由内至外，设计表单时有哪些需要注意的？

第 7 章

表单与类设计

现实世界中事物是不断变化的,因而数据世界数据库系统中描述客观事物的数据也是动态的,我们必须定期对数据进行维护。一个信息管理系统对数据库中表记录的输入、修改、添加和删除等操作是最基本的数据维护操作,利用表单可以使用户方便地对数据进行快速、直观和方便的操作。

在 Visual FoxPro 中,表单就是应用系统中各种窗口和对话框,表单集是指包含一个或多个表单(包括工具栏)的集合,控件就是放在表单上的用于完成编辑数据、执行操作或者美化界面等功能的对象,例如标签、文本框和命令按钮等。通过对表单及控件的设计,可以方便用户对数据库数据的各种维护操作。

在 Visual FoxPro 中,不仅可以由基类直接创建对象应用于应用程序的开发中,还可以在基类的基础上创建自定义类,甚至可以进一步在自定义类的基础上再创建其子类,并将它们应用于应用系统中。类是面向对象程序设计的精华所在。类所具有的继承性、封装性和多态性通过子类的设计和应用得以直接的体现。

7.1 表单的设计

设计表单通常是为了便于用户对数据库的数据进行维护操作。在 Visual FoxPro V6.0 中,表单设计的结果自动生成相应的应用程序,实现了数据库应用系统中的数据维护功能。

根据提供数据的来源不同,表单可分成单表的表单和一对多表的表单。单表表单仅对数据库中的某个表的数据进行维护。一对多表的表单可以同时对一个数据库中的两个表中的数据进行维护,其中一个为父表,另一个为子表,在父表中的一条记录可以对应子表中的几条记录,因此,对于一对多表的表单设计中的父表,数据维护操作按记录逐个显示和修改,而子表则是以表格形式,同时显示符合条件的多个记录。

实际上表单的作用不仅限于对数据库中数据的编辑维护,也可以作为其他操作功能控制窗口,包括系统欢迎词显示窗口、内存变量数据编辑窗口等。下面重点讨论利用表单对数据库中表记录的编辑维护操作。

7.1.1 表单设计步骤

一个信息管理系统中很大一部分表单都是用于对表中数据的编辑维护,下面就以这种类型的表单介绍表单的设计步骤。

（1）确定表单数据来源

在表单设计过程中可通过表单设计器打开数据环境设计器,添加所需要的表。

如果来源多于一张表,还要添加表与表之间的临时关系。如果表与表之间已经在数据库中建立永久性关系,那么添加表后,表间的永久性关系自动作为临时关系添加到数据环境设计器中。

在数据环境设计器中,还可以根据需要设置相关对象的属性。

（2）在表单上添加合适的控件来显示、输入、修改数据

在表单设计器中,从数据环境设计器拖动表或者所需字段到表单上,Visual FoxPro 根据数据类型自动添加相应的控件到表单上,并绑定数据源。

用户也可以通过表单控件工具栏添加所需控件,并设置相应的属性。

（3）确定表单操作功能

一个完整的表单,不仅要设计用户需要编辑数据的控件,以及用于提示信息的控件,同时还要设计实现数据编辑操作的功能控件,只有这样表单才能够独立操作。例如,对表的操作,可以设计对表中的记录进行添加、修改、删除、移动当前记录指针（上一个、下一个、第一个、最后一个）和查询记录等操作的命令按钮。

表单的操作功能通常是由相应的事件或方法程序代码来实现,当事件触发或者调用方法时完成相应的操作功能。

（4）设计表单布局和色彩,完善表单

在表单设计过程中,对表单的大小、表单上各控件的排列位置和着色,不同的操作设计者会有不同的爱好。总的说来,表单布局时控件不能出现重叠,尽可能做到各个控件对象排列整齐,总体上居中为好。各个控件的大小要按显示或输入数据的长度确定。控件色彩要舒适悦目。

7.1.2　表单设计实例

我们在教务管理信息系统应用设计时,需要设计一个表单,用于学生表数据的浏览,设计效果如图 7.1 所示。

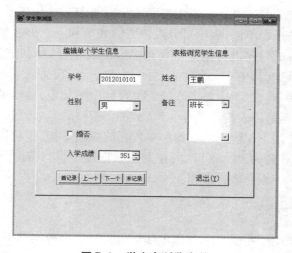

图 7.1　学生表浏览表单

7.2　表单的创建及管理

表单设计完成后,可以根据设计图进行表单的创建。

表单的创建可以通过表单向导或表单设计器实现。通过向导创建对表的数据维护的表单,这种方法操作简单方便,创建后用户还可以根据需要在此基础上进行表单修改。

7.2.1　用向导创建表单

利用 Visual FoxPro 提供的表单向导,可以很方便地创建基于单表或一对多关系的两张表的表单。根据向导的提问和设计要求逐步定义相应内容,系统与用户交互问答结束后,表单也就创建完成。

用向导创建表单的操作过程如下:

(1) Visual FoxPro V6.0 主窗口单击"文件"菜单,选择"新建"菜单项,再选择"表单",单击"向导"按钮。或者在"项目管理器"中选择"文档"选项卡,选择"表单",单击"新建",再单击"表单向导"。这时,出现"向导选取"对话框,如图 7.2 所示。

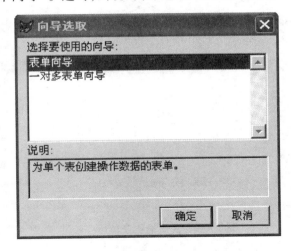

图 7.2　"向导选取"对话框

(2) 选择表单向导或一对多表单向导。这里选择的"表单向导"是指表单数据来源于一个表,而"一对多表单向导"是指表单数据来源于两个表,其中一个表为父表,逐个显示记录数据,另一个表为子表,可以按表间建立的关系,同时显示相同关键字的多个记录。选定后单击"确定"按钮。

(3) 选择数据来源。如果在表单创建前已经打开了数据库,则系统自动将已打开的数据库显示在数据库窗口中,数据库对应的表列在数据库表的窗口中。如果在表单设计前没有打开数据库,则可以在图 7.3 所示的对话框中单击"数据库及表"旁边的▭按钮,选取相应的表。

(4) 选择相应表中需要的字段。数据来源是单表时仅在一个表中选择字段。

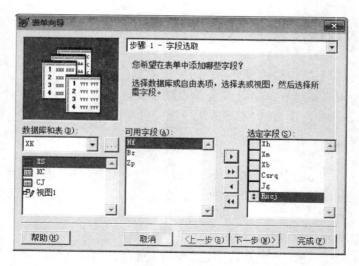

图7.3　字段选择

（5）选择表单运行时显示的样式。

（6）选择数据记录的排列顺序。

（7）完成表单创建。运行效果如图7.4所示。

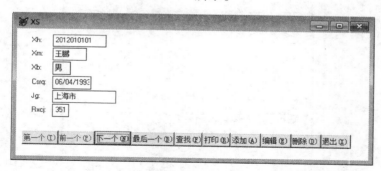

图7.4　学生表编辑表单运行效果

使用表单向导还可以建立来源于一对多关系的两个表的表单，读者可以将我们已经建立的学生表作为父表，而学生的成绩表作为子表，上机练习一对多关系的表单向导设计。

7.2.2　用表单设计器创建表单

通过表单向导创建的表单，格式简单，功能基本固定，时常不能满足实际应用系统用户的要求，而表单设计器功能强大，可以通过表单设计器可视化地创建和修改符合用户要求的表单。

（1）打开表单设计器的方法

要使用表单设计器，首先要打开它。打开表单设计器的方法有许多种：

一是在 Visual FoxPro V6.0 主窗口单击"文件"菜单，选择"新建"菜单项，再选择"表单"，单击"新建文件"打开表单设计器。

二是在"项目管理器"中选择"文档"选项卡,选择"表单",单击"新建",再单击"新建表单"打开表单设计器。

三是对已经创建的表单,在系统的"文件"菜单下选择"打开",或者在"项目管理器"中选择该表单文件后,单击"修改"可打开表单设计器。

另外,也可以通过执行表单建立或修改命令进入表单设计器。

建立表单的命令格式:CREATE FORM［文件名］

修改表单的命令格式:MODIFY FORM［文件名］

进入表单设计器后,系统自动生成一个表单(Form)容器对象。打开表单设计器,进入表单设计状态后,系统菜单里出现"表单"菜单,并打开相关的表单设计工具栏。

随表单一起打开的有表单设计器工具栏、表单控件工具栏、布局工具栏、调色板工具栏和属性窗口等,如图 7.5 所示。如果没有同时打开相关的工具栏,用户可以通过系统"显示"菜单下的"工具栏"选项打开相应的工具栏。如果"属性"窗口、"代码"窗口没打开,可以通过系统"显示"菜单下的"属性""代码"选项打开。

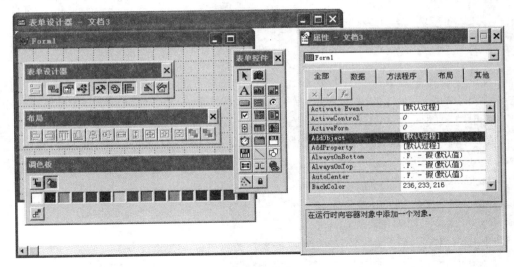

图 7.5 表单设计器及其相关设计工具栏和窗口

(2) 设置表单的数据环境

表单的数据环境包括了与表单直接交互的表或视图及其之间的联系。打开数据环境设计器的方法有几种,可以通过系统"显示"菜单下的"数据环境"选项打开数据环境设计器,也可以直接单击表单设计器工具栏里的"数据环境"按钮,还可以在表单空白处右击鼠标选择"数据环境"菜单项。

打开数据环境设计器后,可以添加表或视图,右击数据环境设计器空白处,在弹出的快捷菜单中选择"添加"菜单项,按设计要求选择相应的表或视图。添加的数据环境的表或视图在数据环境窗口内显示出表或视图的字段名列表。如果当前没有打开数据库,请选择"其他"按钮,再选择表或视图,也可将表或视图从打开的数据库设计器或者项目设计器中拖放到数据环境中来。

引入数据环境有以下优点:

① 在打开或运行表单时,自动打开相应的表或视图。

② 从数据环境设计器拖动表或者所需字段到表单上,Visual FoxPro 根据数据类型自动添加相应的控件到表单上,并绑定数据源(即自动设置控件对象 ControlSource 属性的值为对应的字段)。

③ 在关闭或释放表单后关闭对应的表或视图。

(3)定制表单

在"属性"窗口中设置属性,属性值更改后以粗体显示。

在"属性"窗口设置属性值的一般步骤如下:

① 在属性窗口上部的对象列表中选定对象;

② 在窗口中选择要设定值的属性;

③ 在属性值设置框中选择属性值、输入属性值、单击"f$_x$"函数按钮进入表达式生成器设置,或者单击__按钮后设置;

④ 单击"√"按钮,确认属性值的设置。

在属性值设置时要注意:部分属性值是只读的(斜体显示);字符型属性值不必用字符串界限符括起来;若用表达式赋值,则要在表达式前加上" = "。

设置技巧:可以在表单上选择多个控件,然后在属性窗口为一组对象设置同一属性值。

表单容器对象是表单设计的底板,反映了设计者的部分设计风格。在表单设计时首先要对表单的相关属性值进行设置,以符合用户的要求。

表单对象的属性很多,下面先介绍常用属性及其设置。

AlwaysOnTop:表单是否总处在其他打开窗口之上。

AutoCenter:初始化时是否自动居中。

BackColor:表单窗口的背景颜色。

BorderStyle:表单的边框类型。

Caption:表单窗口的标题。

Closable:能否通过关闭按钮或控制菜单关闭表单。

ControlBox:是否显示控制菜单图标。

Icon:指定表单左上角显示的控制菜单图标。

MaxButton:是否有最大化按钮。

MinButton:是否有最小化按钮。

Movable:控制表单能否被拖动。

Name:表单对象的名称。

WindowState:控制表单最大化、最小化还是正常态。

WindowType:控制表单是模式的还是非模式的,模式表单表示用户必须先关闭此表单才能访问应用程序中的其他界面。

Top:表单左上角离主窗口顶部的距离。

Left:表单左上角离主窗口左边的距离。

Height:表单的高度。

Width:表单的宽度。

ControlCount：表单上控件的数目，该属性只读。

Controls(i)：集合属性，可以引用表单上某个控件。

上述表单属性值设定后，在表单设计器状态下运行表单就能见到设计的效果。

表单对象的事件方法很多，下面先介绍常用的事件和方法。

Init 事件：表单对象创建时触发。如果系统要求表单创建时要完成某个功能，那就可以将完成该功能的程序代码写到 Init 事件代码中。

Refresh 方法：重画表单，并刷新所有值。如果需要刷新表单上各控件绑定的数据源的最新值，可以在代码中调用表单的 Refresh 方法。调用命令为 ThisForm. Refresh。

注意：如果表单上有页框，那么刷新表单时，只刷新当前活动页面。

Release 方法：从内存中释放表单。如果需要释放表单，可以在代码中调用表单的 Release 方法。调用命令为 ThisForm. Release 或者 Release ThisForm。

（4）向表单中添加控件

在表单设计器中，从数据环境设计器拖动表或者所需字段到表单上，Visual FoxPro 根据数据类型自动添加相应的控件到表单上，并绑定数据源。

用户也可以通过表单控件工具栏添加所需控件，并设置相应的属性。

① 从数据环境中拖动字段或者整个表到表单上。如果已经打开了表单的数据环境，那么可以很方便地从数据环境设计器窗口内的表中把字段或者整个表拖放到表单的设计位置上，系统自动给这个字段创建相应的控件，同时还自动地把这个控件与表的字段关联绑定起来，操作十分方便。选择拖动整个表或者不同数据类型的字段，系统在表单上自动生成不同的控件，如表 7.1 所示。

表 7.1 字段类型与控件类型

字段	Visual FoxPro V6.0 控件
逻辑型字段	一个复选框控件
备注型字段	一个标签控件，一个编辑框
通用型字段	一个标签控件，一个 OLE 绑定控件
其他类型字段	一个标签控件，一个文本框控件
整个表	一个表格控件

如果需要对表单上自动创建的控件的属性按用户需要进行修改，必须详细了解每个控件的属性、事件和方法，后续会介绍常用控件的一些属性、事件和方法。

② 从 Visual FoxPro V6.0 的表单控件工具栏中将控件添加到表单上。Visual FoxPro V6.0 的标准控件及各控件的名称如图 7.6 所示。

将这些控件添加到表单上的操作也很方便。首先确定需要添加的控件，单击表单控件工具中的对应控件按钮，然后在表单上移动光标到相应设计位置的左上角按鼠标左键拖动光标画出一个虚框（这个虚框确定了添加到表单中的位置和大小），释放鼠标键，在虚框位置便产生了需要添加到表单中的相应控件。

同样地，在表单控件工具中再选择需要添加到表单中的其他控件，重复上述操作。如果对某一控件需要同时添加多个到表单中时，可以先按表单控件工具栏中"按钮锁定",再在表单上不同设计位置连续画出需要的控件,再单击"按钮锁定"取消锁定功能。

表单控件工具栏中的所有按钮都是逻辑功能型键,按一次选中该键,再按一次释放该键。

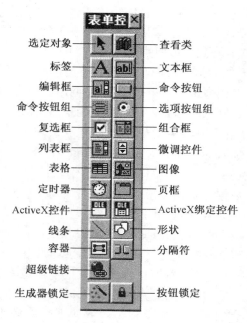

图 7.6   表单控件工具栏

③ 从用户定义的类库中选择控件添加到表单中。这类操作比较复杂,初学者可以暂时跳过这节的内容。待后续学习了类设计后再来练习这种方式。

④ 选择、移动、缩放、复制和删除控件。在表单设计状态下,鼠标左键单击表单上控件,使控件处于修改状态,此时控件八个方向上有对象控件点,用鼠标拖动控件可以移动位置;用鼠标拖动控制点可以缩放控件;单击"复制",再单击"粘贴"可以复制控件;单击"剪切"或者按 DELETE 键可以删除控件。如果要选择多个控件,可以按住 SHIFT 键单击各个控件,或者在表单上拖动鼠标选中范围内所有控件,需要时可以通过布局工具栏对多个控件的位置大小等进行调整,也可通过属性窗口对属性进行设置来调整。

⑤ 创建表单集。如果需要将多个表单作为一组使用,就可以创建表单集。在"表单设计器"下,选择"表单"菜单下的"创建表单集"菜单项。创建好表单集后,可以多次选择"表单"菜单下的"添加新表单"来添加多个表单,也可以选择"移除表单"删除不需要的表单。当表单集下只有一个表单时,可以选择"移除表单集"删除表单集对象。表单集的 FormCount 属性里存放了表单集下表单的个数,该属性只读。表单集的集合属性 Forms(i) 可以用来遍历表单集中所有表单对象。

⑥ 新建属性和方法。对 Visual FoxPro V6.0 的每个类,系统都已经定义了相应的许多属性和方法,即使用户定义的类,也是在系统基类的基础上创建的子类,也已经包含了基类的全部属性和方法,所以根据类创建的对象,通常情况下不需要添加新的属性和方法。但是在实际应用系统中,用户的要求千变万化,Visual FoxPro V6.0 不可能包含所有的要求,因此,在实际应用系统中对一些特殊要求,可以通过添加新的属性和方法来

实现。

A. 添加新的属性。控件的属性相当于该控件的一个状态变量,反映控件的某个特征。控件的属性有些可以在设计或运行时赋值。它也可以看作是控件的一个内部变量。添加新的属性的操作步骤如下:

a. 在"表单设计器"下,从系统主菜单中的"表单"菜单中选择"新建属性"菜单项。

b. 在"新建属性"对话框中输入属性名,还可以给新的属性加上属性的说明提示内容。

c. 单击"确认"退出对话框,新的属性建立完成。

新建立的属性属于当前最外层的容器对象,最外层容器对象改变时,新建属性的归属也将自动改变,这一点在属性的引用时一定要注意。在表单设计器下,最外层容器对象可以是表单集或者表单。在"属性"窗口中,选择该最外层容器对象,可以看到新建的属性值自动设定为逻辑假,这个属性值可以在设计或者运行时修改为需要的类型和数据值。

新建的属性还可以为数组,如:ABC[4,7]。

B. 创建新的方法。控件的方法是反映控件行为的一种方式,相当于控件的一个内部函数,经过处理后给出某一结果,这个结果可能是一个数据,也可能是完成某项动作。Visual FoxPro V6.0 中的所有类也已经定义了许多方法。面对各种用户的不同需要,系统设置了创建新的方法的功能。具体操作如下:

a. 在"表单设计器"下,从系统主菜单中的"表单"菜单中选择"新建方法程序"菜单项。

b. 在"新建方法程序"对话框中,输入方法名。

c. 单击"确认"退出新建方法程序对话框。新的方法建立完成。

d. 新建方法的功能可以在设计时通过打开"代码窗口"后输入需要的命令来完成。

(5)表单设计结束和调用方法

① 表单设计结束。在表单设计结束后,同时按 Ctrl + Enter 或单击表单设计器右上角的"×"按钮关闭窗口,系统提示为新建表单定义一个文件名。如果关闭表单修改窗口,提示是否保存修改内容。

② 表单调用。表单调用的方法有许多种,可以在表单设计时单击系统主菜单"表单"下的"运行表单"立即执行当前正在设计的表单,单击"关闭"按钮后返回到原表单设计状态;也可以通过调用表单命令,执行表单程序。命令格式如下:

Do Form [表单文件名]

如果缺省表单文件名,系统自动打开文件选择对话框,选择需要执行的表单文件名。更详细的命令格式请参考帮助信息。

③ 表单关闭。在表单运行后,可以直接按表单右上角的表单关闭按钮"×"关闭表单,也可以在表单上设计一个关闭表单的命令按钮,通过该命令按钮的 Click 事件代码释放表单。Click 事件的代码内容和格式是 Thisform. release 或者 release Thisform。

(6)管理表单

① 与表单进行数据传递

在运行表单时,可以传递参数到表单,方法类似调用程序、自定义过程或者自定义函数时传递参数。

运行表单时,在 Do 命令中包括一个 With 短语:

Do Form［表单文件名］With ＜参数列表＞

再在表单的 Init 事件代码中使用 Parameters 命令接收参数:

Parameters ＜参数列表＞

② 管理表单的多个实例

表单的多个实例是指对于同一个表单定义,执行了多次从而打开了多个表单。

在启动表单中创建数组属性,可以容纳与多实例表单的每个实例相关联的对象变量。

对于拥有多个实例的表单,将其 DataSession 属性设置为 2(私有数据工作期),即为每个实例创建一个新的数据工作期、每个实例具有独立的数据环境。

③ 创建单文档和多文档界面

多文档界面:各个应用程序由一个主窗口管理,且应用程序的窗口包含在主窗口中或浮动在主窗口的顶端,当主窗口关闭或释放时,所有隶属于它的窗口都被关闭或释放。

单文档界面:应用程序由一个或多个独立的窗口组成,它们在 Windows 的桌面上独立显示,当其中一个关闭或释放时,不影响其他窗口。

Visual FoxPro 能创建三种类型的表单:

子表单:包含在其他表单中的表单,它不能移出父表单。

浮动表单:由子表单变化而来的表单。该表单是父表单的一部分,可以不位于父表单中,但不能在父表单后台移动。浮动表单最小化时显示在桌面的底部。

顶层表单:独立的、无父表单的表单。用于创建单文档界面或多文档界面中其他表单的父表单。

用户可以通过 ShowWindow 和 DeskTop 属性设置顶层表单、浮动表单或子表单。

ShowWindow 属性值为 2 - 顶层表单,表单是可以包含子表单的顶层表单。

ShowWindow 属性值为 0 - 在屏幕中,或者 1 - 在顶层表单中,同时 DeskTop 属性值为.T.,表单为浮动表单;DeskTop 属性值为.F.,表单为子表单。

7.3　表单控件的设计

不管是已经设计好的表单和控件需要进一步修改,还是直接在表单上创建每一个控件,都必须详细了解每个控件的属性、事件和方法,这样才能灵活地将合适的控件和要编辑的数据联系起来,并按设计要求显示或完成相关操作。

7.3.1　控件与数据的关系

从表单与数据之间的联系来看,控件可以分成两类,即与表、视图中的字段或者内存变量绑定的控件和不与表、视图中的字段或者内存变量绑定的控件,分别称为绑定型控件和非绑定型控件。

当用户使用绑定型控件时,所输入或选择的值将同时保存在该控件的 Value 属性和数据源中。要想把控件和数据绑定在一起,可以设置控件的 ControlSource 属性,如果绑定表格与表的数据则需要设置表格的 RecordSource 属性。如果没有设置控件的 Control-Source 属性,用户在控件中输入或选择的值只能在该控件的 Value 属性中临时保存,当表单关闭时,这个值自动清除。

7.3.2　表单控件的设计和应用

在表单的控件设计时,有一些属性是大部分控件都有的,例如:

Name:对象的名字,在引用对象的时候要用到。

FontName:文本的字体名。

FontSize:文本的字体大小。

ForeColor:文本或图形的前景色。

BackColor:文本或图形的背景色。

Top:顶边相对于其父对象顶边的距离。

Left:左边相对于其父对象的距离。

Height:对象的高度。

Width:对象的宽度。

除了这些常用属性外,每个控件都还有一些属性需要设置,下面按不同控件分别介绍需要掌握的属性、事件和方法。

7.3.2.1　页框(PageFrame)的设计和应用

页框能扩大表单的有效使用面积。页框由页面组成,每个页面可以像表单一样设计。在设计过程中可以在页框、页面、控件各级分别设置其对应的属性。

在页框内某个页面上添加控件时,先要选择页面,否则设计的控件在表单上。选择页面可以在属性窗口内选择或者右击页框后选择"编辑"菜单项,再单击所需页面。

对页面所在的表单使用 Refresh 方法时,只刷新当前活动的页面。

其主要属性有:

PageCount:计数属性,指定页框包含的页面数(默认为2)。

Pages(i):页框的集合属性,可以用来引用页框里某一个页面对象。

ActivePage:在程序代码中用来决定激活页框的第几个页面,不管页框是否具有选项卡,都可以从程序代码中使用 ActivePage 属性来激活一个页面。

Tabs:决定页面的"选项卡"是否可见(默认为.T.)。

TabStyle:用于指定选项卡是否相同的大小且都与页框的宽度相同。

TabStretch:属性值设置为 1 表示剪裁,只显示放入选项卡中的字符(默认);属性值设置为 0 表示堆积,选项卡层叠起来,以便所有选项卡中的整个标题都能显示出来。

每个页面的主要属性有:

Caption:页面标题文本。

7.3.2.2　标签(label)的设计和应用

标签属于非绑定型控件,不与数据绑定,是用于显示文本信息的图形控件,其文本信息不能直接被交互式修改,控件不能获得焦点。标签通常是为文本框等控件提供说明提示信息。

其主要属性有:

Caption：指定标签显示的文本内容，属性值为字符型，允许包含的最大字符数为 256。

AutoSize：确定是否根据 Caption 标题的大小调整标签大小。

BackStyle：确定背景是否透明。

WordWrap：确定标签上显示的文本能否换行。

图 7.7 是一个标签控件的示例。其 Caption 属性值为"江苏大学管理学院"，FontSize 为 16，AutoSize 和 WordWrap 属性的值分别为. F. 和. T. 。

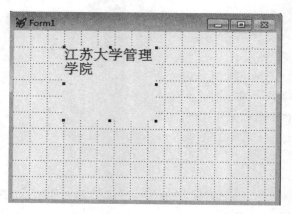

图 7.7　标签控件的示例

7.3.2.3　文本框(TextBox)和编辑框(EditBox)的设计和应用

文本框是一种最基本的数据绑定型控件。文本框可以编辑文本内容，绑定的数据类型包括除了备注型和通用型以外的所有数据类型。当然，如果数据不需要保存到字段或者内存变量中，只需要保存到其 Value 属性中，文本框也可以不设置 ControlSource 属性进行绑定。

其主要属性有：

Alignment：确定文本对齐方式，左对齐、居中或右对齐。

BackStyle：确定背景是否透明。

ControlSource：指定与文本框绑定的数据源。

Value：指定文本框当前的值。

InputMask：指定数据的输入格式和显示方式，设置方式同数据库表的字段输入掩码。

Format：指定 Value 属性的输入和输出格式，设置方式同数据库表的字段格式。

PasswordChar：显示口令字符。

Readonly：确定数据是否只读。

编辑框也是绑定型控件，用途与文本框相似，但是它还可以用于对备注型字段数据的编辑。在显示内容时自动按编辑框的大小换行，可用方向键、换页键和滚动条来浏览内容。其属性与文本框相似，特殊的属性有：

ScrollBars：决定编辑框是否有垂直滚动条。

7.3.2.4　选项按钮组(OptionGroup)的设计和应用

选项按钮组是包含选项按钮的容器对象。通常提供用户在几个选项中选择一个，而且最多只能选择一个，选项按钮前面的圆点表示当前的选择。

选项按钮组的主要属性如下：

ButtonCount：设置选项按钮组中选项按钮的数目。

Buttons(i)：集合属性，可以用来引用组里某一个选项按钮。

ControlSource：绑定数据源，数据源可以是字符型或者数字型字段或内存变量。

Value：当前值，表示选项按钮组的哪个按钮被选中。

每个选项按钮的主要属性：

Caption：该选项的标题文本。

Value：该按钮的当前值，1 表示选中，0 表示没有选中。

图 7.8 是一个选项按钮组控件的示例。其 ButtonCount 的属性值为 4，每个选项按钮的 Caption 属性的值分别为"助教""讲师""副教授""教授"。设计时，选项按钮组的 Value 的值为 1，表示默认第一个选项按钮被选中。运行时，如果该选项按钮组的 ControlSource 绑定了字符型字段或内存变量，那么选中的那个按钮的 Caption 的值就将存入该选项按钮组的 Value 属性中和绑定的数据源中；如果没有设置 ControlSource 的值或者绑定的是数字型字段或内存变量，那么选中的那个按钮在组中排列的顺序值(1,2,3,…)就将作为组的 Value 属性的值，如有绑定的数字型数据源，还将 Value 的值存入数据源中。

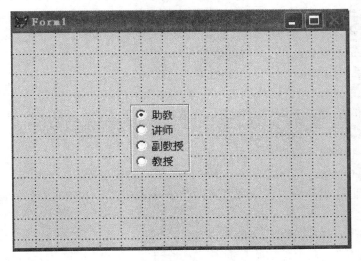

图 7.8　选项按钮组控件的示例

选项按钮组常用的事件有：

InterActiveChange：交互式改变了该控件的值的时候触发。

如果用户需要在交互式改变了选项按钮组的选项时完成某项功能，则可以编写选项按钮组的 InterActiveChange 事件代码以完成该项功能。

7.3.2.5　列表框和组合框的设计和应用

（1）列表框(ListBox)用于显示一组预定的值，用户可以从中选择一个数据存入到其 Value 属性中。其主要属性如下：

ColumnCount：规定列表框显示的数据的列数，默认 1 列。

BoundColumn：指定与 Value 属性绑定的是哪一列，默认为第一列。

ControlSource：指定从列表中选择的值保存在何处。

MoveBars：是否在列表左侧显示移动钮,默认不显示。

MultiSelect：指定用户能否在列表中一次选择一个以上的数据项,默认不能。

Value：当前选定的数据值。

RowSource：列表中显示的值的来源,其值受 RowSourceType 属性的影响,该属性值为字符型。

RowSourceType：确定 RowSource 的数据类型,该属性值为数字型。

（2）组合框（ComboBox）类似列表框和文本框的组合,可在其中输入值或从列表中选择数据项。其属性与列表框相似,但没有 MultiSelect 属性。其特殊的属性有：

Style：决定组合框的类型,分下拉组合框（默认,可在其中输入值或从列表中选择数据项）和下拉列表框（只能选择数据项）。

（3）列表框和组合框常用的方法有：

AddItem 方法：在组合框或列表框中添加一个新数据项。

格式：

对象引用. AddItem(<字符表达式>[, <数值表达式 1 >][, <数值表达式 2 >])

字符表达式：指定添加到组合框或列表框中的字符串。

数值表达式 1：指定添加到组合框或列表框中的行的位置。

数值表达式 2：指定添加到组合框或列表框中的列的位置。

RemoveItem 方法：从组合框或列表框中移去一项。

格式：对象引用. RemoveItem(<数值表达式>)

数值表达式：指定组合框或列表框中要被移除的的行的顺序值。

Requery 方法：重新查询列表框或组合框控件中所基于行源（RowSource）。

格式：对象引用. Requery

（4）列表框和组合框常用的事件有：

InterActiveChange：交互式改变了该控件的值的时候触发。

（5）列表框和组合框显示的数据源由 RowSourceType 和 RowSource 属性的值决定,具体说明如下。

RowSourceType 的属性值所对应的含义为：

① 取值为 0 时,表示无初始数据项,在运行时由 AddItem 和 RemoveItem 方法添加或删除数据项。

例如,在 Form1 表单上有一个 List1 列表框,设置其 RowSourcetype 的值为 0,在表单 Init 事件的方法程序代码中通过下列命令可以给列表框添加四个数据项,分别是 A,B,C,D。

ThisForm. List1. AddItem("A")

ThisForm. List1. AddItem("B")

ThisForm. List1. AddItem("C")

ThisForm. List1. AddItem("D")

还可以在需要的方法程序代码中通过 RemoveItem 方法从列表框中移去数据项。

例如,要移去数据 C 项,则写入命令：

ThisForm. List1. RemoveItem(3)

② 取值为 1 时表示为值,需要在 RowSource 属性中指定多个将在列表中显示的数据项。

RowSourceType 和 RowSource 属性的值可以在设计或运行时设置。

各数据项之间用逗号分隔。

例如,在 Form1 表单上有一个 List1 列表框,在表单 Init 事件的方法程序代码中设置其 RowSourcetype 的值为 1,四个数据项分别是 A,B,C,D。

ThisForm. List1. RowSourceType = 1

ThisForm. List1. RowSource = "A,B,C,D"

③ 取值为 2 时,表示别名。可以在列表中包含以该别名打开的表的一个或多个字段的所有记录的值。

RowSourceType 和 RowSource 属性的值可以在设计或运行时设置。运行前,数据源的表必须已经以这个别名打开。

由 Columncount 属性设置显示的字段数,指定第一到第 n 个字段,例如,该值是 3,表示第 1 个到第 3 个字段,即有所有记录这三个字段的值。

运行时,在列表中选择一个数据项后,记录指针将自动移动到所选数据项对应的记录上,可以在该列表框或组合框的 InterActiveChange 事件代码中使用 ThisForm. Refresh 命令来刷新表单,使表单上其他与这个表的字段绑定的控件显示当前记录的值。

④ 取值为 3 时,表示 SQL 语句。

RowSourceType 和 RowSource 属性的值可以在设计或运行时设置。

在 RowSource 属性中指定一个 SELECT-SQL 语句,并且输出去向为临时表或者实体表。由该语句查询的结果作为显示的数据项来源。

例如,在 Form1 表单上有一个 List1 列表框,ColumnCount 设为 2,在表单 Init 事件的方法程序代码中设置其 RowSourcetype 的值为 3,数据项来源为学生表(xs. dbf)所有记录的学号(xh)、姓名(xm)和出生日期(csrq)的值。

ThisForm. List1. RowSourceType = 3

ThisForm. List1. RowSource = "select xh,xm,csrq from xs into cursor xslxb"

⑤ 取值为 4 时,表示数据项来源为已经建立的查询文件的运行结果。

RowSourceType 和 RowSource 属性的值可以在设计或运行时设置。

在 RowSource 属性中输入查询文件名全称。

⑥ 取值为 5 时,表示数组。用已经建立的数组中各元素的值作为数据项来源。

RowSourceType 和 RowSource 属性的值可以在设计或运行时设置。

在 RowSource 属性中输入已经建立的数组名。

⑦ 取值为 6 时,表示字段。可以在列表中包含指定的一个或多个字段的所有记录的值。

RowSourceType 和 RowSource 属性的值可以在设计或运行时设置。运行前,数据源的表必须已经打开(可以通过数据环境自动打开)。

由 Columncount 属性设置显示的字段数。如果值为 1,则在 RowSource 属性中选定需要的字段;如果大于 1,则在 RowSource 属性中先选定第一个字段名,然后输入其他字段名,字段名之间用逗号分隔。注意:第二个到最后一个字段名前面不能加别名。

运行时,在列表中选择一个数据项后,记录指针将自动移动到所选数据项对应的记录上,可以在该列表框或组合框的 InterActiveChange 事件代码中使用 ThisForm. Refresh 命令来刷新表单,使表单上其他与这个表的字段绑定的控件显示当前记录的值。这一点与 RowSourceType 选择 2(别名)相同。

⑧ 取值为 7 时,表示文件。用当前目录或者指定目录下的文件名称作为数据项来源。

RowSourceType 和 RowSource 属性的值可以在设计或运行时设置。

可以在 RowSource 属性中设置指定目录和文件类型的扩展名。可用通配符"＊"和"?"表示一类文件。例如 RowSource 属性的值为"＊. dbf",表示用当前目录下所有扩展名为. dbf 的文件名称作为列表的数据项。

⑨ 取值为 8 时,表示结构。可以在列表中包含指定的表的所有字段名。

RowSourceType 和 RowSource 属性的值可以在设计或运行时设置。运行前,指定的表必须已经打开(可以通过数据环境自动打开)

在 RowSource 属性中输入指定表文件名。

⑩ 取值为 9 时,表示弹出式菜单。可以用一个先前定义的弹出式菜单来填充列表。包含这一项是为了提供向后兼容性。

7.3.2.6　检查框的设计和应用

使用检查框(CheckBox)指定或显示一个逻辑状态:真/假、开/关、是/否。检查框有三种可能的状态:0 或 F、1 或 T、2 或. NULL.。

检查框的主要属性如下:

Caption:标题文本。

Alignment:设置标题文本在选择框的右边(默认)还是左边。

ControlSource:设置绑定的数据源。

Value:指定当前值。

运行时,如果绑定的是逻辑型数据,选中时将. T. 存入其 Value 属性和绑定的数据源中,没选中时将. F. 存入其 Value 属性和绑定的数据源中;如果绑定的是数字型数据,选中时将 1 存入其 Value 属性和绑定的数据源中,没选中时将 0 存入其 Value 属性和绑定的数据源中。如果没有绑定数据源,选中时将 1 存入其 Value 属性中,没选中时将 0 存入其 Value 属性中。

7.3.2.7　微调框的设计和应用

通过单击微调框上、下箭头或在微调框(Spinner)中直接输入一个数值,可实现微调控件在一个数值范围内进行设置。

检查框的主要属性如下:

ControlSource:指定绑定的数据源。

Value:指定当前值。

Increment:指定步长值(默认 1.00)。

KeyBoardHighValue:指定从键盘输入微调框的最大值。

SpinnerHighValue:指定通过单击微调框可输入的最大值。

KeyBoardLowValue:指定从键盘输入微调框的最小值。

SpinnerLowValue：指定通过单击微调框可输入的最小值。

7.3.2.8　表格的设计和应用

表格（grid）是一个按行和列来显示数据的容器对象，其外观与表的浏览窗口相似。一个表格可以绑定一个表，表格的列则对应表中的字段。默认每个列由标头和文本框控件组成，标头用来在列的最上面显示列标题，文本框控件用于编辑数据。

各列下也可以添加除默认的文本框控件以外的其他控件，设计时，先选中要添加控件的列，再单击"表单控件工具栏"上相应控件按钮，然后单击表单上该列下面任何位置即可。如果需要删除列内的控件，则先通过属性窗口选中该控件，然后按DELETE 键。

表格的常用属性有：

RecordSource：指定表格的数据源，属性值为字符型。

RecordSourceType：指定表格的数据源类型，有 5 种选择，分别为：

表，在 RecordSource 属性中指定表文件名。

1 – 别名，在 RecordSource 属性中指定打开的表的别名。

2 – 提示，运行时，在弹出的对话框中选择表文件。

3 – 查询（.qpr），在 RecordSource 属性中指定已经建立的查询文件名。

4 – SQL 说明，在 RecordSource 属性中输入 Select-SQL 命令，并且输出去向为临时表或实体表。

ColumnCount：设置表格的列数（默认值为 – 1，表格作为一个整体处理，显示的列数与来源的列数一致）。

Columns（i）：集合属性，可以用来引用表格里某一列对象。

DeleteMark：指定表格中是否出现删除标记列。

表格下的列对象的常用属性有：

DynamicFontName：动态确定列中显示文本所用的字体名。

DynamicFontSize：动态确定列对象中文本字体的大小。

DynamicForeColor：动态确定列对象的前景色。

ControlSource：指定该列绑定的数据源。

CurrentControl：指定该列的用于显示绑定数据值的控件。

Sparse：指定 CurrentControl 所设定的对象在当前储存格显示（.T.）还是在所有储存格中显示（.F.）。

列下面的标头（Header）控件的常用属性有：

Caption：该列的标题文本。

当 ColumnCount 大于 1 时，可以删除不需要的列。右击表单上的表格对象，选择"编辑"菜单项，单击需要删除的列下面任何位置，然后按 DELETE 键，并回答"是"。

7.3.2.9　像、形状和线条的设计和应用

（1）图像（Image）控件用于在表单上显示一个图片文件中图像。主要属性有：

Visible：图片是否可见。

Picture：指定图片文件名。

BorderStyle：指定图片是否有边框。

（2）形状（Shape）主要用于美化界面。主要属性有：

Curvature：决定显示什么样的图形。取值范围：0～99。0 表示无曲率，用来创建矩形；1～98 指定圆角，数字越大，曲率越大；99 表示最大曲率，用来创建圆和椭圆（Hight 和 Width 属性值相同时为圆）。

FillStyle：指定用来填充形状的图案。

SpeciaEffect：确定形状是平面的还是三维的，仅当 Curvature 属性设置为 0 时才有效。

（3）线条（Line）也是用于美化界面。主要属性有：

BorderStyle：确定线型。

BorderWidth：规定线条的宽度，单位是像素。

LineSlant：属性确定线条的方向，确定是斜线（／）还是反斜线（＼，默认值）。

7.3.2.10　命令按钮和命令按钮组的设计及应用

命令按钮组（CommandGroup）是由多个命令按钮（CommandButton）组成的容器控件，命令按钮组内的每个命令按钮既可以像单个命令按钮控件一样独立设计和操作，也可作为一个整体进行设计。命令按钮常用来启动一个事件以完成某种功能，例如退出表单运行、移动记录指针等操作。完成某项功能的操作代码通常放置在命令按钮的 Click（单击）或 Dblclick（双击）事件的代码中。

命令按钮组的主要属性有：

ButtonCount：确定组中命令按钮的数目。

Buttons（i）：集合属性，可以用来引用组里某一个命令按钮。

Value：该命令按钮组的当前值，运行时如果单击某个命令按钮，其属性值为按钮排列顺序值（1，2，3，…）。

命令按钮的主要属性有：

Caption：指定命令按钮面上的文本内容。

Picture：指定显示在按钮上的图片文件。

Enabled：指定能否响应用户引发的事件，其值为.F. 时，控件变灰，不能触发事件。

Default：取.T. 时，可按 ENTER 键选择此按钮。

Cancel：取.T. 时，可按 ESC 键选择此按钮。

对命令按钮（组）来说，主要的事件有：

Click：单击时触发。

DblClick：双击时触发。

RightClick：右击时触发。

设计命令按钮（组）主要是设计相关事件的程序代码。

例如，在表单上有一个命令按钮 Command1，要求单击它时退出表单的运行。设置其 Caption 属性值为"退出"，在其 Click 事件代码中写入 Thisform. Release。

要让命令按钮组中所有命令按钮的 Click 事件代码都用同一个方法程序，可以将代码写入命令按钮组的 Click 事件代码中。

例如，表单上有一个命令按钮组 CommandGroup1，功能为移动记录指针。设定其 ButtonCount 为 4，4 个命令按钮的 Caption 分别为"首记录""上一条""下一条""末记录"。给命令按钮组的 Click 事件编写如下代码：

```
DO CASE
     CASE This. Value = 1
        Go Top
     CASE This. Value = 2
        If not bof( )
           Skip  – 1
        ENDIF
     CASE This. Value = 3
        IF not eof( )
           Skip
        ENDIF
     CASE This. Value = 4
        Go Bottom
ENDCASE
ThisForm. Refresh
```

7.3.2.11　计时器的设计和应用

计时器(Timer)是在运行中用来处理反复发生的事件的控件。在运行过程中计时器控件是不可见的,因此设计时不考虑该控件的位置和大小。

计时器的主要属性有:

Enabled:确定计时器在表单加载运行后是否启动计时工作。

Interval:规定计时器触发 Timer 事件的时间间隔,单位是毫秒。其值为 0 时,不触发 Timer 事件。

计时器主要的事件有:

Timer:在表单运行并启动计时器后,按 Interval 规定的间隔值反复触发。

7.3.2.12　OLE 容器和 OLE 绑定控件的设计和应用

OLE 是一种协议。根据该协议,一个 OLE 对象(如电子表格、WORD 文档等)可以链接或嵌入表单中或表的通用字段中。

嵌入用于将一个对象的副本从一个应用程序插入另一个应用程序。对象的副本嵌入后,不再与原来的对象有任何关联。如果原来的对象有所改变,嵌入的对象不受影响。

链接表示在源文档与目标文档之间的一种连接。链接对象保存了来自源文档的信息,并对两文档之间的连接进行维护。当源文档中的信息发生变化时,这种变化将在目标文档中体现出来。

OLE 容器(OleControl)控件允许在表单上直接加入 OLE 对象,OLE 容器控件与 OLE 绑定型控件不同,它不与 Visual FoxPro 表的一个通用字段相连接。

OLE 绑定(OleBoundControl)控件允许通过设定 ControlSource 属性绑定表中的通用字段,来显示一个 OLE 对象的内容。

7.3.2.13　增强控件的易用性

(1) 设置控件的 Tab 键次序

TAB 键次序是指在表单上按下键盘的 TAB 键时,焦点从一个对象移到另一个对象的次序。表单的 TAB 键次序决定了控件选择的顺序。

系统默认的 TAB 键次序是控件添加到表单上的次序。

设定 TAB 键次序有两种方法：交互式和按列表式。设定方法是单击"工具"菜单下的"选项"，选择"表单"页面，再选择设置 TAB 次序的方式。

单击"显示"菜单下的"TAB 键次序"菜单项或者单击"表单设计器工具栏"的"设置 TAB 键次序"按钮进入设置次序界面。交互式设置时，先单击第一个，然后按住 SHIFT 键的同时单击第二、三、四……个控件，最后单击表单空白处结束设置。按列表设置时，只需拖动控件前面的滑块进行排列即可。

（2）设置访问键

设置访问键后，能在表单的任何地方通过按 Alt 键和访问键来选择一个控件。

设置方法：在 Caption 属性中，把作为访问键的字母前加上"\＜"。例如，设计"退出"命令按钮的访问键为 Alt＋X，只需要在该命令按钮的 Caption 属性中写"退出(\＜X)"。

对于没有 Caption 属性的控件，例如文本框，则先要创建一个标签控件，在标签的 Caption 属性中设置包含有访问键的属性值，然后确保标签的 TAB 键的次序在文本框之前，且要相邻。

（3）设置工具提示文本

每个控件都有 ToolTipText 属性，当用户鼠标在控件上停留时，将显示这个属性中的指定文本。

具体设置方法为：给需要的控件的 ToolTipText 属性设置指定的文本，然后将控件所在表单的 ShowTips 属性设为.T.（默认.F.为不可显示）。

7.4 类的设计和应用

类是面向对象程序设计的精华所在。类所具有的继承性、封装性和多态性通过子类的设计和应用得到直接的体现。

面向对象的程序设计方法不同于标准的过程化程序设计。程序设计人员在进行面向对象的程序设计时，不再是单纯地把完成某项功能的程序代码从第一行一直编到最后一行，而是考虑应用系统包括哪些对象，哪些对象具有相同的属性和操作，并把这些对象归类，先设计子类，然后根据基类或子类来创建对象，利用类和对象来简化程序设计，提高代码的可重用性，提高应用程序的质量，提高开发者的效率。

用户所设计的子类最终还是应用到用户的表单中。

7.4.1 设计和创建子类

7.4.1.1 设计子类

（1）基类与子类

在第 6 章已经介绍了 Visual FoxPro 提供的一些基类，用户可以从基类直接生成对象，也可以由基类派生出子类，子类还可以派生它的子类，如图 7.9 所示。

设计子类前，首先要考虑系统提供的基类有哪些种类。Visual FoxPro 的类有两大主要类型，因此 Visual FoxPro 对象也分为两大类型，即容器类和控件类。

容器类可以包含其他对象,并且允许访问这些对象。例如,若创建一个含有两个列表框和两个命令按钮的容器类,而后将该类的一个对象加入表单中,那么无论在设计时刻还是在运行时刻,都可以对其中任何一个对象进行操作,不仅可以轻松地改变列表框的位置和命令按钮的标题,也可以在设计阶段给控件添加对象。又如,可以给列表框加标签,以标明该列表框。

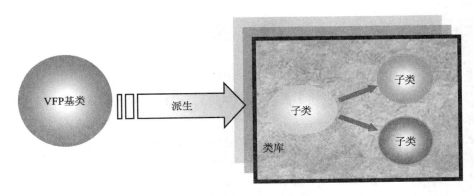

图 7.9 基类与子类的关系

控件类不包含其他对象,或者在设计和运行时,其所有组成对象只能作为一个整体来处理。

(2)设计子类的原则

在创建一个子类之前,应当搞清楚我们是否真正地经常使用它。如果在应用程序中很少用到甚至不用,却花费较多的时间和精力去创建类,就没有必要。

创建一个新的子类,应该说明所设计的类的属性和方法,以便于其他用户或其他应用程序方便使用。

我们可以为通用的功能创建子类。例如,允许用户在表中移动记录指针的命令按钮、关闭表单的按钮、具有特殊颜色和图案的表单、具有独特外观(如带阴影效果)的文本框等都可以分别设计为一个类。同时应该让用户了解设计者所设计的类的属性和方法程序,这样用户就可以在需要时使用这个类。

(3)类库

类库就是用于存放子类的库文件。

用户创建的子类需要放入指定的类库中。用户可以直接使用类库中的子类,也可以由类库中的子类派生出它的子类,还可以将自己需要的子类添加到类库中。如果用户长期从事软件开发,就应将自己经常使用的子类保存在自己创建的类库中,以便以后需要时使用。

用户可以创建多个类库,用于存放不同的子类,一个类库中可以存放多个子类。

类库以文件形式存在。创建类库后,在磁盘上产生两个文件:vcx,存储所有类定义的信息;vct,存储. vcx 文件的备注型字段的数据。

为了创建一个类库,可以用以下三种方法:

① 在类设计器中设计一个类时,或在表单设计器中将表单集、表单或表单上的控件

保存为类时,在相应对话框中输入一个新的类库文件名。

② 使用 CREATE CLASSLIB 命令。

例如,创建一个名为 mylib 的类库:

CREATE CLASSLIB mylib

③ 使用 CREATE CLASS 命令的 OF 子句来指定新的类库。

例如,由表单基类创建一个名为 myform 的子类,并将其放入一个名为 newlib 的新类库中:

CREATE CLASS myform OF newlib AS FORM

7.4.1.2 子类的创建

子类的创建可以采用以下两种可视化的方式:

(1)在"表单设计器"中创建子类,也就是将已经设计好的表单集、表单或表单上的控件保存为类。

如果打算创建基于表单集、表单的子类,或在其他表单中也需要使用某个设计好的控件,可以将表单集、表单或表单上的控件另存为类。

将已经设计好的表单集、表单或表单上选定的控件保存为类的方法如下:

① 选择需要的表单文件,打开表单设计器,选定所需控件。

② 从"文件"菜单中选择"另存为类"。在"另存为类"对话框中,选择"当前表单"或"选定控件",如果当前表单设计器中设计的是表单集,那么图 7.10 中的"整个表单集"也是可以选择的。

图 7.10 "另存为类"对话框

③ 在"类名"框中输入类的名称。在"文件"框中输入保存类的类库的文件名,可以是新类库,也可以单击■按钮选择已有的类库。在"说明"框中输入对该类的说明信息,以便将来查看。

④ 选择"确定"按钮。

(2)在"类设计器"中创建子类。在类设计器中创建新的子类的方法如下:

① 在项目管理器中选择"类"页面,单击"新建",或者单击"文件"菜单下的"新建",选择"类",再单击"新建文件",打开"类设计器",出现如图 7.11 所示的对话框。

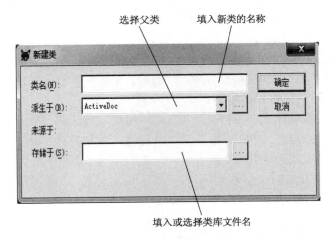

选择父类　　　填入新类的名称

填入或选择类库文件名

图 7.11　"新建类"对话框

② 根据图 7.12 所示的具体要求填写完后,单击"确定",出现"类设计器"。

在类设计器中,子类的设计方法同表单设计方法:

可以添加相应的控件对象(新的类必须是容器类才能向其中添加控件对象);

可以设置、改变属性的值;

可以编辑方法程序代码;

可以根据需要为该类新建属性和方法(不能为类添加新的事件);

还可以查看和设置类信息(在"类设计器"中,单击"类"菜单下的"类信息")。

(3) 下面通过一个具体实例介绍创建过程。假设需要一个命令按钮子类,在单击该子类生成的按钮对象时释放表单。方法如下:

① 打开"类设计器",在"类名"右面填入为该类取的名字,如 exit。在"派生于"右面的三角下拉菜单中选择"CommandButton"。如果派生于某个基类,就在下拉框中选,如果是派生于一个自建的类,就单击右面的___按钮进行选择。在"存储于"右面填入要存放该类的类库名,可以是已经建立的类库,也可以是一个新的类库名,如图 7.12 所示。

② 单击"确定"按钮,打开类设计器窗口。"类设计器"的用户界面与"表单设计器"相同,在"属性"窗口中可以查看和编辑类的属性,在"代码"编辑窗口中可以编写各种事件和方法程序的代码。

③ 在"属性"窗口中将 Capion 属性设置为"退出",并在 Click 事件中写入如下命令:
Thisform. Release

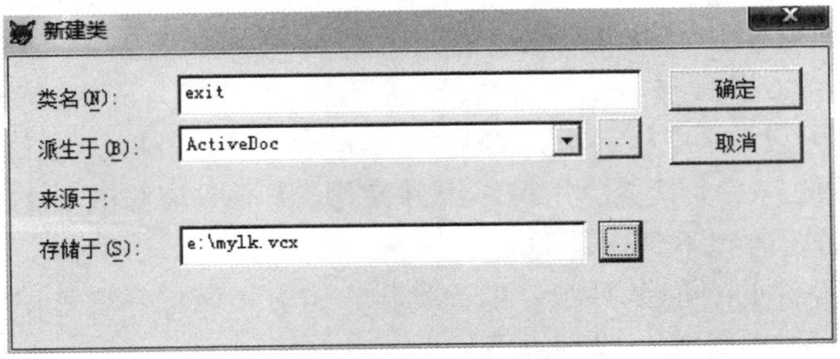

图 7.12　创建"exit"子类

④ 最后关闭"类设计器"窗口,保存新建的类。

(4) 操作说明

① 如果子类基于 Control 类或 Container 类,则可以向它添加控件。和向"表单设计器"中添加控件一样,在"表单控件"工具栏中选择所要添加的控件的按钮,将它拖动到"类设计器"中,再调整它的大小。

② 不论子类是基于什么类,都可以设置属性和编写方法程序的代码,也可以为该类创建新的属性和方法程序。方法同表单设计中新建属性和方法一样,这些属性和方法程序属于类,而不属于类的单个组件。

③ 新建属性或方法时,出现如图 7.13 所示的对话框("新建属性"对话框与此相似)。

该对话框与"表单设计器"中的对话框不同之处是它多了一项"可视性",并有三个选择:公共、保护和隐藏。默认为"公共",则对该属性或方法可以在任何地方被使用;若可视性设置为"保护",则只能被该类定义内的方法程序或该类的子类所访问;若设置为"隐藏",则只能被该类推定义内成员所访问,该类的子类不能"看到"或访问它们。为了确保类的功能正确,有时需要将"可视性"设为"保护"或"隐藏",防止用户在编辑时改变属性或在类的外面调用类的方法程序。

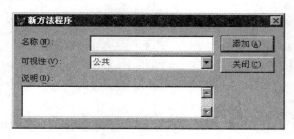

图 7.13 "新方法程序"对话框

④ 可以创建非可视化类。类的形式大致上可以分为两类:可视化类(具有形体及外观)和非可视化类。在运行时,基于 Visual FoxPro 自定义类 Custom 或者计时器类 Timer 的子类没有可视元件。使用"类设计器"可将共用的过程建成为自定义类(派生于 Custom 类,并将共用的过程代码写入为类新建的方法程序中),需要时将该类用于表单中,以便调用这些方法程序。

⑤ 在"项目管理器"中管理类和类库。可以在项目中添加和移去类库,复制和删除类库中的类,重命名类库中的类。要注意的是,尽可能将所有子类都包含在一个类库中,重命名类名最好在创建其子类或应用之前。

⑥ 创建的子类可以修改。在"项目管理器"中修改类的方法为:选择要修改的类,单击"修改"按钮,"类设计器"将打开。此时可以进行修改,最后保存修改。此过程应注意:如果类已经被任何一个其他应用程序组件使用,就不应该修改类的 Name 属性,否则 Visual FoxPro 在需要时找不到这个类。

⑦ 可以为类指定设计时的外观。即为类指定工具栏图标和容器图标。

为类设置一个工具栏图标,方法如下:

在"类设计器"中,从"类"菜单中选择"类信息"。在"类信息"对话框的"工具栏图标"框中键入 .bmp 文件的名称和路径。该类的工具栏图标将显示在"表单控件"工具栏中。

为类设置一个容器图标,方法如下:

打开"类设计器",然后从"类"菜单选择"类信息"。然后在"容器图标"框中,键入 .bmp 文件名称和路径。该类的容器图标将显示在"类浏览器"中。

⑧ 如何在表单上由自建的类生成对象。打开表单设计器,单击"表单控件"工具栏上的"查看类"按钮,将存放要使用的类的类库添加进来,使该类库下的所有类的工具栏图标显示在"表单控件"工具栏上,单击所需按钮,然后在表单上单击拖动,将对象添加到表单上。需要的话,可以为该对象设置新的属性值和新的方法程序代码。

7.4.2 类的应用

(1) 添加类到表单

设计好的子类,随时可以应用到表单设计中。添加类到表单,也就是把由子类生成的对象加入表单中,主要方法有以下两种:

① 从"项目管理器"中将新类拖至"表单设计器"中。

② 打开"表单设计器",在"表单控件工具栏"中单击"查看类"按钮,然后选择所需类库名,接下来就像添加一般控件一样去添加即可。

如果没有注册类库,就需要单击"添加"按钮添加所需类库文件。在"工具"菜单下的"选项"中选择"控件"页面,选定类库文件,单击"添加",即可注册类库。

注意:要恢复"表单控件工具栏"中的标准控件,只需点"查看类"的"常用"即可。

(2) 覆盖默认属性设置

基于某子类的对象被添加到表单后,如果对象的属性值没有被修改,则在该子类属性值修改时,该对象继承其类的修改;反之,基于某子类的对象被添加到表单后,如果对象的属性值进行了修改,就覆盖了默认属性设置,则在该子类属性值修改时,该对象不会继承其类的修改,即新的属性值阻止了父类属性的继承传递性。

例如,用户将一个基于某个类的对象添加到表单,并且将 BackColor 属性从白色改成红色。如果再将类的 BackColor 属性改成绿色,用户表单上的对象的 BackColor 属性仍然是红色。另一方面,如果用户没有修改对象的 BackColor 属性,而将类的 BackColor 属性改为绿色,那么表单上的对象将继承这一修改,也变为绿色。

(3) 调用父类方法程序代码

如果子类或对象方法代码设置为"默认过程",即指自动继承父类的方法程序代码。同时,Visual FoxPro 允许用户用新的功能来替代从父类继承来的功能。但是,在大多数情况下,用户希望的是在继承父类功能的基础上增加一些新的功能,这就需要用户使用 DoDefault() 函数或域操作符"::"调用父类的方法程序代码。

① 使用 DoDefault() 函数调用父类方法程序代码

只能执行父类中与当前方法程序同名的方法程序代码。

例如,在上节中我们创建了一个名为 exit 的命令按钮子类,该按钮的 Click 事件代码的功能是释放所在表单。假设 exit1 是在某个表单中由 exit 子类创建的一个命令按钮对象,如果在该对象的 Click 事件代码中写入以下内容:

```
sure = messagebox('Are you sure?',4 + 32 + 256,'确认窗口')
IF sure  = 6
   Dodefault( )
ENDIF
```

以上代码的功能是首先出现确认窗口,当单击"是"的时候,就执行 exit 子类的 Click 事件代码,释放当前表单,即 Dodefault( )代替了父类同名事件中的所有代码;如果单击"否",则不执行释放表单的功能。

② 使用域操作符":"调用父类方法程序代码。可以执行当前作用域中任何一个对象的父类的任何方法程序代码。例如:

父类名::Init   && 调用该父类的 Init 事件的代码

❈ 本 章 小 结 ❈

本章主要介绍了表单及其控件的创建和类的设计应用,详细介绍了表单设计器的使用方法,表单对象的相关属性的设置和相关事件方法,各种常用控件的相关属性的设置和相关事件方法。本章还简要介绍了如何通过表单设计器将已经设计好的表单集、表单或者控件另存为子类,如何通过类设计器创建新的子类,如何将创建的子类应用到表单上。

研讨分析

(1)设计一个表单,是否一定要在数据环境设计器中添加表? 使用数据环境的优点有哪些?

(2)运行表单时如果需要传递参数,应该在表单的什么事件代码里使用 Parameters 接收参数?

(3)Caption 属性和 Name 属性如何区分?

(4)设计列表框和组合框时,是否一定要设置其 ControlSource 属性以绑定数据源?

(5)如何指定数据库表的字段的默认类?

第 8 章

报表和标签设计

　　报表与标签设计是数据库系统应用的一个重要功能,通过报表与标签可将数据库系统中的数据转换成用户所需要的有用信息,使数据库产生经济效益。如何设计出符合用户实际需要、输出形式灵活的各种报表和标签是数据库系统的关键之一,这也是体现数据库系统应用能力的重要指标。Visual FoxPro 提供了较完善的报表与标签的输出命令和设计器工具,在实际应用时,必须全面地掌握报表和标签设计的全过程。

8.1　报表与标签设计

　　报表是用表格、图表等格式来动态显示数据,即多样的格式 + 动态的数据。报表包括两个基本组成部分:数据源和布局。数据源通常是表和视图,也可以是查询和临时表等。报表布局定义报表的打印格式。标签是根据用户的输出要求从数据库系统中提取数据,按标签格式要求打印输出。

8.1.1　报表与标签的组成

　　(1)报表的结构

　　报表通常由标题、表头、表体和表底四个部分组成。

　　① 标题,即报表的名称。通常为了使标题醒目,往往加粗加黑放大字体,并且居中。标题还可以分成大标题和小标题。小标题的字体往往与表体相同。设置在表头的左上角或右上角,也可以居中。例如,报表编制单位,往往在表头的左上角,日期居中,而报表编号则设置在表头的右上角。标题内容在一张报表上只输出一次。

　　② 表头,也称为表栏。在 Visual FoxPro 中进行报表与标签设计时,只需保持在表头设计的宽度与对应数据列分隔线之间的宽度一致。在设计过程中通过画框定位。表头每页输出一次。

　　③ 表体。这是数据的输出部分,也是报表设计中最重要、最复杂的部分。在确定输出数据的字体、字号、列宽时必须与表头的表栏宽度一致。数据是重复输出部分,在设计时还要确定当输出数据比较多,需要分页输出时,对每一页是否需要说明,这个说明部分设置在页的开头还是页尾,说明什么内容;输出数据是否需要分组,若分组,则每组标头是什么,细节如何安排等问题。

　　④ 表底。这是报表的附加说明,按输出顺序分成组注脚、列注脚、页注脚和总结。组

注脚每组输出一次,而列注脚和页注脚每页输出一次。列注脚在表内而页注脚在表外。表底还可以对整个报表通过一段文字加以说明,这就是报表的总结。

在报表的结构中标题、表头和表体是必不可少的,而表底可以根据需要确定是否存在。为了做到合理布局,通常在建立报表格式文件前,事先画一个报表布局的草图。

（2）标签的结构

标签实质上是一种多列布局的特殊报表。一般由标题、提示和数据项组成。在一页上可以输出多个标签时,把页作为设计的对象,因此,同时考虑是否在输出时安排页标头和页注脚。标签的设计比报表设计更简单,相当于仅考虑报表的表头、表体和列注脚部分的内容。在标签设计时关键是合理布局,在指定位置的空间内使输出数据与对应的提示内容尽可能居中。如果用户要求输出的数据都能从数据库中直接获取,这是最简单的标签设计情况,这时只要详细确定标签每项的数据来自哪个数据库的表中的字段,或者字段组成的表达式,并且使标签设计的每项宽度与对应数据的长度一致。标签的每项数据及数据提示都排列在标签的细节栏中。标签往往可以看成是邮件的标签或者托运标签,也可以设计成设备管理中的固定资产卡等形式。

8.1.2 报表的类型

报表的类型是指报表的布局定义,即报表的打印格式。创建报表之前,应该确定所需报表的常规格式。报表的常用类型主要有列报表、行报表、一对多报表、多栏报表等,如表 8.1 所示。

表 8.1 报表类型

布局类型	说明	示例
列报表	每行一条记录,每条记录的字段在页面上按水平方向放置	分组/总计报表、财政报表、存货清单、销售总结
行报表	一列的记录,每条记录的字段在一侧竖直放置	列表
一对多报表	一条记录或一对多关系	发票、会计报表
多列报表	多列的记录,每条记录的字段沿左边缘竖直放置	电话号码簿、名片

8.1.3 报表与标签的设计步骤

在数据库系统的实际应用中,输出的报表与标签是各种各样的。例如,日常所见到的各类明细表、台账、清单等都属于报表,各项发票、凭证、卡片、单据等可以归属为标签。有些输出的形式是上述两者的综合,即部分是报表,部分是标签。例如,学期成绩报告单、多栏凭证、多栏发票等。报表和标签的具体设计过程如下步骤:

（1）确定数据来源

报表和标签的数据来源通常是数据库中的表,也可以是自由表、视图、查询、临时表、内存变量等。数据可能直接来自表、视图中的某一字段,也可能首先对表或视图中的数据进行加工并存入内存变量或数组中,然后从内存变量或数组中获取数据输出,这种数据源来自内存变量的情况称为非直接数据。对于非直接数据,在输出设计时必须弄清楚数据的原始形式、加工方法和输出形式。例如,在工资表上,每位职工的实发工资数,它是应发工资小计减扣发工资小计,而应发工资小计是各项应得工资的总和,扣发工资小计是各项应扣工资的累计。

(2)确定输出形式

在用户设计数据库时,为满足管理工作和业务处理的需要,提高信息利用率,首先要收集大量的原始资料(各种报表、标签和文件),进行数据的筛选,最终形成数据库系统中保存的数据表。报表与标签设计是数据库设计的一个逆向操作,要将保存在数据库中的数据转换成日常管理上和业务上所需要的各种报表与标签,按相应的管理方式、方法和工作习惯输出给用户。针对用户的各种数据输出要求,首先要分清要求输出的形式属于报表还是标签或是两者的综合。如果是两者的综合,则将复杂的输出形式分解成报表或标签输出。从一般意义上看,我们可以初步将一条记录对应一张表的情况认作标签,而将一条记录对应表内一行的情况认作报表。

8.2 报表的创建及调用

8.2.1 报表的创建

创建报表的方法有向导、报表设计器和命令三种。报表的定义存储在扩展名为.frx的报表文件中,且每个报表文件还有一个相关的报表备注文件,扩展名为.frt。

8.2.1.1 使用向导创建报表格式文件

向导创建报表的方法最简单。只要按系统的提示,交互回答系统的问题,立即可以创建一个实用的报表格式文件。Visual FoxPro 提供了下列报表向导:

报表向导:基于单一表或视图创建报表。

一对多报表向导:基于多表或视图创建报表。

创建报表时应根据常规布局和报表的复杂程度选择向导。使用向导创建报表之后,还可以使用"报表设计器"对报表进行进一步的补充或修改。

这里以 XS. DBF(学生表)和 CJ. DBF(成绩表)为例介绍一对多报表向导的操作过程和操作方法。操作步骤如下:

单击系统菜单中的"文件"下的"新建"后,在文件类型中选择"报表",并单击"向导"按钮。

选择要建立的报表类型,如图 8.1 所示。选择"一对多报表向导",单击"确定"。

在图 8.2 中,指定父表,并选择需要输出数据的字段,单击"下一步"。如指定父表 XS. DBF,选择 XS. Xh,XS. Xm,XS. Zjzydm 作为输出字段。

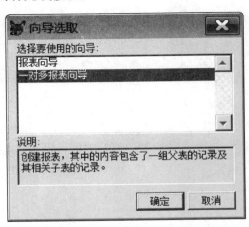

图 8.1　报表类型选择

在图 8.3 中,指定子表,并选出需要输出的相应字段。单击"下一步"(在报表向导中没有这一步,不分父子表。只有在一对多报表向导中有父、子表定义)。本例指定子表 CJ. DBF,并选出需要输出的相应字段 CJ. Kcdh 和 CJ. Cj。

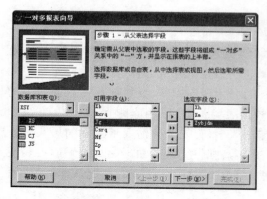

图 8.2　选择父表及字段

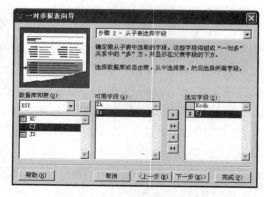

图 8.3　选择子表及字段

在图 8.4 中,指定父子表连接的条件。连接条件在父表中是主关键字(如 XS. xh),在子表中是普通字段(如 CJ. xh),一般情况下两者是同名字段(在报表向导中没有这一步)。单击"下一步"。

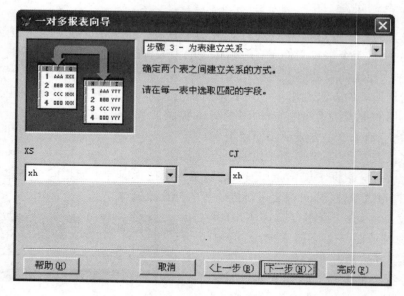

图 8.4　父子表关联方法

在图 8.5 中,指定父表记录的排列顺序,注意最多可选三个索引字段。单击"下一步"。如指定父表 XS. DBF 中的记录按 Xs. Xh 排序。

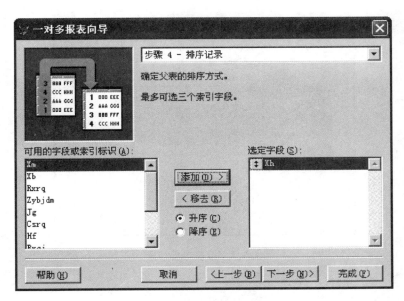

图 8.5 确定父表排列顺序

在图 8.6 中,选择一种输出样式。系统提供了"经营式""账务式""简报式""带区式"和"随意式"。如果这些方式并不符合用户的需求,则可以选择比较接近实用的一种格式,然后可以通过报表设计器进行调整。

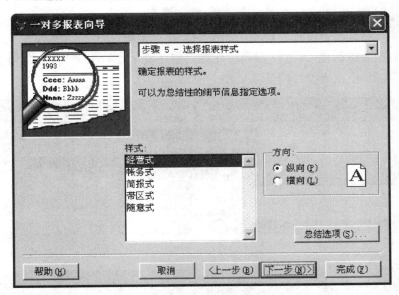

图 8.6 确定报表样式

在图 8.7 中,输入报表的标题和确定结束报表创建的方式。输入报表标题(如"学生成绩")。报表格式建立结束退出向导前,同时提示输入报表格式文件名(如"XSCJ")。如果这个报表文件名已经存在,系统询问是否覆盖旧文件内容。

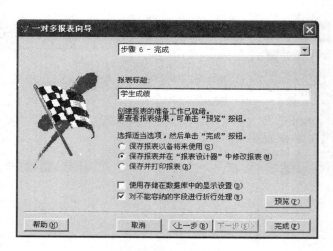

图 8.7　报表向导结束

8.2.1.2　使用报表设计器创建报表

打开报表设计器可以使用下述三种方法。

方法一：单击系统菜单中的"文件"下的"新建"后，在文件类型中选择"报表"，并单击"新建文件"按钮。

方法二：在项目管理器下选择"报表"后，单击"新建"。

方法三：使用 CREATE REPORT 命令。

报表设计器如图 8.8 所示。报表设计器打开后，系统主菜单中添加了"报表"菜单项，这个菜单项随着报表设计器的关闭而关闭。在报表设计器工作状态下，可以通过"报表"菜单项对报表进行设计操作；报表设计器工作环境下还有报表控件、布局工具和数据环境支持工具栏，使报表设计的实现更加方便。

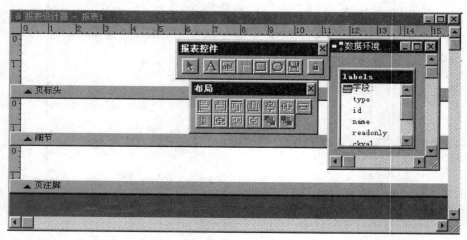

图 8.8　报表设计器

（1）报表设计器的组成

报表设计器根据报表结构的特点分成若干个带区。报表带区是指报表中的一块区域，用来显示文本、表中字段的数据、计算值、用户自定义函数、图片、线条等。报表设计器默认包含页标头、细节和页注脚三个带区。其他部分可以根据报表设计的实际需要选择,完整的报表设计器由标题、页标头、列标头、组标头、细节、组注脚、列注脚、页注脚和总结九个带区组成。

设计报表需要把数据放在报表的合适位置上,利用报表的不同带区,可以控制数据在报表页面上的打印位置。各种带区的说明如表 8.2 所示。

表 8.2　报表带区

带区	菜单	打印次数
标题	"报表"–"标题/总结"	每个报表一次
页标头	默认	每页一次
列标头	"文件"–"页面设置"–"列数 > 1"	每列一次
组标头	"报表"–"数据分组"	每组一次
细节	默认	每条记录一次
组注脚	"报表"–"数据分组"	每组一次
列注脚	"文件"–"页面设置"–"列数 > 1"	每列一次
页注脚	默认	每页一次
总结	"报表"–"标题/总结"	每个报表一次

（2）报表设计器的数据环境

报表主要用于打印输出表中的数据记录,因此与表单设计一样,也需要指定数据的来源。报表设计器的数据来源可以通过报表设计器数据环境指定,在 Visual FoxPro 中,不管一个报表有没有涉及数据库表中的数据,在运行报表时都需要在当前工作区打开一个表。为了避免报表运行时出错,可使用数据环境指定一个表,并设置其随报表自动打开和关闭。至于是否用到表中的数据、使用哪些数据由报表设计确定。数据环境通过下列方式管理报表的数据源:

方式一:运行报表时自动打开数据环境中的表或视图。

方式二:基于相关表或视图收集报表所需数据集合,供报表输出使用。

方式三:关闭报表时自动关闭数据环境中的表或视图。

若要向报表的数据环境中添加表或视图,可以在系统菜单"显示"选项卡中单击"数据环境"选项,或者在报表设计器的任意位置单击右键,在出现的快捷菜单中选择"数据环境"来打开"数据环境设计器",然后在"数据环境设计器"中添加表或视图。"数据环境"中数据库表的添加、移动,以及"数据环境"属性的设置、作用和操作方法与表单设计器下的完全相同,如图 8.9所示。

图 8.9　报表数据环境

（3）报表控件的使用

通过报表控件可以将事先设计的报表各部分内容添加到报表的相应位置。如果打开了报表设计器,报表控件没有自动打开,则可以通过系统菜单中的"报表"菜单项打开报表控件,或者通过系统菜单中的"显示"下的"工具栏"菜单,选中报表控件。报表控件具有六个基本类,分别是:

① 标签控件。用于指定报表提示部分固定内容。例如,在标题带区添加报表的标题"学生成绩汇总"标签,在页标头带区添加"学号""课程代码""成绩""备注"标签,如图 8.10 所示。标签控件的使用方法与表单设计器下的标签控件使用方法相同,但修改时需先选中要修改的标签,再单击"标签"控件,然后单击要修改的标签才能实现修改操作。

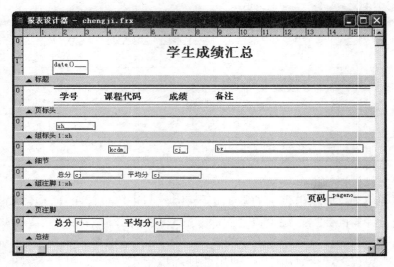

图 8.10　报表设计器

② 域控件。用于指定报表中表体上数据的来源,通过设置域控件的表达式与表中的字段绑定。当添加域控件时,报表设计器给出一个"报表表达式"对话框,如图 8.11 所示。

用户可以在这个对话框中指定文本框控件对应的字段名、变量名或数值表达式。其中,"格式"框用于指定显示内容的格式,如"999,999.99",表示输出数值数据,并且整数部分从低位开始向高位,每隔三位插入一个逗号。如在组注脚带区添加两个域控件,设置报表表达式为"cj.cj",然后单击"计算"按钮,在"计算字段"对话框中根据"xh"计算每个学生的总分和平均分,如图 8.11 和图 8.12 所示。

被添加到设计器上的域控件自动按对应字段数据的长度显示文本框的长度,在实际输出时,数据的高度自动调整,设计时不能调整。在设计时可以设置控件的位置和长度。请注意控件的长度不能超过报表的列宽,否则出现重叠。

206

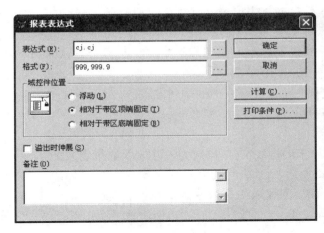

图 8.11 "报表表达式"窗口

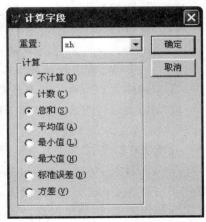

图 8.12 "报表计算字段"窗口

③ ActiveX 绑定控件。这个控件相当于在表单设计器下的图像框控件。专门用于显示图片文件或表中存放图片的通用型字段。另外,在报表设计器的数据环境中将表中字段拖放到细节带区中会自动生成域控件或 ActiveX 控件。

④ 矩形控件。用于实现棋盘式报表的边框线。矩形控件往往在表头与表体同时使用,并且这两部分的矩形之间不留空隙。

⑤ 圆角矩形控件。该控件与矩形控件的作用、功能和操作方法相同,不同的仅是输出的形状有差异。

⑥ 线条控件。线条控件的作用、功能和设计操作方法与表单设计器下的线条控件完全相同。主要用于报表的列分隔线,即画竖线或表头各栏之间的斜线。

(4) 快速报表。在打开报表设计器后,可以使用"报表"菜单中的"快速报表"命令来创建报表。执行该命令后提示选择一张表,然后显示"快速报表"对话框,让用户选择报表中需要输出的字段和布局。利用快速报表功能可以快速建立一张简单报表,在快速报表中包含了报表设计器默认的页标头、细节和页注脚三个带区。如图 8.13 所示,根据 XS. DBF 建立快速报表。

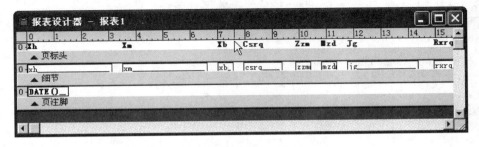

图 8.13 快速报表

8.2.1.3 使用命令创建报表格式文件

报表格式文件创建的命令格式:

CREATE REPORT <报表格式文件名> FROM <表文件名> ;
[FORM |COLUMN][FIELD 字段名表][ALIAS][NOOVERWITE][WIDTH n 列]

（1）功能：创建一个显示指定表信息的报表。

（2）说明：

① 报表格式文件名：指定要建立的报表格式文件，可以不写扩展名，系统默认为 .frx。

② 表文件名：指定数据来源的表或视图的文件名。

③ FORM ｜COLUMN：指定表或视图字段在报表中的排列方式。

④ FIELD 字段名表：指定需要输出的字段列表。

⑤ ALIAS：指定表或视图的别名。

⑥ NOOVERWITE：表示不覆盖原来的报表文件，同时也不建立新的报表文件。

⑦ WIDTH n：指定报表有 n 列。

使用命令方式创建报表，操作简单，创建成的报表格式不灵活，功能有限，一般不符合实际操作要求，但是可以作为入门的练习。

例如，创建报表格式文件 XSS。

CREATE REPORT XSS FROM XS   && XSS 报表显示 XS 中所有记录的内容

CREATE REPORT XSS FROM XS FIELD XH，XM，XB

      && XSS 报表显示 XS 中学号、姓名和性别三个字段的内容

8.2.2 报表文件的修改

报表格式创建后，如果要对已经创建的格式作局部修改，只要打开报表设计器，就可以调整报表设计器上报表的各部分内容。

实际上报表的创建与修改的不同在于原始状态和进入报表设计器的方法，其他的操作方法完全相同。创建报表时指定的报表文件原来不存在，因此往往在创建报表工作结束时才指定报表格式文件名，而修改报表格式文件时指定的报表格式文件必须已经存在，否则无法进行修改；在报表格式文件修改结束时，提示用户是否覆盖旧文件。修改报表文件时，有以下两种方式打开报表设计器：

方法一：单击系统菜单"文件"下的"打开"，在"打开"对话框中选择要修改的报表文件，再单击"打开"按钮打开报表设计器的。

方法二：采用命令方式打开报表设计器修改报表格式文件。

命令格式为：

MODIFY REPORT ＜报表格式文件＞｜?

功能：修改指定的报表格式文件。

说明：不指定文件名时系统提示选择一个报表格式文件名。

8.2.3 报表的调用

运行报表是将设计结果输出给用户。报表运行的方式有两种，分别在两种不同的状态下运行。在报表设计器状态下，鼠标右键单击"报表"后选择"预览"，系统将设计结果按打印输出的比例显示在屏幕上，用于检查设计结果是否符合用户的需求。另外，预览报表还可以通过操作报表菜单来实现。输出报表的另一种方法是在系统命令窗口执行报表输出命令。

命令格式为：

REPORT   FORM 文件名 1 | ? ;   && 指定运行的报表文件
[SCOPE] ;   && 表记录筛选范围
[FOR < EXPL1 >] [WHILE < EXPL2 >] ;   && 指定表记录输出限制条件
[HEADING   < 列名 >] ;   && 指定页标头
[NOCONSOLE] ;   && 表示运行结果不送控制台（屏幕）
[NOOPTIMIZE] ;   && 表示禁止优化功能
[PLAIN] ;   && 指定标题
[RANGE < sn > [, < en >]] ;   && 指定处理的页面范围，不指定则从头到尾
[PREVIEW[[IN] WINDOW < 窗口名 > | IN SCREEN]] ;
                                                && 指定地方进行预览
[NOWAIT] ;   && 表示运行报表后直接返回
[TO PRINTER [PROMPT] | TO FILE < 文件名 > [ASCII]] ;
                                                && 指定运行结果存放的目的地
[NAME < 对象名 >] ;   && 为报表的数据环境指定一个对象名，可以访问
[SUMMARY]   && 表示只打印"总结"部分，不忽略"细节"部分

说明：

① 当在表单的一个命令按钮中执行运行报表，并送往打印机时，如果没有指定 NO-CONSOLE 子句，报表的运行结果除了送往打印机外，还显示在当前的活动表单中，从而搞乱了表单上原来显示的内容。因此，当需要打印输出一张报表时，在命令行中最好加上 NOCONSOLE 子句。

② 为了提高报表运行速度，最好在报表运行命令行上不要指定数据筛选条件或者范围，这会影响到报表运行的速度。如果确实需要筛选出相应的记录，一般可以使用 SELECT 命令将满足条件的记录先送到一个专门的报表数据源表文件中，然后针对该表文件设计相应的报表。需要打印时直接运行报表命令即可。

例如，用命令方式显示报表文件 XSCJ 并打印，则执行如下命令：

REPORT FORM XSCJ TO PRINTER NOCONSOLE
                        && 打印 XSCJ 的报表格式，禁止在控制台输出结果
REPORT FORM XSCJ PREVIEW   && 预览输出 XSCJ 的报表格式
REPORT FORM XSCJ TO PRINTER PROMPT NOCONSOLE
                        && 打印 XSCJ 格式的报表前用户先设置打印机参数，
                        && 然后打印输出报表，同时禁止在控制台输出结果

8.3 标签的创建及调用

8.3.1 标签的创建

标签格式文件创建的方法有向导、标签设计器和命令格式三种创建方法。标签的定义存储在扩展名为.lbx 的标签文件中，且每个标签文件还有一个相关的标签备注文件，

扩展名为. lbt。

（1）使用向导创建标签格式文件

用向导创建标签的方法最简单，只要按系统的提示，交互回答系统的问题，立即可以创建一个实用的标签格式文件。向导创建标签的方法如下：

① 单击系统菜单"文件"下的"新建"后，在文件类型中选择"标签"，并单击"向导"按钮。

② 选择表（如 KC. DBF），确定数据源，单击"下一步"。

③ 选择标签类型，单击"下一步"。

④ 定义标签布局，如果需要调整标签上数据的字体，则按字体按钮，选择用户所需要的字体、字号，然后单击"下一步"。

⑤ 确定输出记录排序字段（如 KC. KCDH），然后单击"下一步"。

⑥ 结束标签向导创建工作。选择结束方式和定义标签格式文件名。

（2）使用标签设计器创建标签

标签设计器的打开可以用下述三种方法中的任意一种。

方法一：单击系统菜单"文件"下的"新建"后，在文件类型中选择"标签"，并单击"新建文件"按钮。

方法二：在项目管理器下选择"标签"后，单击"新建"。

方法三：在系统命令窗口内输入创建标签操作命令 CREATE　LABEL。

在打开标签设计器前，系统自动弹出"新标签"对话框。标签设计器如图8.14所示。

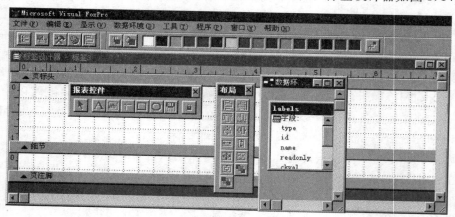

图 8.14　标签设计器

标签设计器打开后，系统主菜单中添加了"标签"菜单项，这个菜单项随着标签设计器的关闭而关闭。在标签设计器工作状态下，可以通过"标签"菜单项对标签进行设计操作。标签设计器的工作环境与报表设计器一样，具有数据环境、标签控件和布局工具。这部分的作用、功能、设置方法与报表设计器也完全相同。

标签设计器由页标头、列标头、细节、列注脚和页注脚组成，这几部分的含义、作用和设计方法与报表相同。

标签设计器相对报表设计器要简单一些，标签设计器的组成是报表设计器的一部分，两者最大的不同点是标签设计器设计的空间是在系统固定格式中选取的，不能人工调整。标签上仅给出指定数据。布局设置可以设置空列、空行或填入文字说明。

（3）使用命令创建标签

标签格式创建的命令格式为：

CREATE LABEL ＜标签格式文件名＞ FROM ＜表文件名＞；

［FORM|COLUMN］［FIELD 字段名表］［ALIAS］［NOOVERWITE］［WIDTH N 列］

说明：

① 标签格式文件名：指定要建立的标签格式文件名，可以不写扩展名，系统默认为 .lbx。

② 表文件名：指定数据来源的表或视图的文件名。

③ FORM|COLUMN：指定表或视图字段在标签中的排列方式。

④ FIELD 字段名表：指定需要输出的字段列表。

⑤ ALIAS：指定表或视图的别名。

⑥ NOOVERWITE：表示不覆盖原来的标签文件，同时也不建立新的标签文件。

⑦ WIDTH n：指定标签有 n 列。

使用命令方式创建标签，操作简单，但创建成的标签格式不灵活，功能有限，一般不符合实际操作要求，但是可以作为入门的练习。

8.3.2　标签的调用

标签创建的结果被保存在一个扩展名为 .lbx 的文件中。运行标签是将设计结果输出给用户。标签运行的方式有两种，分别在两种不同的状态下运行。在标签设计器状态下，鼠标右键单击"标签"后选择"预览"，系统将设计结果按打印输出的比例显示在屏幕上，用于检查设计结果是否符合用户的需求。需要预览标签，还可以通过标签菜单实现。输出标签的另一种方法是在系统命令窗口执行标签输出命令。命令格式为：

```
LABEL FORM 文件名 1|?                              && 指定运行的标签文件
［ENVIRONMENT］                                    && 指定该子句与以前的版本兼容
［SCOPE］                                          && 表记录筛选范围
［FOR ＜EXPL1＞］［WHILE ＜EXPL2＞］               && 指定表记录输出限制条件
［HEADING ＜列名＞］                               && 指定页标头
［NOCONSOLE］                                      && 表示运行结果不送控制台（屏幕）
［NOOPTIMIZE］                                     && 表示禁止优化功能
［PLAIN］                                          && 指定标题
［RANGE ＜sn＞［,＜en＞]］                          && 指定处理的页面范围，不指定则从头到尾
［PREWIEW［［IN］WINDOW ＜窗口名＞|IN SCREEN]］     && 指定地方进行预览
［NOWAIT］                                         && 表示运行标签后直接返回
［TO PRINTER［PROMPT］|TO FILE ＜文件名＞［ASCII]］
                                                  && 指定运行结果存放目的地
［NAME ＜对象名＞］                 && 为标签的数据环境指定一个对象名，可以访问
［SUMMARY］                        && 表示"总结"部分，而忽略"细节"部分
```

注意：当在表单的一个命令按钮中执行运行标签输出，并送往打印机时，如果没有指定 NOCONSOLE 子句，标签的运行结果除了送往打印机外，还显示在当前的活动表单中，从而搞乱了表单上原来显示的内容，因此，当需要打印输出一张标签时，在命令行中最好

加上 NOCONSOLE 子句。另外,为了提高标签运行速度,最好在标签运行命令行上不要指定数据筛选条件或者范围。如果确实需要筛选出相应的记录,一般可以使用 SELECT 命令将满足条件的记录先送到一个专门的标签数据源表文件中,然后针对该表文件设计相应的标签。需要打印时直接运行标签命令即可。

例如,创建的标签格式文件名是 MR,则执行如下命令的功能为:

LABEL FORM MR TO PRINTER NOCONSOLE
　　　　　　　　&& 打印 MR 格式的标签,禁止在控制台输出结果
LABEL FORM MR PREVIEW　　　　&& 预览输出 MR 格式的标签
LABEL FORM MR TO PRINTER PROMPT NOCONSOLE
　　　　　　　　&& 打印 MR 格式的标签前用户先设置打印机参数,然后打印
　　　　　　　　&& 输出标签,同时禁止在控制台输出结果

8.3.3　标签格式文件的修改

标签格式创建后,用户可以通过命令的方式调用标签格式文件并输出标签,如果已经创建的标签格式需要做局部修改,那么先打开标签设计器,然后调整标签设计器上标签的各部分内容。

实际上标签创建与修改的不同仅在于原始状态和进入标签设计器的方法不同,设计操作方法完全相同,创建标签指定的标签文件原来不存在,因此往往在创建标签工作结束时才指定标签格式文件名,而修改标签格式文件指定的标签格式文件必须已经存在,否则无法进入和修改。打开标签设计器时,创建标签是从"新建"按钮打开标签设计器,而修改标签是从打开对话框选择标签文件类后打开标签设计器的。

如果采用命令方式修改标签格式文件,命令格式如下:

MODIFY LABEL ＜标签格式文件＞|?

说明:不指定文件名时系统提示选择一个标签格式文件名。

❋　本 章 小 结　❋

本章重点介绍了报表与标签结构和用途,侧重分析了报表与标签的不同应用情况。系统地介绍了报表与标签的设计、创建、维护和调用方法,以及报表在设计过程中相关控件的功能、作用和应用方法,为丰富数据输出形式、提高输出数据的人性化提供了工具。

研讨分析

（1）分析 Visual FoxPro 设计的报表与日常管理工作中的使用的报表的联系。研讨如何实现用户对报表的特殊要求。例如:当报表作为一个独立文件需要封面和总结时,如何实现?

（2）研讨在什么场合使用报表? 在什么场合使用标签?

（3）分析应用报表如何输出学生成绩单、教材库存量、发票等不规则的单据?

（4）在报表输出时,如何实现输出临时人工确定的内容? 如何实现需要通过临时处理的结果?

第 9 章

菜单设计

在应用系统中,用户最先接触到的是应用程序中的菜单系统。为了方便用户对系统的操作,减少用户操作培训,一般通过菜单的形式接受用户对系统的操作请求。菜单系统设计的好坏不仅反映了应用程序中的功能模块组织水平,同时也反映了应用程序的用户友好性。菜单是应用程序中必不可少的组成部分,不仅是用户操作的界面,也可以看成应用软件的一种外包装,在应用软件走向商品化的过程中起到十分重要的作用。

9.1 菜单设计过程

应用系统的菜单设计是以用户需求分析和系统功能设计的结果为依据的。创建一个完整的菜单系统通常包括以下步骤:

(1) 规划菜单系统,确定菜单项、菜单位置及子菜单等。

(2) 利用菜单设计器创建菜单及子菜单。

(3) 指定菜单选项所要执行的任务。如果需要,还可以包括初始化代码或清理代码的设置。

(4) 从"菜单"菜单上选择"生成"命令,生成菜单程序文件。

(5) 运行菜单程序,对菜单系统进行测试。

9.1.1 菜单的分类

在应用系统中,菜单利用人们所熟悉的常识,提供简便的操作方法。一个系统的功能或者能完成的任务往往有许多,通常把各种功能或任务归类,每个菜单对应各自的功能模块,同时根据实际情况决定建立何种类型的菜单,在 Visual FoxPro V6.0 下,菜单的类型可分为:快捷菜单、SDI 菜单和普通菜单。

(1) 快捷菜单:右击鼠标时弹出的菜单。当用户在某一对象上并右击鼠标时,弹出快捷菜单供用户选择菜单项,进行相应操作。

(2) SDI 菜单:显示在 SDI(单文档界面)窗口中的菜单。

(3) 普通菜单:这是相对于上述两种类型的菜单而言的,跟系统菜单一样,在应用程序的主窗口中显示。

本章重点介绍 Visual FoxPro V6.0 下的菜单设计。

9.1.2　菜单的组成

在 Visual FoxPro V6.0 下,菜单设计的内容被保存在菜单格式文件中。对于一个普通的菜单,当有很多菜单项时,将菜单项归类,形成树型的层次结构,顶层为主菜单,中间层为子菜单,底层菜单对应与功能模块或相应命令连接。因此,在 Visual FoxPro V6.0下,一个菜单由菜单栏、菜单标签、菜单组和菜单条组成。

（1）菜单栏:是菜单结构中的顶层菜单,也称为主菜单,可以由代表一类菜单的子菜单名或菜单条组成;一般被排列在操作窗口的顶行或底行,通常横向排列。Visual FoxPro V6.0 启动后,系统的主菜单名是 SYSMENU,用户可以引用该菜单名打开或关闭系统主菜单。

（2）菜单标签:是代表一组菜单的中间层菜单集合的名称,起到协调控制各功能模块的作用。

（3）菜单组:由多个菜单条或子菜单组组成。实现操作功能的是菜单结构中的底层菜单,菜单组则代表一组菜单条。

（4）菜单条:是直接与执行程序代码相连接的接口。可以是一条命令、一段过程代码或调用过程的命令。

9.1.3　菜单的规划

当一个应用系统功能繁多,结构复杂时,在菜单制作之前,应对将要制作的菜单作必要的规划。菜单规划是整个系统规划的一个重要部分,其目的是从整体上统一考虑菜单的结构和组成,设计出功能组织合理、标题简洁准确、风格良好的菜单。

规划菜单时,可参考下面的准则进行:

（1）合理组织菜单。一个应用系统的结构复杂,功能多种多样,要对系统所能提供的功能,按所完成的任务进行合理的分类,分别组织在不同的子菜单当中,使用户能很容易地找到完成某项任务的操作选项。

（2）菜单项的组织准则,既要考虑到与多数程序的菜单保持一致,也要考虑到用户的使用习惯。在子菜单的逻辑组中,菜单项的排列应考虑到菜单项的使用频率。使用频率高的在前,相同使用频率的可以按字母顺序或其他用户认可的顺序排列。

（3）菜单的标题要有意义,菜单项名要用语准确,简单明了,字数不宜太多。

（4）菜单的访问键及快捷键的选择既要考虑到已有程序的选择,也要考虑到目前多数软件的自然约定选择,如用 Alt + F 作为"文件"的访问键,用 Ctrl + C 作为"复制"的快捷键等。

（5）将菜单项的数目限制在一个屏幕之内,如果一行菜单超过一屏,则会给用户的操作带来不便。操作者可以为其中的一些菜单项创建子菜单,或重新规划一下菜单项的分类。

例如,学生成绩管理系统的功能结构如图 9.1 ~ 图 9.5 所示。我们可以将系统功能结构图很方便地转换成系统菜单结构。具体转换方法是将主控制模块内功能转换成对应的主菜单,也称为菜单栏,如果对应有下级功能控制模块,则该项转换成子菜单,最底层的功能模块转换成菜单条,如表 9.1 所示。

将应用系统的功能结构转换成普通菜单结构是一件十分简单的工作,我们可以把应用系统的功能模块名称直接引用到菜单名或菜单标签名中。但是定义菜单条或菜单标签名称时,同一个菜单栏内的名称长度应尽可能一致,以使菜单显示规范整齐。在 Visual FoxPro V6.0 系统下,菜单的选择操作可以直接点击任意一层中某个菜单,因此在菜单设计时,除了主菜单栏外,没有必要设置返回主菜单或上级菜单的操作。工资管理信息系统的菜单结构如表 9.2 所示,菜单条右边的空列根据应用系统软件功能设计,填入相应的功能模块调用命令或过程代码。

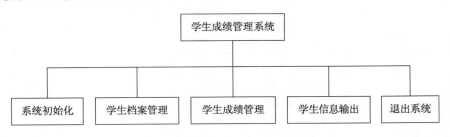

图 9.1　学生成绩管理系统总体结构

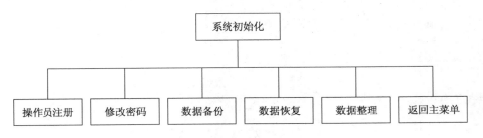

图 9.2　系统初始化模块结构

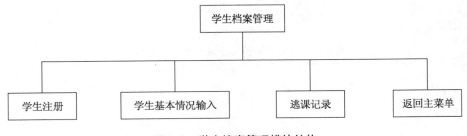

图 9.3　学生档案管理模块结构

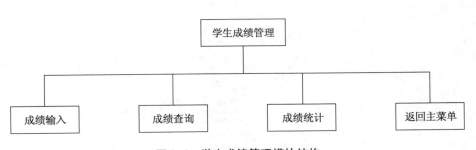

图 9.4　学生成绩管理模块结构

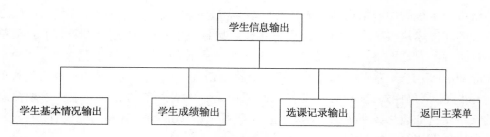

图 9.5　工资信息输出模块结构

表 9.1　菜单结构转换表

系统功能模块	菜单栏	子功能模块	菜单条	下级子功能模块	下级子菜单
系统初始化	初始化	操作员注册 修改密码 数据备份 数据恢复 数据整理 返回主菜单	操作注册 修改密码 数据备份 数据恢复 数据整理		
学生档案管理	档案管理	学生注册 学生基本情况输入 选课记录 返回主菜单	学生注册 基本情况输入 选课记录		
学生成绩管理	成绩管理	成绩输入 成绩查询 成绩统计 返回主菜单	成绩输入 成绩查询 成绩统计		
学生信息输出	信息输出	基本情况输出 成绩输出 选课记录输出 返回主菜单	基本情况输出 成绩输出 选课记录输出		

表 9.2　学生成绩管理信息系统菜单结构表

初始化	操作注册 修改密码 数据备份 数据恢复 数据整理
档案管理	学生注册 基本情况输入 选课记录
成绩管理	成绩输入 成绩查询 成绩统计
信息输出	基本情况输出 成绩输出 选课记录输出
退出系统	

9.2 创建菜单系统

设计好一个菜单系统后,可以使用 Visual FoxPro V6.0 提供的菜单设计器创建菜单文件。在创建菜单文件时,系统不仅保存了菜单格式,而且可以生成相应的菜单程序文件。菜单格式文件由菜单设计器自动形成,而菜单程序文件必须经过菜单"生成"操作后才能形成,否则,创建的菜单文件不能执行,修改的结果在菜单运行时不能调整。菜单的创建主要有两种方式,一种是定制已经存在的 Visual FoxPro V6.0 菜单系统,另一种是开发自己的菜单系统。

9.2.1 普通菜单的创建

9.2.1.1 定制菜单的创建

用户可以使用快速菜单工具从已经存在的 Visual FoxPro V6.0 菜单系统着手创建新的菜单,即对 Visual FoxPro V6.0 已经存在的菜单条根据用户操作习惯和需要重新组织。定制已存在的菜单系统的操作方法比较简单,具体操作步骤如下:

(1)打开"新建菜单"对话框。可以使用如下方法之一:

方法一:使用项目管理器。打开项目管理器后,选择"全部"或"其他"选项卡,选择"菜单"选项,单击项目管理器右侧的"新建"按钮。

方法二:使用系统"文件"菜单。在 Visual FoxPro V6.0 主菜单中,单击"文件"后选择"新建",再选择"菜单",单击"新建文件"按钮。

方法三:使用 CREATE MENU 命令。在 Visual FoxPro V6.0 命令窗口内输入创建菜单命令,命令格式如下:

CREATE MENU　　<菜单文件名>

(2)在"新建菜单"对话框中单击"菜单"按钮(见图9.6),弹出菜单设计器。此时在主菜单栏中出现"菜单"标签。

图9.6　选择"菜单"设计器

(3)单击主菜单栏中的"菜单",选择"快速菜单"命令,菜单设计器中显示与 Visual FoxPro V6.0 主菜单有关的信息,如图9.7 所示。打开的菜单设计器已经存在了菜单结构系统。

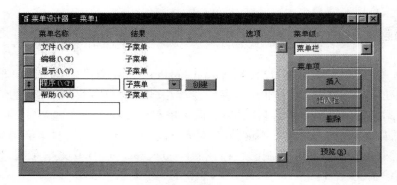

图 9.7　快速菜单

（4）调整菜单结构，使其成为用户规划的实用菜单系统。调整方法是在已有菜单结构上插入新的菜单条、删除不用的菜单条、编辑菜单条执行命令或过程代码。

在菜单设计器中所设计的菜单保存为.mnx 菜单文件，它不能直接运行，要运行菜单，需要将.mnx 菜单文件生成为.mpr 的菜单程序文件。.mnx 菜单文件可以通过主菜单中"菜单"项下的"生成"菜单操作建立菜单运行程序。在生成程序文件前需要指定一个文件名，如果指定文件名已经存在，则系统会提示是否修改原文件，如果按"是"按钮，则以当前设计的结果生成菜单程序文件；否则，原菜单程序文件不变。

9.2.1.2　普通菜单的创建

如上述的学生成绩管理信息系统中，菜单的操作功能在 Visual FoxPro V6.0 中没有现成的菜单条可以借用，用户必须自己定义菜单系统。打开菜单设计器后，用户定义每一部分的内容，下面分别介绍菜单设计器的设计和操作方法。

（1）创建顶层菜单。打开菜单设计器后，按照菜单规划的菜单结构，在菜单设计器的"菜单名称"列中将顶层菜单项输入到菜单设计器中。例如学生成绩管理信息系统中的"初始化"菜单标题，如图 9.8 所示。

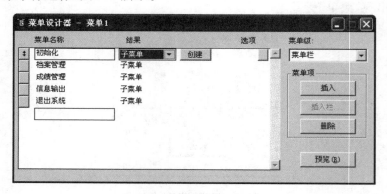

图 9.8　普通菜单设计器

（2）设置访问键。在菜单项的创建过程中，可以在"菜单名称"列为每个菜单项指定访问键。如果没有为某一菜单或菜单标题指定访问键，则 Visual FoxPro V6.0 自动将菜单项中的第一个字母默认为访问键。如果要指定自己的访问键，则必须在"菜单名称"列中该菜单或菜单标题的提示串中，在要作为访问键的字母之前插入反斜杠和小于符

（\<）即可,注意反斜杠和小于符必须在英文输入状态下输入,如图9.9所示。

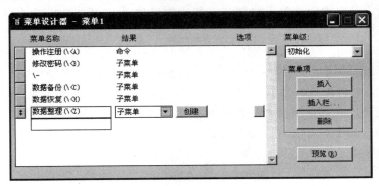

图9.9　设置访问建

（3）设置"结果"选项。在顶层菜单中,"结果"选项有四个:命令、填充名称、子菜单（默认）和过程。其含义分布如下:

命令:当某个菜单条完成某项任务只需要一条命令时,可以在菜单设计时给菜单条直接输入这条命令。

填充名称:表示此菜单项暂时不做确定。

子菜单:即在此菜单项下还要建立下一级菜单。

过程:如果某项菜单指定的任务必须通过一段程序代码才能完成,则需要用过程完成相应的任务。

（4）创建子菜单。如果在上级菜单的"结果"选项中选择了"子菜单",则还需建立下一级菜单结构。在 Visual FoxPro V6.0 中每个菜单项都可以包含下级子菜单,这样形成菜单的树型模块结构。子菜单的创建方法如下:

① 在上级菜单的"结果"框选择"子菜单","结果"列的右边将出现"创建"按钮。如果子菜单已经存在,则出现"编辑"按钮。

② 单击"创建"按钮或"编辑"按钮,进入子菜单的菜单项定义。

③ 在新的菜单输入区,分别在"菜单名称"列下输入新的菜单项的名称,例如,为"初始化"菜单标签再建立"操作注册""修改密码""数据备份""数据恢复"和"数据整理"菜单项,如图9.10所示。

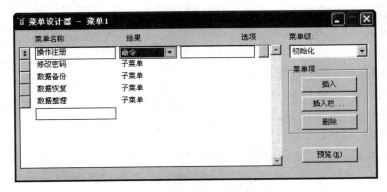

图9.10　"初始化"子菜单设计

219

子菜单结果列表中也有四个选项:命令、菜单项#、子菜单和过程。其中"命令""子菜单""过程"的含义与顶层菜单一致,而"菜单项#"表示可以在后面的文本框中输入相应的菜单名。

(5)菜单项分组。在定义子菜单的菜单项时,还可以对子菜单中功能相近的菜单项进行分组,即用分隔线将各组菜单项分隔开。要建立分隔线,只需要在"菜单名称"列中输入字符"\ -"来替代一个菜单项,分隔符定义必须在英文字符输入状态下输入。这个分隔符定义行可以在菜单项定义后在最后插入,然后把该行拖放到相应位置上,也可以在输入菜单项过程中对分隔行直接输入分隔行定义符,这时特别要注意字符输入状态。

例如,"初始化"菜单下的子菜单,可以将其分成操作员管理和数据备份两部分,因此在"修改密码"和"数据备份"之间插入一个分隔行。首先选择"数据备份"菜单项,然后按"插入"按钮,在新菜单项上"菜单名称"列内输入"\ -"两个字符,如图9.11所示。

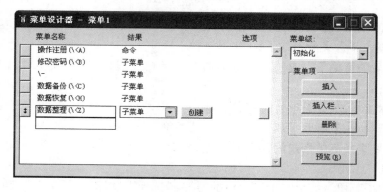

图9.11 分组操作

(6)设置快捷键。在 Visual FoxPro V6.0 中,除了设置访问键为菜单操作提供方便外,还可以为菜单或菜单项指定快捷键。快捷键与访问键的不同在于不用显示菜单就可以直接使用快捷键选择菜单项。快捷键通常由 CTRL 或者 ALT 与另一个字符键组合而成。操作过程如下:

① 在"菜单名称"列中选择相应的菜单标题或者菜单项;

② 单击"选项"列中的按钮,弹出"提示选项"对话框,如图9.12所示。

③ 在"键标签"框中输入按钮组合键,创建快捷键。例如,同时按 CTRL 和 A 键,这时显示 CTRL + A。注意按键的方法是先按下控制键 CTRL 不放开,后按下字符键 A,使两个键都处于按下状态,这样起到了同时按下的作用。

④ 在"键说明"框中,定义出现在菜单下面的提示信息,可输入文本内容。

(7)使菜单项启用或废止。在应用系

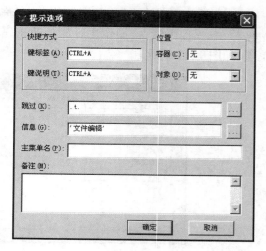

图9.12 "提示选项"窗口

统中,对菜单系统中的菜单操作权有一定的限制,特别是对数据的输入、修改和删除。有些操作是指定操作员,有些操作是指定操作环境。为此,Visual FoxPro V6.0 可以基于一定的逻辑条件使用菜单或菜单项。当逻辑表达式的值为".F."时,该菜单项或菜单可用,否则不可用。在设置用户菜单系统时,可按如下步骤设定:

① 在菜单设计器的"菜单名称"列中选择需要设定的菜单标题或者菜单项。

② 单击"选项"列中的按钮,弹出"提示选项"对话框。

③ 在"提示选项"对话框的"跳过"框图中(见图 9.12),键入逻辑表达式,或者通过按 ▢ 按钮,打开表达式生成器,创建一个逻辑表达式。当执行菜单程序时,这个表达式控制菜单或菜单项可用或不可用。如果表达式的运算结果是".F.",则这个菜单可用,否则这个菜单不可用。例如:在"跳过"框中输入 .T. ,则表示该菜单不可用,为灰化状态;如果在"跳过"框中输入 EOF( ),则表示当表的指针记录指向结尾时,该菜单不可用。

9.2.1.3 定制菜单

用户自定义菜单系统创建后,可以对其进行定制,设置其状态栏消息、定义菜单位置或者定义缺省过程。

(1) 设置菜单状态栏消息。菜单状态栏消息是当用户在菜单操作过程中将光标移到菜单项时,在状态栏上显示菜单操作的提示信息。设置菜单状态消息的方法如下:

① 在"菜单名称"列中选择要操作的菜单标题或菜单项。

② 单击"选项"列中的按钮,弹出"提示选项"对话框。

③ 在"信息"框中输入该菜单的提示信息,或者点击"信息"输入框右边的▢按钮,通过表达式生成器输入提示信息的表达式,如图 9.12 所示。

(2) 定义菜单标题的位置。用户可以对菜单的标题位置进行定制。对于已经激活的菜单,定制位置的过程如下:

① 从"显示"菜单选项中,选择"常规选项"命令,出现如图 9.13 所示的对话框。

② 从"位置"框选择适当的选项。用户选择"替换"项,则替换当前菜单项,或者选择"追加"项,则将添加到菜单项的最后面,也可以选择"在...之前",则在当前菜单之前,或者选择"在...之后",则在当前菜单之后。

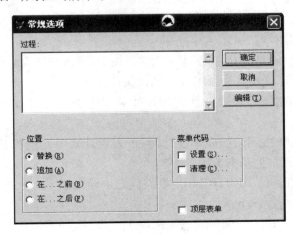

图 9.13 "常规选项"窗口

（3）设置菜单系统的默认过程。在菜单系统设计过程中，可以创建一个过程作为本菜单系统的默认执行过程。也就是说，当创建了某一顶层菜单条，但还没定义其功能时，在菜单系统运行过程中，当用户单击到这个没有定义功能的菜单条时，自动执行系统默认过程。这样避免了在菜单系统调试过程中，单击到部分还没有明确功能的菜单项而发生错误。设置默认过程的方法如下：

① 打开要设计的菜单系统。

② 从"查看"菜单项选择"常规选项"命令。

③ 在"常规选项"对话框的"过程"框中键入要执行的命令，或者单击"编辑"按钮，通过编辑窗口来编写要执行的命令。

（4）设置菜单初始代码。设置代码是在生成的菜单源程序中菜单定义代码之前执行的程序部分，为菜单的打开做必要的准备。设置代码中可以包含创建环境的代码，定义有关的内存变量和给定它们的初值，有关文件的打开等工作。设置菜单初始代码的方法如下：

① 打开要设计的菜单系统。

② 从"查看"菜单项选择"常规选项"命令。

③ 选择"常规选项"对话框的"设置"复选框，通过编辑窗口来编写要执行的命令。

（5）设置菜单的清理代码。清理代码是在生成的菜单源程序中菜单定义代码之后执行的程序部分，可以实现菜单的激发执行和执行结束时的一些工作。如菜单中所定义内存变量的释放、原菜单的恢复、环境的恢复等。另外，在这里可以加入一些自定义过程或函数。设置菜单清理代码的方法如下：

① 打开要设计的菜单系统。

② 从"查看"菜单项选择"常规选项"命令。

③ 选择"常规选项"对话框的"清理"复选框，通过编辑窗口来编写要执行的命令。

9.2.2 快捷菜单的创建

当用户使用鼠标右键单击控件或对象时，将显示快捷菜单。快捷菜单提供与当前所选对象最为相关的命令。可以在 Visual FoxPro V6.0 中创建快捷菜单并将其附着在控件中。操作过程如下：

（1）打开"新菜单"对话框。

（2）在"新菜单"对话框中单击"快捷菜单"按钮，弹出快捷菜单设计器。进入快捷菜单设计器后，就可以像创建普通菜单一样创建快捷菜单。

创建快捷菜单结束后，必须将创建的快捷菜单附着在控件或对象上。其操作过程如下：

（1）在控件设计状态下（如表单设计器、报表设计器等），选择快捷菜单要附着在其中的表单或控件（如"学生基本情况"表单）。

（2）在表单或控件的 RIGHTCLICK 事件代码中输入如下命令：

DO　＜菜单文件名＞.mpr

说明：命令行上菜单文件的扩展名不能缺少。设计菜单时，在退出菜单设计器前，必须对当前设计的菜单进行"生成"操作。

例如:为"学生基本情况"表单创建一个名为"KJ"的快捷菜单,内容如表9.3所示,在表单中的执行如图9.14所示。

表9.3 快捷菜单

菜单名称	结果	跳过
首记录	Goto top _Screen. activeform. refresh	Bof( )
上一条记录	Skip – 1 _Screen. activeform. refresh	Bof( )
下一条记录	Skip _Screen. activeform. refresh	Eof( )
末记录	Goto bottom _Screen. activeform. refresh	Eof( )
退出	_Screen. activeform. release	

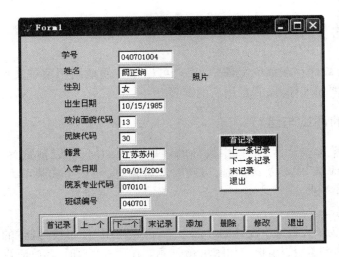

图9.14 快捷菜单的执行

9.2.3 SDI 菜单的创建

SDI(单文档界面)菜单是显示在 SDI 窗口中的菜单。要创建 SDI 菜单,就必须在设计菜单时指示菜单将被使用的 SDI 表单。为此,在菜单设计器中选择"查看"的"常规选项"命令,在"常规选项"对话框中选择"顶层表单"复选框,如图9. 15 所示。

进入菜单设计器后,菜单的设计操作与其他菜单设计操作相同。完成了菜单文件建立后,还必须将这个文件附着在 SDI 表单中,操作过程如下:

(1)选择某一表单文件打开,在表单设计器中,设置表单的 SHOWWINDOW 属性为"2 – 顶层表单"。

(2)在表单的 INIT 事件中设置调用 SDI 菜单的命令,命令格式如下:

DO < SDI 菜单文件名 > . mpr   with this , . T.

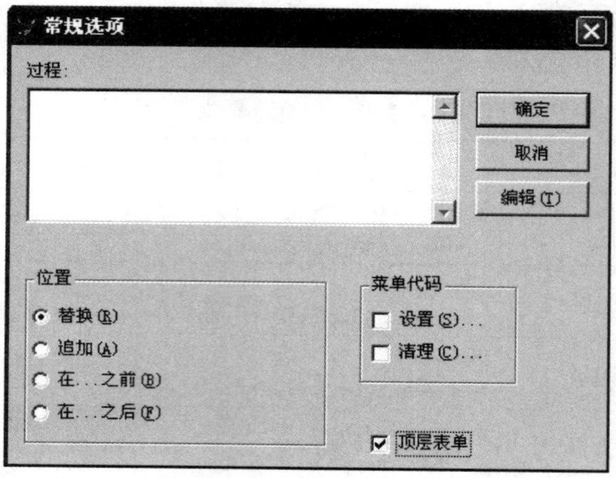

图 9.15 "常规选项"对话框

9.3 菜单的使用

菜单创建后被保存在菜单文件中,用户可以很方便地调用菜单文件,供用户选择系统功能,完成数据处理任务,满足用户的需要。

9.3.1 菜单的调试与运行

要检查在"菜单设计器"窗口中设计的菜单效果如何,可以预览菜单或运行菜单程序。在"菜单设计器"中涉及菜单时,可随时进行预览,而在生成菜单程序后则可对菜单系统进行测试和调试。

（1）预览菜单

如果仅仅是为了查看菜单设计的界面效果,可以使用"菜单设计器"的预览功能。单击"菜单设计器"的"预览"按钮即可,如图 9.16 所示。在预览菜单时,菜单项的功能并不被执行。

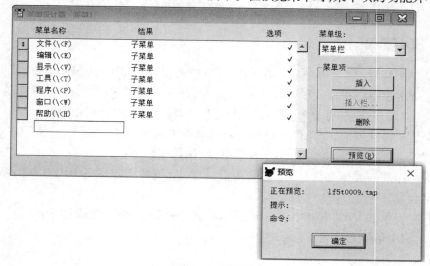

图 9.16 预览菜单

（2）生成和运行菜单

当用户通过菜单设计器完成菜单设计后，系统只生成菜单文件（.MNX），但.MNX 是不能执行的。若要生成菜单程序文件，只要选择"菜单"中"生成"选项即可，如图 9.17 所示。

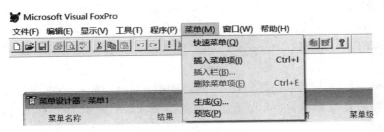

图 9.17　"生成"菜单

菜单文件的运行只对 MPR 文件有效，所以在菜单设计结束前，一定要生成菜单代码文件（.MPR），否则将无法运行设计的菜单文件。即使在菜单设计器下按"预览"按钮能见到设计效果，但是，当退出菜单设计器后，执行菜单程序将发生错误。运行菜单程序文件主要有以下两种方式：

① 从"程序"菜单中选择"执行"，然后选择已生成的菜单程序文件运行。

② 使用 DO 命令执行菜单。

命令格式：DO　＜菜单文件名＞.mpr　［WITH ＜参数表＞］

功能：执行指定的菜单程序文件。

说明：WITH ＜参数表＞可以传递数据给程序代码。

例如：执行上述快速菜单"菜单 1"。

DO　菜单 1.mpr

菜单文件的扩展名.mpr 在菜单程序执行时不能省略，否则系统会默认执行 Visual FoxPro V6.0 的应用程序文件.prg。

9.3.2　菜单的维护

当用户需要对菜单设计的结果进行调整时，可以打开菜单设计器根据需要进行修改、删除和添加菜单项。菜单维护的操作方法与菜单系统创建的操作方法完全相同。修改一个已经存在的菜单文件，主要有以下三种方法：

（1）在 Visual FoxPro V6.0 主菜单中选择"文件"菜单下的"打开"操作项，选定打开的菜单文件，从而进入菜单系统的维护工作状态。

（2）在项目管理器状态下，先选择"菜单"类文件中的一个文件，然后单击"修改"按钮，进入菜单系统维护状态。

（3）通过命令方式进入菜单系统的编辑。具体命令如下：

MODIFY MENU ［文件名 l?］［WINDOW　窗口名 1］［IN ［WINDOW］ 窗口 2 l IN SCREEN　l IN MACDESKTOP］［NO WAIT］［SAVE］

功能：打开菜单设计器，调入指定的菜单格式文件，等待修改。

说明：

① 文件名|?：文件名是指定要修改的菜单文件名称,而"?"则打开一个文件选择窗口,供用户从中选出一个待修改的菜单文件。

② WINDOW 窗口名1：指定菜单设计器采用的特性窗口,此窗口不必是活动的,但必须是已经定义过的。

③ IN［WINDOW］窗口名2：指定菜单设计器打开的位置窗口,菜单设计器在窗口2内操作,不能移出窗口2,并随着窗口2的移动而移动。

④ IN SCREEN|IN MACDESKTOP：指定菜单设计器在 Visual FoxPro V6.0 主窗口内操作。

⑤ NO WAIT：指定菜单设计器打开后继续执行程序。如果没有该参数,则打开菜单设计器后等待进行菜单设计(修改、添加、删除菜单项等)工作,直到菜单设计器关闭后才执行后续程序。

⑥ SAVE：表示激活其他窗口后,菜单设计器仍保持打开,否则自动关闭。

在 Visual FoxPro V6.0 中往往会出现修改后的菜单文件不能被执行的情况,即当修改、生成、执行时,执行菜单调用的仍然是修改前的内容,即使重新启动 Visual FoxPro,还是旧菜单内容。如果出现这种情况往往是由于在菜单文件执行时自动将 MPR 源代码文件编译成目标代码文件(MPX)。菜单修改生成了 MPR 文件,但系统没有将 MPR 文件转换成 MPX 文件,而执行菜单时调用了 MPX 文件,造成上述现象。解决这种问题最彻底的方法是将 MPR 与 MPX 在指定文件类中都删除,然后重新生成 MPR 文件,在调用菜单时,系统将生成新的 MPX 文件,执行新的菜单文件。

9.3.3 Visual FoxPro 系统菜单的配置

用户可以通过 SET 命令设置系统菜单。命令格式如下：
SET SYSMENU ON|OFF|AUTOMATIC|TO［MenuList］|TO［MenuTitleList］;
|TO［DEFAULT］|SAVE|NOSAVE
命令行中的参数只能选择其中之一,各参数的含义如下：

(1) ON：表示在程序执行期间,当 Visual FoxPro V6.0 等待记录编辑命令时,启动 Visual FoxPro V6.0 主菜单。在 FoxPro for MS-DS 中不显示主菜单栏,但是可以通过按 ALT 或 F10 键或双击鼠标右键来显示它。

(2) OFF：表示在程序执行期间废除 Visual FoxPro V6.0 主菜单。

(3) AUTOMATIC：Visual FoxPro V6.0 主菜单在程序运行期间可见。可以访问菜单栏,但是菜单条是否可用还取决于执行命令后所处的状态。在 Visual FoxPro V6.0 中默认设置为 AUTOMATIC。

(4) TO［MenuList］和 TO［MenuTitleList］：参数指定了 Visual FoxPro V6.0 主菜单栏中菜单或菜单标题的子集。这些菜单或菜单标题可以是主菜单中的菜单或菜单标题的任意组合,相互之间用逗号隔开。菜单和菜单标题的内部名称列在系统菜单名称中,使用 RELEASE BAR 可以指定菜单中的可用菜单项。

(5) TO［DEFAULT］：可以将主菜单栏恢复为默认设置。如果对主菜单栏或它的菜单做过修改,可发出 SET SYSMENU TO DEFAULT 命令恢复。不带任何参数的 SET SYS-MENU TO 命令废除 Visual FoxPro V6.0 主菜单栏。

（6）SAVE：可以使当前菜单系统成为默认设置。如果在发出 SET SYSMENU SAVE 命令之后修改了菜单系统，可以通过发出 SET SYSMENU TO DEFAULT 命令来恢复前面的菜单设置。

（7）NOSAVE：将重新设置菜单系统为默认 Visual FoxPro V6.0 系统主菜单，但是只有当发出 SET SYSMENU TO DEFAULT 控制程序之后才显示修改后的默认 Visual FoxPro V6.0 系统菜单。

❋ 本 章 小 结 ❋

本章重点介绍了菜单的类型、结构，及其设计、创建、维护和调用方法。从实用、方便、简捷的角度介绍了普通菜单、快捷菜单和 SDI 菜单的实现过程和应用实例，为数据库系统应用普及和应用软件的推广提供了有效的途径。

研讨分析

（1）举例分析快捷菜单的应用情况，研讨快捷菜单的结构和实现方法。

（2）举例说明普通菜单的用途和结构，研讨如何实现灵活机动地控制菜单项操作，在大型信息系统中如何实现用户权限管理。

（3）研讨在什么场合下适用 SDI 菜单？SDI 菜单是如何实现的？

（4）打开一个菜单程序文件，从程序内容分析相关语句的作用。

（5）当一个菜单的树型结点调用（即子菜单或菜单项）前需要做一些特殊处理时，如何通过菜单程序文件的改造实现用户的特殊需求？

第 10 章

数据库系统综合应用

10.1 学生成绩管理

对于在校学生而言,学生成绩管理是最熟悉的数据库系统应用。学生成绩管理是一个涉及面广、信息量大、管理因素多和管理模型较复杂的数据库应用系统。

学生成绩管理将关系到学校教务处、学工处、学生所在院系、学生相关教师、学生本人、学生家长、学校档案室和就业单位等部门。随着教育管理模式的不断改革,从总体上来看,基本上由传统的学年制管理模式向完全学分制转变,这给人工管理学生成绩带来了更大的困难。开发成绩管理信息系统,作为数据库技术应用实例,这不仅是学生掌握企业信息化工程应用技能实践最佳途径,而且开发的信息系统具有实用价值,可以直接在学生的成绩管理中试用、验证。系统主要分析如下内容。

10.1.1 学生成绩管理组织结构系统分析

通过调查分析和资料整理,将与学生成绩管理相关的业务单位,操作用户从事务流、数据流、信息流角度,画出学生成绩管理的组织结构图,如图 10.1 所示。

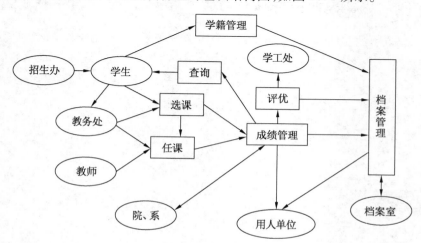

图 10.1 学生成绩管理组织结构示意图

不同的学校往往采用不同的教学管理模式,其成绩管理的组织结构会存在不同。在画学生成绩管理组织结构图时,应当从全局出发,描述系统的概况,不能过细。否则太复杂,不容易分析和理解。在学生成绩管理组织结构图上仅采用了两种不同的符号,椭圆符表示组织或实体,方框表示业务处理。通过带箭头的连线将学生从入学到毕业整个学习期间的成绩管理刻画出来。

从图 10.1 可知,本系统的用户及部门有学生、教师、教务秘书、用人单位、招生办、教务处、院教务办、学工处和档案室等。这些用户分别具有不同的操作权限,我们将所有与系统有关的用户分成三类,分别是只能查阅数据,无权修改的用户,设置权限为"R",只能修改指定范围与条件记录中的某一字段的用户,设置权限为"W",可以修改全部数据的用户,设置权限为"A"。各用户的权限如表 10.1 所示。

表 10.1   用户操作权限分配

用户	权限
学生	R
用人单位	R
招生办	W
学工处	W
教师、教务秘书	W
教务处	A
院教务办	R
档案室	R

具有"W"权限的用户的操作过程有很强的时间性控制,只能在指定时间内,操作指定的记录与字段。招生办只能对新生添加记录和学生基本情况修改操作。不能涉及其他操作,学工处只能输入与修改学生奖罚情况,其他数据只能查阅操作。教务处的管理员可以作整个数据库的数据维护操作,因此,教务处管理员的操作必须规定时间与地点,并且系统自动备份操作过程及内容。

10.1.2   学生成绩管理主要业务流程分析

学生成绩管理的主要业务将涉及教学计划的制定和教学管理模式的选择,教学计划由院系制定、调整,由教务处组织专家进行审核,审核通过后作为正式文件保存执行,在教学计划执行过程中,按教学管理模式分成学年制与学分制,如图 10.2 所示。

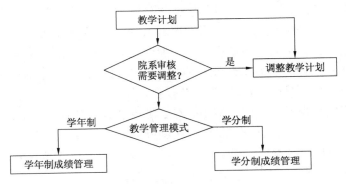

图 10.2   学生成绩管理业务处理总图

如果是学年制教学管理模式,则由教务处根据教学计划统一预安排教学任务,预定开课计划,明确开课学院、开课时间、地点,并通知相关教师和学生。教师按课程教学大纲实施教学任务,并考核学生、教师的教与学的情况,课程结束后进行考试或考查,教师填报学生的学习成绩,由院、系进行统一登记、汇总、处理、制作学生学习成绩单及对不及格成绩处理,并存档、最后转入教务处与学校档案室。教师实施教学考核后,由教师直接通过成绩管理系统录入成绩,由学生成绩管理系统进行相应的处理,并形成各类用户所需要的学生成绩信息,如图 10.3 所示。

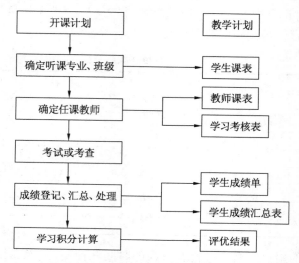

图 10.3   学年制学生成绩管理业务处理

如果是学分制教学管理模式,则由教务处根据教学计划统一预安排教学任务,预排所开课程、开课时间、地点和任课教师,并通知相关学生选课,最后根据选课结果确定开课时间、地点、教师和学生名单。教务处按教学课程大纲实施教学任务,并考核教师、学生的教与学的情况,课程结束后进行考试或考查,教师填报与输入学生的学习成绩,由学分制管理系统统一汇总、处理、制作学生学习成绩单及对不及格成绩处理,并形成各类用户所需要的学生成绩信息,学分制教学管理流程如图 10.4 所示。

学分制与学年制管理模式有如下几点重要区别:

(1)教学管理运行平台不同。学年制教学管理模式下,即可以运用信息系统支持运行,也可以采用人工方式支持运行。但是,在学分制教学管理模式下,必须由信息系统支持运行。否则,由于数据处理复杂,人工处理困难,更难于保证正确。

(2)教学管理流程不同。学年制教学管理模式完全按计划执行,同一专业按统一流程,既没有教学的灵活性,也不能充分发挥学生个性化发展。学分制教学模式完全由学生自主制定学习计划,保证学习效果符合现代教学发展需要。

(3)学生成绩处理方式不同。学年制对学生成绩管理往往由专人统一管理,随着招生规模扩大,学生成绩管理成本不断增大,在学分制教学管理模式下,运用信息系统采用开放式管理,既保证了成绩填报的正确性、及时性,又降低了学生成绩管理运行成本。

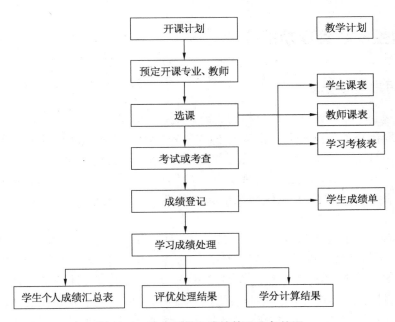

图 10.4 学分制学生成绩管理业务处理

10.1.3 学生成绩管理总体结构分析

学生成绩管理系统涉及面广、应用操作对象复杂,在系统功能模块设计时不仅要考虑系统功能的完整性,数据处理的及时性,用户操作的方便性,更应当加强系统操作的安全可靠性。在系统功能设计时,首先要考虑该系统是基于网络环境下运行,系统数据设置在后台服务器上统一管理,并通过硬件或软件的功能实现数据备份、镜像、双工等满足完整性的要求,学生在系统设计时可以先不考虑这方面的要求。学生成绩管理系统的总体功能结构如图 10.5 所示。

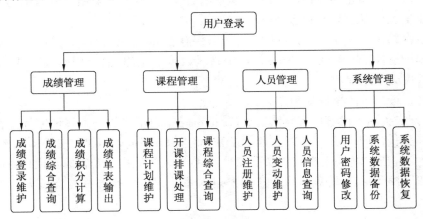

图 10.5 学生成绩管理系统功能结构示意图

10.2　学生成绩管理功能实现

10.2.1　用户登录模块

用户登录是整个系统安全性控制的关键模块。该模块不仅要识别操作用户的真伪，还要根据不同用户的不同权限分别调用不同的操作菜单，或控制菜单的不同操作权限。

（1）用户分类。学生成绩管理系统中的用户分成学生、教师、院系教务人员、教务处专职管理员、校综合管理员、系统管理员和一般用户。学生和教师分别保存在对应的学生表和教师表中，其他人员在系统启用前必须预置在用户表中，或通过系统管理员注册到用户表中。

当操作者以学生或教师身份进入系统时，分别调用相应的学生操作菜单和教师操作菜单文件，学生与教师只能进入上述系统总体功能结构图中的成绩管理功能，学生不具备成绩登录维护功能，教师对学生的学习成绩登录功能仅限于授课与指定时间内。

当操作者以院系教务管理员的身份进入系统时，可以进入上述系统总体功能结构图中的成绩管理功能和课程管理功能，不具备人员管理功能，在课程管理中不能进行课程计划维护操作。

当操作者以教务专职人员或系统管理员的身份进入系统时，可以具有除了成绩登录外的系统全部功能。由教务处的专职人员来管理、维护整个系统的运行。

当操作者以校综合管理员和一般用户的身份进入系统时，只具有成绩管理中的各类查询功能。不允许对系统数据做任何修改输入。

所在用户都能修改用户自己的密码，但系统数据的备份与恢复操作仅授权于系统管理员或教务处专职人员。

（2）加密解密算法。用户登录系统时，进行密码检验是控制非法用户入侵的一种简单有效的方法。密码的编制方法及对应算法有许多种，这里仅采用一些简单的方法供学生练习，学生也可以选其他的密码技术。

假设：密码被保存在 mim，变量中，明码被保存在 min1 变量中，并采用对称加密和解密技术，即加密算法与解密算法相同，调用该函数输入密码，输出明密，输入明密输出密码，密码长度必须是偶数。

方法一：最简单的用户检验方法。

这种方法实际上没有加密算法，仅仅是把密码作为用户的一个属性值保存在数据表中。通过应用软件开发工具中的功能屏蔽输入（例如，Visual FoxPro 中 Text 对象的 PassWordChar 属性值）内容，用户在登录系统时，根据输入的用户号及密码在用户对应数据表中搜索，如果找到用户，即确认为合法用户进入系统；否则，允许重复尝试 n 次后确认为非法用户，系统自动退出。

方法二：交换法。

首先将明密分成左右两部分，然后将这两部分进行按序交换生成密码，用户数据库表中以加密的代码保存，当密码用汉字时，加密后的代码往往是一组无法识别的乱码。

假设系统规定密码长度为 10 个字符，则将密码分成左边 5 个字符和右边 5 个字符，这两部分位置进行交换实现加密与解密的操作。例如：

还可以将明码两两交换产生密码,算法与上述基本相同,增加了将密码按每两个字符一级分解的过程,这种加密的效果比一次交换的效果会更好。而且这种算法对密码取值没有限制。

方法三:函数法。

交换法可以有效地控制用户文件被非法用户截取后造成的泄密现象。但是采用这类方法加密时,用户的密码通常情况下是固定不变,或变化很小,仅当用户特意修改后才改变。如果用户在上机操作时,被非法用户采用针孔摄像设备,或人工窥视获取输入密码后,用户控制将失掉期望的效果,采用函数产生一个随机码并分插入原密码的偶数位或奇数位,这样用户的输入内容每次不同。用户只要记住设定的密码,在输入时把密码与随机码混合输入,由系统解码函数自动过滤。

例如:密码是 ab12cf7890,函数产生的随要码为 0012780905,则输入码为 a0b01122c7f89005。

当用户设定的密码不足 11 位时,用空格作业密码内容,随机函数产生的长度与密码长度一致。

方法四:混合法。

将交换法与函数法同时应用,这样的密码即能有效地降低用户文件被截取的泄密风险,又能控制用户登录时被恶意窥视的密码泄密风险。

（3）用户登录确认操作流程

用户登录功能模块的主要功能是提示并等待用户输入用户号、密码和用户类型,用户输入结束后,进一步确认输入内容或取消用户登录。如果是合法用户则进入系统对应用户的操作菜单,否则,在允许的范围内重复登录,当超出允许重复登录次数后自动退出系统。确认登录用户操作过程如图 10.6 所示。

```
CMD = 0                    && 控制量初始化
STOR ″ TO vp,vu,vr,vc″     && 控制量初始化
i = 1                      && 控制量初始化
USE us SHARE               && 打开用户表
DO FORM jgusfm             && 启动用户审核表单
USE                        && 关闭用户表
IF i < 3                   && 核对结果正确性判别
DO jgmen. mpr              && 核对结果正确,启动主菜单
READ EVENT                 && 启动事件循环
ELSE                       && 核对结果不正确
```

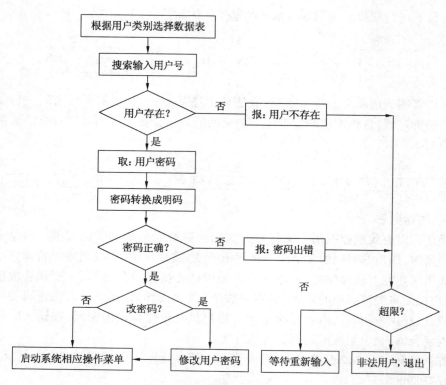

图 10.6 用户登录程序流程图

```
CANCEL                                    && 退出成绩管理系统,返回 DBMS
ENDIF
RETURN                                    && 中止运行
用户登录确认单击程序清单(P2)
SET EXAC ON                               && 设置精确匹配
IF i > = 3                                && 重复输入超过三次?
 = MESSAGEBOX('非法用户,退出系统!!',16)    && 超过,退出系统
THISFORM. RELEASE                         && 刷新表单
ENDIF
SELE us                                   && 选择用户表为当前表
LOCATE FOR ALLT( UHDH) = ALLT( THISFORM. COMBOL. VALUE)
                                          && 找用户代号
IF NOT EOF( )                             && 判别是否找到
IF ALLT( RIGHT( mm,5) + LEFT( mm,5) ) = ALLT( THISFORM. TEXT2. VALUE)
                                          && 找到,判别密码正确
vp = VAL( RM)                             && 用户存在,密码正确,取权限值
vu = ALLT( UHDH)                          && 用户存在,密码正确,取用户代号
vr = ALLT( RIGHT( mm,5) + LEFT( mm,5) )   && 用户存在,密码正确,取密码
THISFORM. RELEASE                         && 刷新表单
```

```
ELSE                                        && 密码不正确
   = MESSAGEBOX('用户口令输入错误,请重新输入!!',16+1)
                                            && 报口令出错
ENDIF
ELSE                                        && 用户不存在
   = MESSAGEBOX('用户号输入错误,请重新输入!!',16+1)
                                            && 报用户号输入出错
ENDIF
i = i + 1                                    && 记输入次数
THISFORM. REFRESH                           && 刷新表单
```

（4）系统实现方法

系统用户登录是整个系统中重要的一个功能模块,不仅要完成初始化工作,而且要完成用户审核工作。用户登录是通过启动主控程序或表单进入。本系统是通过主控程序（P1）进入,启动后的用户登录界面如图 10.7 所示。用户登录时,单击"确认"（P2）按钮,审核用户的身份。

确认单击程序P2

图 10.7 用户登录操作界面

10.2.2 人员管理

人员管理模块有人员注册维护、人员变动维护和人员信息查询三个子功能模块,实际上除了人员信息查询子功能模块外,其他功能模块仅授权于系统管理员或教务处专业管理员,人员查询也只能查找系统管理员授权的信息。

人员管理模块可以通过子菜单的形式或调用分页界面的方式,供操作人员选择操作对象及操作功能。不同人员登录的信息不同,被授予的操作权限也不同,因此在人员管理中需要设置不同的登录操作界面。按操作对象的不同,系统分成学生基本信息管理、教师基本信息管理和其他人员信息管理。

(1)注册与修改维护功能

注册与修改的不同在于注册打开一张空白表,用户输入确认后添加到其相应的数据表中,而修改操作则打开一张指定人员的信息表供用户修改,因此,在打开修改界面时,首先要指定修改人员,然后查询定位,如果找不到则提示重新指定被修改人员信息。不论是注册操作还是修改操作,在表单设计时,用户输入数据不直接绑定字段,在用户确认后才把数据写入数据表中,确保数据表中数据的有效性。

在数据输入或修改时,学生的学号,或教师的工号,或其他人员的用户号不能为空白,密码有效长度必须大于等于 6 位,并且采用上述某种加密方法将输入的密码加密后存入数据文件中。

(2)人员综合查询功能

人员综合查询模块的功能是根据操作选择的查询对象和查询范围以卡方式或列表形式将找到的结果输出,特别要注意输出界面的信息不能修改,也不能影响数据表内容。具体操作过程如下步骤:

① 选择查询对象。选择学生、教师、其他之一。

② 选择查询关键字。

学生表:学号、姓名、班级、性别或任意组合。

教师表:工号、院系代码、职称代码或任意组合。

其他表:用户号、类别。

③ 输入关键字值。

④ 查找。

⑤ 输出查找结果。当以卡片形式输出查找结果时,在卡片上设置可以按指定查找要求的内容前后翻页输出,即具有"前一页""后一页""第一页""最后一页"的功能。当查找结果有多条记录时,也可以以列表的形式输出。

(3)人员管理部分功能的实现

① 人员管理功能菜单设计与实现

人员管理功能涉及注册、口令修改和注销等操作。在系统主菜单设计时,每一个操作都是通过过程实现的。在相应过程中完成操作数据准备和调用操作表单工作,菜单设计内容如图 10.8 所示。

② 用户注册操作界面设计与实现

采用表单的方式实现用户注册操作界面,要求在系统启动后,通过应用系统菜单选择"用户注册",进入用户注册操作界面,注册操作员的操作界面如图 10.9 所示。

在表单设计过程中,不仅需要对"确认"和"取消"按钮编写程序代码,而且对需要校验的数据也编写相应的程序代码。

"确认"按钮的"Click"事件的程序清单:

图 10.8　用户注册菜单设计

```
SELE US                              && 选择用户表为当前表
LOCATE FOR ALLT(UHDH) = ALLT(THISFORM. COMBOL. VALUE)
                                     && 找用户
IF EOF()                             && 不存在
IF ALLT(THISFORM. TEXT2. VALUE) = ALLT(THISFORM. TEXT4. VALUE)
&& 两次密码相同
    vh = VAL(THISFORM. TEXT1. VALUE)     && 用户不存在,密码相同,取用户号
    vr = ALLT(THISFORM. TEXT3. VALUE)    && 用户不存在,密码相同,取权限值
    vmm = SUBSTR(THISFORM. TEXT2. VALUE,1,10)
                                     && 取密码原值
    vmm = ALLT(RIGHT(mm,5) + LEFT(mm,5))  && 对原值加密
    REPLACE NEXT 1 UHDH WITH vh,mm WITH vmm,rm WITH vr
                                     && 保存注册用户
    THISFORM. RELEASE                && 退出表单
ELSE                                 && 密码不一致
    = MESSAGEBOX('两次密码不一致,请重新输入!!',16 +1)    && 密码不一致
ENDIF
ELSE                                 && 用户存在
    = MESSAGEBOX('用户号已经存在,请重新输入!!',16 +1)    && 报用户重复错
ENDIF
```

THISFORM. REFRESH   && 刷新表单

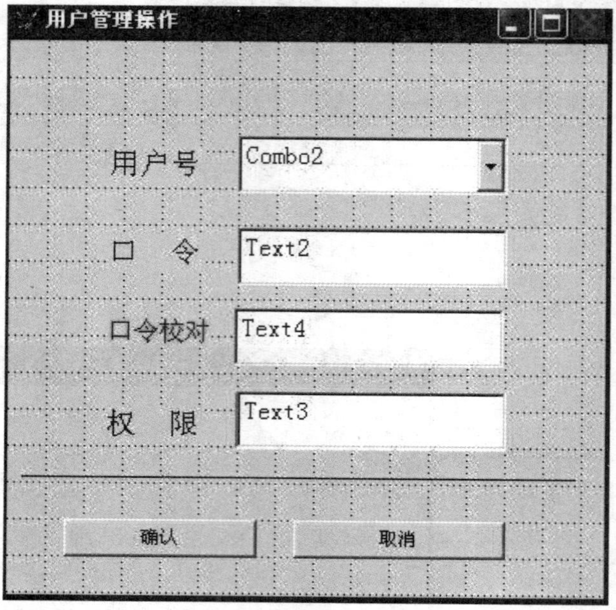

图 10.9   用户注册表单

"Text1"文本框的"LostFocus"事件的程序清单：
LOCATE FOR ALLT(UHDH) = ALLT(THIS. VALUE)   && 找用户
if ! eof( )   && 存在
 = MESSAGEBOX('该用户已经存在！请重新输入！！',16 + 1)

                                               && 提示操作员用户号唯一
ENDIF
THIS. VALUE = ''   && 清空原数据
"Text2"文本框的"LostFocus"事件的程序清单：
IF LEN(ALLT(TJHIS. VALUE)) < 6   && 查输入的密码长度是否
                                               && 少于 6 位
 = MESSAGEBOX('该用户密码简单！请重新输入！！',16 + 1)

                                               && 提示操作员用户号唯一
endif
this. value = ''   && 清空原数据

10.2.3 课程管理

课程管理模块由院系教务人员或教务处专职人员授权操作,其他人员仅可以查询排课结果所产生的课表。

课程管理模块主要由课程计划维护、开课排课处理和课程综合查询三个子功能模块组成,实现课程的计划、实施、监控、统计和分析等学生成绩管理的前期管理工作的要求。

（1）课程计划维护子功能模块

该功能模块根据院系对专业建设的规划和学科发展的需要，对原制定的教学计划及录入新建专业的教学计划提出修改建议，经学校有关领导及学术委员会审批同意后，进行修改。课程计划实际上是专业教学计划，课程计划管理内容存放在课程表和专业计划表内。当出现新开课程或新的课程教学学分时，首先在课程表中添加该课程信息记录，然后在专业计划表中输入相应的专业开课信息记录。专业计划表中的课程代码必须在课程表中存在，专业代码必须在专业表中存在，否则报错。

（2）开课排课处理子功能模块

该子功能模块是课程管理模块中最复杂的一个功能模块，可以在同一个窗口的多页上，分别实现不同处理要求，也可以通过设置下级菜单完成相应功能处理的要求。该子功能模块的具体处理要求如下：

① 自动产生下学期各专业计划开设的课程。根据专业计划表中的开课学期与专业的入学时间产生排课表记录。

② 确认下学期所开课程并预安排任课教师。

③ 学分制管理模式下，先预定上课时间和地点，然后进行选课，选课的结果存入选表中（注本系统采用学年制管理模式）。学年制管理模式下进行排课，明确开课的时间和地点。

④ 微调修改性处理。学分制教学管理模式下，对选课的结果进行合班或分班处理；学年制教学管理模式下，先由任课教师确认排课结果。如果存在冲突或其他无法抗拒的原因，不能在指定时间或地点上课，则调整排课。

⑤ 产生学生成绩登记表。由选课或排课结果的记录转入成绩表中，成绩表中的初始成绩为 -1。

⑥ 统计处理。分别统计任课教师的工作量和学生在指定学期的授课学分。

（3）课程综合查询

课程管理的综合查询将面临各类用户的不同需求，这些查询都将涉及多表数据关联操作，也就是说，用户查询需要实现的是通过多张数据表的查找来获取相关数据。在本实例中，仅筛选出了一些具有代表性的课程管理查询的要求，但是在实际学生成绩管理系统中，用户的查询要求会更加复杂。

① 学生课程查询

学生可以通过本系统，提供本学期或下学期的课程表。查询者只要输入学生的学号与开课学期，系统首先从成绩表中查找该学生的课程，然后根据课程代码从课程表中找出该课程的课程名称、课程类别、学分，根据课程代码从排课表中找出开课的教师代码，筛选出指定学期的课程，根据教师代码从教师表中找出教师的基本信息，形成一张指定学生在指定学期的听课表，并提示指定学期听课的总学分，如果在成绩表中找不到指定学生的学号或经过学期筛选后没有所需的记录，则提示查无此课表。

② 教师课程查询

教师通过本系统提供本学期或下学期的课程表。查询者只要输入教师的工号与开课学期，系统首先从排课表中查找该教师的课程，然后根据课程代码从课程表中找出该课程的基本信息，根据课程代码从成绩表中找出听课的学生人数及学生的学号，如果统计结果听课学生人数为零,则该课程作为没有开课处理,根据学生的学号从学生表中找出学生的基本信息,最后形成一张教师指定学期的开课表,如果在排课表中找不到指定教师的工号,则提示指定学期没有开课。

③ 教务人员查询

教务人员不仅具有学生与教师课表查询功能,同时还具有浏览查询原始数据表功能。指定一个学生已经开出的课程和教学计划还没有开的课程名称及开课学期。查询的方式可以指定一个学生,指定一个专业,指定一个班级学生课表情况,指定一个院系教师课程情况,指定一个学期开课情况,指定职称开课情况,不同职称开课学分汇总分布。

指定职称查询开课情况操作,是从教师表中取出指定职称的全部教师,从排课表中选出开课的教师所开的课程,由课程代码从课程表中找出课程基本信息,输出查询要求的信息或统计结果。

10.2.4　成绩管理

成绩管理模块是学生成绩管理系统的核心模块。该模块由成绩登录维护、成绩综合查询、积分计算和成绩输出四个子功能模块组成。

（1）成绩登录维护

成绩登录维护供教师或院系的教务人员操作,成绩登录时必须在指定时间范围完成,在指定范围外对成绩的修改或补登录都必须提出书面的申请,说明原因,由院系主管教学的领导核实,教务处领导审批签字,并存档后进行强制修改。在指定时间范围内系统根据教师的工号和课程代码自动列出成绩单空表供上机填写输入,输入结束后等待操作者确认,确认后的成绩单可以打印输出供人工复核,允许在一周内修改。成绩单输入界面仅能修改成绩,其他信息均是只读,并且不能新添加记录,输入内容直接写入指定的记录。

（2）成绩综合查询

所有的用户都会使用成绩综合查询子功能模块,因此该功能模块的操作种类和内容比较复杂,在系统实现时可以通过子菜单或同一窗口的多个页面来完成。主要查询要求如下:

① 教师任课的成绩表查询

根据教师输入的课程代码、工号及开课学期作为关键字进行查找,并以课程成绩表的形式输出。

② 学生成绩单查询

输入学号,输出学生所学课程的成绩,指定学号和学期,输出指定学期指定学生的学习成绩,以卡片的形式输出。

③ 教务人员成绩查询

不仅具有学生、教师的查询功能外,还可以指定学期和班级号,查找该学期该班级的学习成绩,指定单科成绩范围查找符合条件的学生及专业,指定成绩总分范围,查找符合条件的学生及专业,指定学期与专业,查找符合条件的学生成绩情况。

④ 其他人员的查询

其他人员只能指定某个学生查找该学生的学习情况。

（3）成绩积分计算

积分的计算是评价学生学习质量的一个计量方法,也是评优的重要依据,每个学生学习成绩被确认后,根据积分计算方法算出每个学生在每个学期的学习积分和累计积分。一般情况下为了计算方便,不计算考查成绩的学习积分,仅计算考试课程的学习积分。计算方法如下:

$$积分 = 学分 * 积点$$

积点与成绩折算方法如表 10.2 所示。当该课程是五级计分时,则优、良、中、及格与不及格,分别取 4,3,2,1,0 积点。

$$累计积分 = \sum 每门课程的积分$$

表 10.2　学生成绩积点计算方法

成绩	小于 60	60~70	70~75	75~80	80~85	85~90	90~95	90 以上
积点	0	1	1.5	2	2.5	3	3.5	4

（4）成绩单表输出

成绩单表的输出不仅为学生或教师提供查询要求的输出格式,还需要具有在各个院系分别能打印输出指定学期各个学生的成绩单或指定专业或者指定班级,指定学生的成绩单的方式,自动生成毕业生成绩总表的打印输出与电子文件的转录输出给学校综合档案室,提供中英的学生成绩单功能。

假设在此之前,已经建立了学生成绩管理信息系统的项目（SJK）和相关的数据表、数据库和数据表维护表单。

学生成绩管理系统的实现是一个十分细致的工作,而且具有很大的技术困难挑战性,本章重点介绍实现的关键技术,对数据库的基本操作在前几章中分别作了详细介绍,不再重复介绍,在此假设引用。

10.3　系统设置与项目编译过程

系统设置是数据库系统应用的基本操作,可以通过系统的各种状态设置,简化应用系统软件的结构。

10.3.1　屏幕设置

为了美化用户操作界面,往往对操作界面（屏幕）根据用户的喜爱进行设置。在 Visual FoxPro 系统下,屏幕（SCREEN）与窗口一样,同样是作为一个对象,在 Visual FoxPro 启动后自动创建这个对象,作为系统对象变量,可以通过对象设置的方法来改变屏幕的设置。屏幕对换部分属性设置如下:

（1）屏幕标题设置

格式:_screen. caption = < CaptionName >

功能:设置屏幕的标题。

例如:设置屏幕标题为江苏大学学生成绩管理系统,则输入如下赋值命令即可。

_screen. caption = '江苏大学学生成绩管理系统'

（2）屏幕状态设置

格式：_screen. windowstate = < stateValue >

功能：设置屏幕的状态。

例如：设置屏幕最大化，则输入如下赋值命令即可。

_screen. windowstate = 2

注意：屏幕状态值是数值型数据，只能取 1 或 2，分别表示最小化或最大化。

（3） Visual FoxPro 主窗口位置设置

Visual FoxPro 实际上是一个在操作系统控制下的工具系统，因此，Visual FoxPro 的主窗口是操作系统下的子窗口。可以通过参数设置 Visual FoxPro 主窗口在操作系统下的位置。设置格式如表10.3 所示。

表 10.3　Visual FoxPro 主窗口位置设置格式

格式	功能	例
_screen. top = < 像素值 >	设置主窗离显示屏顶部的像素	_screen. top = 30
_screen. left = < 像素值 >	设置主窗离显示屏左边的像素	_screen. left = 150

注：这与表单内对象位置设置相同，但 Visual FoxPro 主窗口的相对位置是显示屏。

（4）主窗口大小位置设置

Visual FoxPro 主窗口在操作系统下的大小设置如表 10.4 所示。

表 10.4　Visual FoxPro 主窗口大小设置格式

格式	功能	例
_screen. width = < 像素值 >	设置主窗口的宽度	_screen. width = 600
_screen. height = < 像素值 >	设置主窗口的高度	_screen. height = 400

（5）主窗口颜色位置设置

Visual FoxPro 主窗口在操作系统下的前景与背景设置如表 10.5 所示。

表 10.5　Visual FoxPro 主窗口前景与背景设置格式

格式	功能	例
_screen. backcolor = RGB(n1,n2,n3)	设置主窗口的背景色	_screen. backcolor = RGB(2,2,2)
_screen. forecolor = RGB(n1,n2,n3)	设置主窗口的前景色	_screen. forecolor = RGB(255,0,0)

（6）屏幕背景图案设置

格式：_screen. picture = < FileName >

功能：设置屏幕背景图案。

例如：将 P7. jpg 图像文件设置屏幕背景图案，则输入如下赋值命令即可。

_screen. picture = 'p7. jpg'

注意：当指定文件不在默认文件夹时，要指定文件的路径。指定文件必须是图像文件。

屏幕的其他属性设置与一般对象设置方法相同,这里不再一一列举。

10.3.2 状态设置

在 Visual FoxPro 系统环境下,输入、显示和处理数据的方式、结果往往受 Visual Fox-
Pro 状态的影响,处理不同状态,处理结果可能相关很大。Visual FoxPro 的状态设置是通
过两类命令来实现。分别是:

(1) 状态打开与关闭

格式:SET <状态名 > ON/OFF

当执行 SET <状态名 > ON 时,表示打开该状态,指定操作按该状态执行;如果执行
了 SET <状态命名 > OFF 命令,则该状态关闭,按系统默认规则执行。如果不执行状态
设置命令,系统将保持原来状态。这类命令状态设置部分状态如表 10.6 所示。

表 10.6 状态表

状态名	功能	默认值
Sysmenus	显示系统菜单	ON
bell	系统系统警铃	ON
fixed	固定小数位	OFF
print	显示同时输出	OFF
safety	文件删除提示	ON
exact	数据精定比对	OFF
escape	ESCAPE 键有用	ON
lock	数据表记录共享	OFF
century	四位年份方式	OFF
help	可用帮助命令	ON
Talk	执行结果自动输出	ON
heading	列清单有字段名	ON
deleted	加删除标记记录不显示	OFF
Exclusive	以专用方式打开表	OFF

(2) 状态设定

格式:SET <状态名 > TO <参数 >

当执行该类命令后,Visual FoxPro 系统规定某一状态以指定参数执行。这类状态控
制操作,对命令操作结果或系统状态做出明确的规定,主要命令如下:

① 设置屏幕显示或打印输出文件

格式:SET ALTERNATE TO [FileName [ADDITIVE]]

参数说明:

FileName:指定存放输出结果文件。

ADDITIVE:输出结果添加到 FileName 指定文件后。

例如:将设置屏幕显示内容存放入 ST1. TXT 文件中。

格式:SET ALTERNATE TO ST1. TXT

注意:不带任何参数时,关闭输出自动保存功能。

② 设置警铃播放文件

格式:SET BELL TO [cWAVFileName, nDuration]

参数说明:

cWAVFileName:指定播放输出声音文件。

nDuration:铃声持续时间。

③ 设置 M 型字段存储空间

格式:SET BLOCKSIZE TO nBytes

参数说明:

nBytes:指定空间大小。

④ 设置输出日期年份前两位

格式:SET CENTURY TO [nCentury [ROLLOVER nYear]]

参数说明:

nCentury:默认年份前两位。

例如:如果系统当前日期是 2006 年 2 月 28 日,设置日期年份前两位为"20"。

SET CENTURY TO 20

? date( )

02/28/2006

设置日期年份前两位为"19":

SET CENTURY TO 19

? date( )

02/28/1906

ROLLOVER nYear:从 0 到 99 中取一个数,规定输出年份超过该值时,自动取前规定世纪年份加一,否则同前年份的前两位。

如果系统当前日期是 1955 年 2 月 16 日,执行如下命令显示日期,得到相应结果如下:

SET CENTURY TO 19 ROLLOVER 60

? date( )

02/16/1955

如果系统当前日期是 1965 年 2 月 16 日,执行如下命令显示日期,得到相应结果如下:

? date( )

02/16/2065

⑤ 打开类库文件

格式:SET CLASSLIB TO ClassLibraryName [IN APPFileName | EXEFileName] [ADDITIVE] [ALIAS AliasName]

参数说明：

ClassLibraryName：指定类库文件。

IN APPFileName | EXEFileName：指定类库文件包含的应用文件或可执行文件。

ADDITIVE 打开类库文件不自动关闭前打开的类库文件。

ALIAS AliasName：指定打开类库文件的别名。

例如，假设在默认文件夹中存在 MyClass. VCX 类库文件，要打开 MyClass. VCX 文件，并命名别名为 MvCntrls，则执行如下命令：

SET CLASSLIB TO MyClass ALIAS MyCntrls

mMyButton = CREATEOBJ('MyCntrls. MyButton')

⑥ 设置时钟在 Visual FoxPro 主窗口的位置

格式：SET CLOCK TO [nRow，nColumn]

参数说明：

nRow，nColumn：指定时钟显示的行、列位置。

例如，设置时钟在 Visual FoxPro 主窗口的第 24 行，40 列。则执行如下命令：

SET CLOCK TO 24，40

⑦ 设置 Visual FoxPro 系统默认代码页

格式：SET CPCOMPILE TO [nCodePage]

参数说明：

nCodePage：指定系统的代码页。

代码页是与特定的语言或硬件平台相对应的字符集。在不同的平台和代码页上，重音字符用不同的值表示。另外，在某个代码页上可用的一些字符可能在另一个代码页上不可用。代码页的规定如表 10.7 所示。

表 10.7 代码页设置

代码页	平台	代码页标识符
437	美国 MS – DOS	x01
620 1	波兰 MS – DOS	x69
737 1	希腊 MS – DOS(437G)	x6A
850	国际 MS – DOS	x02
852	东欧 MS – DOS	x64
861	冰岛 MS – DOS	x67
865	北欧 MS – DOS	x66
866	俄国 MS – DOS	x65
895 1	捷克 MS – DOS	x68
857	土耳其 MS – DOS	x6B
1250	东欧 Windows	xC8

代码页	平台	代码页标识符
1251	俄国 Windows	xC9
1252	Windows ANSI	x03
1253	希腊 Windows	xCB
1254	土耳其 Windows	xCA
10000	标准 Macintosh	x04
10006	希腊 Macintosh	x98
10007 1	希腊 Macintosh	x96
10029	Macintosh EE	x97

在配置文件中包括 CODEPAGE = AUTO 语句时不能发现。

⑧ 设置日期格式。

格式:SET DATE [TO] AMERICAN | ANSI | BRITISH | FRENCH | GERMAN| ITA-LIAN | JAPAN | USA | MDY | DMY | YMD| SHORT | LONG

参数说明:

AMERICAN | ANSI | BRITISH | FRENCH | GERMAN| ITALIAN | JAPAN | USA | MDY | DMY | YMD| SHORT | LONG 参数指定日期格式,只能取其中之一,各参数指定格式如表 10.8 所示。

表 10.8　日期格式代码对照表

参数值	日期格式
AMERICAN	mm/dd/yy
ANSI	yy. mm. dd
BRITISH/FRENCH	dd/mm/yy
GERMAN	dd. mm. yy
ITALIAN	dd − mm − yy
JAPAN	yy/mm/dd
USA	mm − dd − yy
MDY	mm/dd/yy
DMY	dd/mm/yy
YMD	yy/mm/dd
SHORT	由 WINDOWS 短日期格式确定
LONG	由 WINDOWS 长日期格式确定

注:默认格式是 AMERICAN。

例如:如果系统当前日期是 1965 年 2 月 16 日,设置日期格式为 LONG 后显示日期,得到相应结果如下：

? date( )

1965 年 2 月 16 日

⑨ 打开数据库文件

格式：SET DATABASE TO［DatabaseName］

参数说明：

DatabaseName：指定数据库文件

例如，假设在默认文件夹中存在 SJK.DBC 库文件，要打开 SJK.DBC 库文件，则执行如下命令。

SET DATABASE TO SJK

注：当不指定数据库文件时，关闭当前数据库文件。

⑩ 设置@…SAY 命令输出设备

格式：SET DEVICE TO SCREEN｜TO PRINTER［PROMPT］｜TO FILE FileName

参数说明：

SCREEN｜TO PRINTER［PROMPT］｜TO FILE FileName：参数指定输出设备，只能取其中之一，各参数指定设备如表 10.9 所示。

表 10.9　参数指定设备对照表

参数值	设备
SCREEN	显示器
PRINTER［PROMPT］	打印机
FILE FileName	存磁盘文件

注：默认设备是显示器。

例如，设置@…SAY 命令输出到打印机，则执行如下命令：

SET DEVICE TO PRINTER

Specifies the first day of the week.

⑪ 设置周的第一天

格式：SET FDOW TO［nExpression］

参数说明：

nExpression：指定周内的第一天，取值 1 到 7 之间。分别依此为 Sunday，Monday，Tuesday，Wednesday，Thursday，Friday，Saturday。

例如，设置星期一为第一天，则执行如下命令：

SET FDOW TO 2

⑫ 设置输出字段

格式：SET FIELDS TO［［FieldName1［，FieldName2…］］

参数说明：

FieldName1 List：指定默认输出字段名表。本命令的使用要配合 SET FIELDS ON｜OFF｜LOCAL｜GLOBAL，才能起作用。

SET FIELDS ON　　　　　　　　&& FieldName1 List 起作用

SET FIELDS OFF   && FieldName1List 不起作用

SET FIELDS LOCAL   && FieldName1List 中指定当前工作区字段起作用

SET FIELDS GLOBAL   && FieldName1List 中指定全部字段起作用

FieldName1List 中的? 或 * 起到通配符的作用。在指定字段名中如果使用通配符,则需要用 ALL［LIKE Skeleton | EXCEPT Skeleton］］参数指定某一类字段。

⑬ 设置输出记录条件

格式:SET FILTER TO［lExpression］

参数说明:

lExpression:指定输出记录条件,如果不符合条件,自动将这些记录过滤后不参加操作。

例如,设置 XS 表中有 csrq 日期型字段,此后只允许 1985 年的记录参加操作,则执行如下命令:

SET FILTER TO year(csrq) < 1985

注:该操作不影响数据表中数据。

⑭ 设置帮助文件

格式:SET HELP TO［FileName］

参数说明:

FileName:指定帮助文件。当执行 HELP 命令或单击 Visual FoxPro 主菜单中的帮助时,打开该文件。如果指定文件不存在,则空操作。

⑮ 设置每天计时方式

格式:SET HOURS TO［12 | 24］

参数说明:

［12 | 24］:指定每天计时方式。

SET HOURS TO 12:每 12 小时一循环。

⑯ 打开索引文件

格式:SET INDEX TO［IndexFileList | ?］

参数说明:

1IndexFileList:指定索引文件列表。

?:打开索引文件窗口,供操作者选择。

例如,设置 XS 表中有 IF1 和 IF2 两个索引文件,XS 表在当前工作区已经打开,要打开对应索引文件 IF1,则执行如下命令:

SET INDEX TO IF1

注:指定索引文件或索引标识存在。打开索引时,自动关闭前打开的索引。

⑰ 设置主控索引

格式:SET ORDER TO［nIndexNumber | IDXIndexFileName |［TAG］TagName［OF CDXFileName］［IN nWorkArea | cTableAlias］［ASCENDING | DESCENDING］］

参数说明:

nIndexNumber:指定索引顺序。

IDXIndexFileName :指定索引文件。

[TAG] TagName [OF CDXFileName]:指定索引标识。

IN nWorkArea | cTableAlias:指定工作区。

ASCENDING | DESCENDING:指定索引排序方式。

例如,假设当前文件夹中存在 video. dbf 数据表和该表的索引文件 title. idx,costs. cdx,rating. idx,执行如下命令结果分别是:

USE video INDEX title. idx, costs. cdx, rating. idx IN 1;

&& 在第一工作区打开数据表及对应索引文件

SET ORDER TO 1   && 设置 title. idx 为主控索引

SET ORDER TO 2   && 设置 costs. cdx 为主控索引

SET ORDER TO 3   && 设置 rating. idx 为主控索引

注:指定主控索引必须已经打开。

⑱ 打开 API 库文件

格式:SET LIBRARY TO [FileName [ADDITIVE]]

参数说明:

FileName:指定库文件。

ADDITIVE 打开库文件不自动关闭前打开的库文件。

⑲ 设置打印输出左边距

格式:SET MARGIN TO nColumns

参数说明:

nColumns:指定左边距的列数。

⑳ 设置 M 型字段落输出列宽

格式:SET MEMOWIDTH TO nColumns

参数说明:

nColumns:指定 M 型字段输出的列数。

㉑ 设置输出信息

格式:SET MESSAGE TO [cMessageText]

SET MESSAGE TO [nRow [LEFT | CENTER | RIGHT]]

SET MESSAGE WINDOW [WindowName]

参数说明:

cMessageText:指定输出信息内容。

nRow [LEFT | CENTER | RIGHT]:指定输出信息位置。

WindowName:指定输出信息窗口。

㉒ 设置 NULL 值输出内容

格式:SET NULLDISPLAY TO [cNullText]

参数说明:

cNullText:指定输出 NULL 内容。

例如,设置 NULL 值输出"空值",执行如下命令:

SET NULLDISPLAY TO '空值'

?. NULL.

空值

㉓ 设置默认路径

格式:SET PATH TO [Path]

参数说明:

Path:指定存取文件的默认路径。

例:设置'd:\data'文件夹为默认路径,则执行如下命令:

SET PATH TO d:\data

㉔ 打开过程文件

格式:SET PROCEDURE TO [FileName1 [,FileName2,…]] [ADDITIVE]

参数说明:

FileName:指定过程文件名。

ADDITIVE 打开过程文件时,不自动关闭前打开的过程文件。

㉕ 建立已经打开表之间的关联

格式:SET RELATION TO [eExpression1 INTO nWorkArea1 | cTableAlias1 [,eExpression2 INTO nWorkArea2 | cTableAlias2…] [IN nWorkArea | cTableAlias] [ADDITIVE]]

参数说明:

eExpression1:指定关联条件。

nWorkArea1 | cTableAlias:指定对应关联表的工作区。

ADDITIVE 建立关联时,不自动关闭前建立的关联。

注:指定关联条件中,当前表中的字段必须是主控索引,被关联表中字段以索引打开。

10.3.3 项目编译过程

当采用 Visual FoxPro 作为数据库开发工具时,往往将 Visual FoxPro 建立的各类文件通过"项目管理器"组织和管理这些文件。项目是文件、数据、文档及 Visual FoxPro 对象的集合,项目文件是以 .PJX 扩展名保存。当激活"项目管理器"窗口时,Visual FoxPro 在菜单栏中显示"项目"菜单提供用户在 Visual FoxPro 环境下的操作。

为了满足一般用户对数据库的操作,可以把"项目管理器"建立的项目连编成应用程序,可以连编一个可执行文件。编译应用程序就是将所有在项目中引用的文件(除了标记为排除的文件)合成为一个可执行应用程序文件,并将该可执行文件拖放到桌面,用户直接双击该文件图标后启动应用系统。

欲使创建的项目编译成可执行文件后,能顺利达到这一目标,必须注意如下两方面的准备工作:

(1)构造应用程序的框架

应用程序的框架包括:一个项目文件,一个用于全局和环境设置的主程序文件,一个主菜单,一个可选的配置文件(Config.fpw)。

主文件是一个应用系统的运行起始点,在应用系统执行时首先执行的程序,是应用程序的入口点。应用程序必须包含一个主文件,也只能有一个主文件。主文件可以是表单、查询、菜单或程序。通常主文件需要完成以下功能：

① 初始化环境。将初始的环境设置保存起来，为程序建立特定的环境设置。

Visual FoxPro 操作环境通过 SET 命令进行设置，如查看 Visual FoxPro 的默认目录位置："工具"菜单→"选项"命令→"文件位置"页面→"默认目录"项或使用 SET DEFA TO 命令。

② 显示初始的用户界面。初始的用户界面可以是菜单，也可以是一个表单或其他的用户组件。通常，在显示已打开的菜单或表单之前，应用程序会出现一个启动屏幕或注册的对话框。

③ 控制事件循环。应用程序的环境建立之后，将显示出事的用户界面，这时需要建立一个事件循环来等待用户的交互动作。

在主文件中使用 READ EVENTS 命令开始事件处理，使 Visual FoxPro 开始处理用户激发的事件。使用 CLEAR EVENTS 命令结束事件处理。从执行 READ EVENTS 命令开始，到相应的 CLEAR EVENTS 命令执行期间，由于主文件中所有的处理过程全部挂起，应用程序必须提供一种方法来结束事件循环。Visual FoxPro 使用 READ EVENTS 命令结束事件循环，将控制权返回给主程序。

④ 恢复初始的开发环境。例如，主文件可以表示为：

SET SAFETY OFF
SET TALK OFF
DO FORM login. scx
DO mainmenu. mpr
READ EVENTS

（2）连编应用系统

① 在项目中排除可修改的文件

项目中的文件有两种引用方式：包含和排除。包含文件编译成应用程序后成为只读；而排除文件是应用程序的一部分，但经常要被用户修改。一般包含可执行程序（如程序、表单、报表、查询和菜单）的文件应该在应用程序文件中设置为"包含"，而数据文件则为"排除"。另外应该注意的是标记为主文件的文件不能排除。

② 在项目中连编应用程序

在项目管理器中，单击"连编"按钮。系统将弹出连编选项对话框。在"连编选项"对话框中，选择"连编应用程序"，生成. app 文件；或者选择"连编可执行文件"以建立一个. exe 文件。选择所需其他选项并单击"确定"按钮。当为项目建立一个最终的应用程序文件之后，就可运行了。

另外，也可以使用 BUILD APP 或 BUILD EXE 命令连编应用程序。如从项目 XSGL. pjx 连编得到应用程序 XS. app，命令如下：

BUILD APP XS FROM XSGL

或建立一个可执行应用程序 XS. exe，命令如下：

BUILD EXE XS FROM XSGL

③ 运行应用程序

要运行. app 应用程序，可从"程序"菜单中选择"运行"命令，然后选择要执行的应用程序;或者在"命令"窗口中,键入 DO 和应用程序文件名。

例如,要运行应用程序"XS",可键入:

DO XS. app

如果从应用程序中建立一个. exe 文件,可以使用如下方法运行该文件:

a. 从 Visual FoxPro 中,从"程序"菜单中选择"运行",然后选择一个应用程序文件。

b. 在 Windows 中,双击该. exe 文件的图标。

❋ 本 章 小 结 ❋

本章重点介绍了报表与标签结构和用途,侧重分析了报表与标签的不同应用情况,系统地介绍了报表与标签的设计、创建、维护和调用方法,以及报表在设计过程中相关控件的功能、作用和应用方法,为丰富数据输出形式、提高输出数据的人性化提供了工具。

函数表

格式	功能
ABS(EN)	返回 EN 的绝对值
ACLASS(AN,OE)	将一个对象的类名和祖先类名存放到一个内存变量数组中
ACOPY(SN,ON)	将 SN 数组值复制到 ON 数组中
ACOS(EN)	返回 EN 的反余弦值
ADATABASES(AN)	将所有打开的数据库名和路径放到 AN 数组中
ADBOBJECT(AN,CS)	把当前库中 CS 指定的命名存放到 AN 数组中
ADDBS(CP)	向 CP 指定路径添加一外反斜杠
ADEL(AN,N[,2])	删除 AN 数组中的一个元素或删除二维数组中的一行或一列
ADIR(AN[,CF[,CA[,CT]]])	将文件信息存放到指定数组中,然后返回文件个数
AELEMENT(AN,EN[,N])	由元素下标值返回元素的编号
AERROR(AN)	创建一个存放 Visual FoxPro V6.0 错误信息的数组
AFIELDS(AN[,NX! CX])	把当前表的信息存放在一个数组中,并返回表的字段数
AFONT(AN[,CX[,NX]])	将可用字体的信息放在一个数组中
AGETCLASS()	在"打开"对话框中显示类库,并创建一个包含类库和选中类的名称数组
AGETFILEVERSION(AN,C)	创建一个包含操作系统信息资源的数组
AINS(AN,N[,2])	往一维数组中插入一个元素,或往二维数组中插入一行或一句
AINSTANCE(AN,CN)	将一个类的实例放到一个内存变量中并返回数组中存放实例的个数
ALEN(AN[,N])	返回数组中元素、行或列的数目
ALIAS(NX! CX)	返回当前表或指定工作区表的别名
ALINES(AN,CX[,IX])	将字符表达式或备注字段中的内容复制到数组相应的行
ALLTRIME(CV)	删除 CV 中的前后空格,并返回删除空格后的字符
AMEMBERS(AN,ON)	将一个对象的属性名、过程名和成员对象存入数组中

253

续表

格式	功能
AMOUSEOBJ(AN[,1])	将鼠标光标信息以及对象引用返回给鼠标光标所停放的对象和对象容器
ANETRESOURCE(AN,C,N)	将风格共享或打印机的名称存放在一个数组中,然后返回资源的数量
ANSITOOEM( )	将字符表达式中的每一个字符转换成 MS – DOS 字符集中对应的字符
APRINTERS(AN)	将安装在 Windows 打印管理器中的打印机名称存入数组中
ASC(CE)	返回 CE 第一个字符的 ASCII 码值
ASCAN(AN,EE[N1,N2])	在数组中搜索与一个表达式具有相同数据和数据类型的元素
ASEOBJ(AN[1ǀ2])	把对活动表单设计器中当前选定控件的对象引用存入内存变量数组
ASIN(NE)	返回 NE 的反正弦弧度值
ASORT(AN[N1,[N2[,N3]]])	按升序或降序对数组中的元素排序
ASUBSCRIPT(AN,N1,N2)	根据元素编号返回元素的行或列下标值
AT(CE1,CE2[,N])	返回 CE1 在 CE2 中第 N 次出现的位置,CE1 是字符型表达式
AT_C(CE1,CE2[,N])	返回 CE1 在 CE2 中第 N 次出现的位置,CE1 是字符型表达式或备注型字段
ATAN(NE)	返回 NE 的反正切弧度值
ATC(CE1,CE2[,N])	返回 CE1 在 CE2 中第 N 次出现的位置,不区分大小写,CE1 是字符型表达式
ATCC(CE1,CE2[,N])	返回 CE1 在 CE2 中第 N 次出现的位置,不区分大小写,CE1 是字符型表达式或备注型字段
ATCLINE(CE1,CE2[,N])	返回 CE1 在 CE2 中第 N 次出现的行号,不区分大小写,CE1 是字符型表达式或备注型字段
ATLINE(CE1,CE2[,N])	返回 CE1 在 CE2 中第 N 次出现的行号,不区分大小写,CE1 是字符型表达式
ATN2(N1,N2)	返回指定值的反正切值,返回值无象限限制
AUSED(AN[,N])	将一个工作期中的表别名 N 和工作区存入内存变量组 AN
AVCXCLASSES(AN,CV)	将类库中的类 CV 信息放在一数组 AN 中
BAR( )	返回最近一次选择的菜单项的编号
BARCOUNT(CN)	返回菜单项编号
BARPROMP(N1,CN)	返回菜单项的文本
BETWEEN(E1,E2,E3)	判别 E1 是否在(E2,E3)之间
BIN(NE[,N])	将整数 NE1 转换成 N 位的二进制数
BITAND(NE1,NE2)	返回 NE1 与 NE2 按位"与"的结果
BITCLEAR(NE1,NE2)	返回清除整数 NE1 的 NE2 位的数

续表

格式	功能
BITSHIFT(NE1,NE2)	返回 NE1 左移 NE2 位后的值
BITNOT(NE)	返回 NE 按位"非"的结果
BITOR(NE1,NE2)	返回 NE1 与 NE2 按位"或"的结果
BITRSHIFT(NE1,NE2)	返回 NE1 右移 NE2 位后的结果
BITSET(NE1,NE2)	将 NE1 的第 NE2 位置成 1
BITTSET(NE1,NE2)	返回判别 NE1 的第 NE2 位是否是 1 的结果
BITXOR(NE1,NE2)	返回 NE1 与 NE2 按位"异或"的结果
BOF(NW丨N)	返回测当前记录指针是否在 NW丨N 指定表的表头的结果
CANDIDATE([N][,NW丨N])	判别在 NW丨N 表中的索引标识 N 是否是候选索引标识
CAPSLOCK(LE)	返回 CAPSCLOCK 的当前状态
CDOW(DE丨TE)	返回 DE丨TE 指定日期的星期几的字符值
CDX((N丨,NW丨N))	返回在 NW丨N 表中打开的复合索引文件名
CEILING(NE)	返回大于或等于 NE 的最小整数
CHR(NE)	返回 NE1 对应 ASCII 码的一个字符
CHRSAW(NE1)	判别在键盘缓冲器是否出现字符,并等待 NE1 秒时间
CHRTRAN(CE1,CE2,CE3)	在 CE1 中寻找 CE2 字符并换成 CE3 字符串
CHRTRANC(CE1,CE2,CE3)	在 CE1 中寻找 CE2 字符并换成 CE3 字符串
CMONTH(DE丨TE)	返回 DE丨TE 指定日期的月份的名称
CNTBAR(CN)	返回自定义菜单或 CFP 系统菜单上菜单项的数目
CNTPAD(CN)	返回自定义菜单或 CFP 系统菜单上菜单标题的数目
COL()	返回当前光标所在列号
COMARRAY(OB[,NV])	指定向 COM 对象传递数组的方式
COMCLASSINFO(OB[CN])	返回 COM 对象的注册信息
COMPOBJ(OE1,OE2)	比较两对象的属性
COMRETURNERROR (CE1, CE2)	在 COM 异常处理结构中加入信息,COM 客户程序可以利用该信息来确定自动服务错误的来源
COS(NE)	返回 NE 的余弦值
CPCONVERT(NE1,NE2,CE)	把 CE 从 NE1 指定的页码上转换到 NE2 指定的页码上
CPCURRENT([1丨2])	返回 Visual FoxPro V6.0 配置文件的代码页,或返回当前操作系统的代码页
CPDBF(NE1丨CE1)	返回一个打开表所使用的代码页
CREATEOBJECt(cn,[ep1,ep2…])	创建指定类的对象,并赋指定参数值

续表

格式	功能
Cretaeobjectex (cclsid | cprogid , cn)	在远程计算机上创建一个已注册的 COM 对象的实例
Createoffline(vn[ce])	把一已存在的视图离线
CTOBIN(CE)	把二进制的 CE 转换成相应的整数
CTOD(CE)	把 CE 转换成日期型数据
CTOT(CE)	把 CE 转换成日期时间型数据
CURSORGETPROP(CE[,N|C])	返回 Visual FoxPro V6.0 表或临时表的当前属性设置
CURSORSETPROP(CE[,N|C])	指定 Visual FoxPro V6.0 表或临时表的当前属性设置
CURVAL(CE1[,CE2|NE])	从磁盘上的表或远程数据源中直接返回字段值
DATE(N1 ,N2 ,N3)	返回系统日期,N1,N2,N3 分别为年月日
Datetime(N1 ,N2 ,N3 [,N4 [,N5 [,N6]]]])	返回系统日期和时间,N1,N2,N3,N4,N5,N6 分别为年月日时分秒
DAY(DE|TE)	返回指定日期的数值型日
DBC(CE|NE)	返回当前数据库的名称和路径
DBF(CE|NE)	返回指定工作区中打开的表名或根据表别名返回表名
DBGETPROP(CN ,CT ,CP)	返回当前库的属性或返回当前数据库中字段、命名连接、表视图的属性
DBSETPROP(CN ,CT ,CP)	给当前库或当前数据库中字段、命名连接、表视图设置一个属性
DBUSED(CE)	测指定数据库是否打开
DDE 函数组	在 Visual FoxPro V6.0 和其他 MS – Windows 应用程序之间交换数据
DDEABORTtrans(ne)	结束一个异步动态数据交换(DDE)事务
DDEAdvise(ne1 ,cn1 ,cn2 ,ne2)	创建一个交互式链或自动链接,用来动态数据交互
DDEEnabled(le1 |ne[,le2])	启用或废止动态数据交换处理,或返回 DDE 处理状态
DDEExecute(ne. ce1[,ce2])	使用动态数据交换向另一个应用程序发送一条命令
DDEInitiate(ce1 ,ce2)	在 Visual FoxPro V6.0 和其他 MS – Windows 应用程序之间建立一个动态数据交换通道
DDELastError( )	返回最后一个动态交换函数的错误
DDEPoke	在动态交换会话中,在客户和服务器应用程序之间传送数据
DDERequest(ne ,cn[,cd[,ce]])	在动态交换会话中,向一个服务器应用程序请求数据
DDESetOption(CE[,NE|LE])	更改或返回动态数据的设置
DDESetServer(ce1 ,ce2[,ce3 |le)	创建、释放或更新 DDE 服务名和设置
DDESettopic(CE1 ,CE2 [,Ce3])	在动态交换会话中,创建或释放一个服务名的主题名
DDETerminate(ne|ce)	关闭用 DDEinitiare( )函数建立的动态数据交换通道

续表

格式	功能
DEFAULTEXT(CE|NE)	如果文件没有扩展名,则返回带有新扩展名的文件名
DELETED(CE|NE)	测指定表的当前记录是否有删除标记
DESCendING([CE1,]|NE1[CE|NE])	判别是否用 Descending 关键字创建了一个索引标识
DIFFERENCE(CE1,CE2)	返回 0 到 4 间的一个整数,表示两个字符表达式间的相对拼写差别
DIRECTORY(CE)	类别指定路径是否能在磁盘上找到
DISKSPACE(CE)	测指定磁盘的可用空间的字节数
DMY(DE|TE)	将日期数据转换成年月日格式的数据
DODEFAULT(EP1,EP2,…)	在子类中执行父类中同名的事件或方法
DOW((DE|TE[NE]))	返回指定日期是一周内的第几天
DRIVETYPE(CE)	返回指定驱动器的类型
DROPOFFLINE(CE)	放弃在离线视图中的修改,并将其转换回在线视图
DTOC(TE|DE)	返回指定的日期型数据转换成字符型数据
DTOR(NE)	将度转换成弧度
DTOS(DE|TE)	将日期型数据转换成年月日格式的字符串数据
DTOT(DE)	将日期型数据转换成日期时间型数据
EMPTY(E)	确定表达式是否为空
EOF(NE|CE)	测指定工作区或别名的表记录指针是否在文件尾
ERROR()	返回触发 on error 事件例程的错误编号
EVALUTE(CE)	计算并返回表达式的结果
EXP(NE)	返回 NE 的自然对数值
FCLOSE(N)	刷新并关低级文件函数打开的文件夹或通信端口
FCOUNT(NE|CE)	计算指定工作区表的字段数目
FCREATE(CE[,NE])	创建并打开一个低级文件
FDATE(CE[,NE])	返回文件最后一次修改的日期或日期时间
FEOF(N)	类别文件指针是否在文件尾
FERROR()	返回与最近一次低级文件函数错误相对应的编号
FFLUSH(NE)	刷新低级函数打开的文件内容,并将它输入磁盘
FGETS(NE1[,NE2])	从低级文件函数打开的文件或通信端口中返回一连串字节,直到遇到回车
FIELD(NE1,[,NE2|CE])	根据编号返回表中的字段名
FILE(CE)	测试指定文件是否存在

续表

格式	功能
FILETOSTR(CE)	将文件中的内容作为字符串返回
FILTER(NE | CE)	返回 SET FILTER 命令中指定的表筛选表达式
FKLABEL(NE1)	根据功能键对应的编号,返回该功能的名称
FKMAX( )	返回键盘上可编程功能键或组合键的数目
FLDLIST(NE)	对于 SET FILTER 命令中指定的字段列表,返回其中的字段和计算结果字段表达式筛选表达式
FLOCK(NE | CE)	锁定当前表或指定表
FLOOR(NE)	对于给定的数值型表达式,返回小于或等于它的最大整数
Fontmetric (NE1 [, CE1, NE2 [, CE2]])	返回当前操作系统已安装字体的字体属性
FOPEN(CE[NE])	打开文件或通信端口,供低级文件函数使用
FOR(NE1[,CE[NE])	返回一个单项索引文件或索引标识的索引筛选表达式
FORCEEXt(CE1, CE2)	返回一个字符串,CE1 文件扩展名替换为 CE2 文件扩展名
FORCEPATH(CE1, CE2)	返回一个字符串,CE1 路径名替换为 CE2 路径名
FOUND(CE | NE)	返回 CE | NE 指定的文件记录查询是否找到
FPUTS(NE1, CE[,NE2])	向低级函数打开的文件或通信端口写入字符串、回车符及换行符
FREAD(NE1, NE2)	从低级函数打开的文件或通信端口写入返回指定数目的字节
FSEEK(NE1, NE2[NE3])	在低级函数打开的文件中移动文件指针
FSIZE(CE1,[,NE | CE2] | CE3)	以字节为单位,返回指定字段或文件的大小
FTIME(CE)	返回最近一次修改文件的时间
FULLPATH(CE1,[NE | CE2])	返回指定文件的路径或相对于另一个文件的路径
FV(NE1, NE2, NE3)	返回一笔金融投资的未来值
FWRITE(NE1, CE[,NE2])	向低级函数打开的文件或通信端口写入字符串
GETBAR(CE, NE)	返回用 DEFINE POPUP 命令定义的菜单或 Visual FoxPro V6.0 系统菜单上某个菜单项的编号
GETCOLOR(NE)	显示 Windows 的"颜色"对话框,返回选定颜色的颜色编号
GETCP([NE][,CE1][CE2])	显示"代码页"对话框,提示输入代码页,然后选定代码的编号
GETDIR(CE1[,CE2])	显示"选择项目"对话框,从中可以选择目录或文件夹
GETENV(CE)	返回指定的 MD – DOS 环境变量的内容
GETFILE(CE1[,CE2][,CE3])	显示"打开"对话框,并返回选定文件名
Getfldstate(CE1 | ne1[ce2 | ne2])	返回 一个数值标明表或临时表中的字段是否已被编辑,或者是否有追加的记录,或者指明当前记录的删除状态是否已更改
GETFONT(CE1[,NE[,CE2]])	显示"字体"对话框,并返回所选字体的名称,参数分别是字体名、大小、字体型

续表

格式	功能
GRTHOST( )	向 ActiveDocument 的容器中返回一个对象引用
GETnextMODIFIED (ne1 [ne2 | ce])	返回一个记录号,对应缓冲表或临时表中下一个被修改的记录
GETOBJECT(CE1[CE2])	激活 OLE 自动化对象,并创建此对象的引用
GETPAD(CE1,NE1)	返回菜单栏给定位置上的菜单标题
GETPEM(oe|ce1,ce2|ce3|ce4)	返回当前正在执行的事件或方法属性或程序代码
GETPICT(CE1[,CE2][,CE3])	显示"打开"对话框,并返回选定图片文件的文件名
GETPRINT( )	显示 Windows"打印设置"对话框,并返回所选的打印机名称
GOMONTH(DE|TE,NE)	对于给定的日期或日期时间表达式返回月份数目以前或以后的日期
HEADER(NE|CE)	返回指定表的表头所占的字节数
HOME(NE)	返回启动 VISUAL FOXPRO 的目录名
HOUR(TE)	返回日期时间表达式的小时部分
IDXcollate ([CE1] NE1 [NE2 | CE2)])	返回索引或索引标识的排序序列
IIF(LE,RE1,RE2)	LE 为真时返回 RE1 的结果,否则返回 RE2 的结果
IMESTATUS(N)	打开或关闭 IME(编辑器)窗口或返回当前 IME 窗口的状态
INDBC(CE1,CE2)	测指定库是否是当前库
INDEXSEEK (EE [, N1 [N2 | CE]])	不移动光标的情况下,搜索索引表中第一次出现的索引关键字与指定表达式相匹配的记录
INKEY(NE[,CE])	返回键盘缓冲器中第一个字符的 ASCII 码值
INLIST(EE1,EE2[,EE3….])	判别 EE1 是否在 EE2 后指定的表达式中
INSMODE(LE)	返回当前的插入方式,并把指定方法 ON 或 OFF 设置成插入方式
INT(NE)	返回 NE 的整数部分
ISALPHA(CE)	判别 CE 是否是大写
ISBLANK(CE0)	判别 CE 是否是空值
ISCOLOR( )	判别计算机能否彩色显示
ISDIGIT(CE)	判别 CE 是否是数字
ISEXLYSIVE (ce1 | ne2 | ce2 [ne2])	判别指定工作区的表是否以独占方式打开
ISFLOCK(CE|NE)	返回表锁定状态
ISHOST(CE)	判别 Active Document 容器中是否包含 Active Document
ISLOWER(CE)	判别 CE 是否是小写
INMOUSE( )	判别计算机系统是否有鼠标

续表

格式	功能
ISNULL(CE0	判别表达式的计算结果是否为 NULL
ISREADONLY(CE|NE)	判别是否以只读方式打开表
ISRLOCKED(NE1[,NE2|CE])	返回记录的锁定状态
ISUPPER(CE)	判别 CE 的第一个字符是否为大写字母
JUSTDRIVE(CE)	返回完整路径中的驱动器盘符
JUSTEXT(CE0	返回完整路径中的扩展名
JUSTFNAME(CE)	返回完整路径和文件名中的扩展名
JUSTPATH(CE)	返回完整路径和文件名中的路径部分
JUSTFNAME(CN)	返回完整路径和文件名中的主文件名部分
KEY([CE1][,NE1[NE2|CE2])	返回索引标识或索引文件的索引关键字表达式
KEYMATCH([CE1][,NE1[NE2|CE2)	在索引标识或索引文件中搜索一个索引关键字
LASTKEY()	返回最近一次按键所对应的整数
LEFT(CE,NE)	从 CE 的左边开始取 NE 个字符
LEFTC(CE,NE)	从 CE 的左边开始取 NE 个字符
LEN(CE)	返回 CE 的字符个数
LENC(CE)	返回 CE 的字符个数,CE 可以是备注字段
LIKE(CE1,CE2)	判别 CE1 与 CE2 是否相匹配
LINENO([1])	返回正在执行的程序的行号
LOADPICTURE([CN])	创建一个对象引用位图图形、图标文件或 Windows meta 文件
LOCFILE(CE1[,CE2][,CE3])	在磁盘上定位文件并返回带有路径的文件名
LOCK(NE|CE)	尝试锁定表中一个或更多的记录
LOG(NE)	返回 NE 的自然对数值
LOG10(NE)	返回 NE 的常用对数(10 为底)值
LOOKUP(CE1,CE2,CE3[,CE4])	在表中搜索字段值与指定表达式匹配的第一个记录
LOWER(CE)	将 CE 转换成小写字符
LTRIM(CE)	除去 CE 左边的空格
LUPDATE(NE|CE)	返回指定表最近一次更新的日期
MAX(E1,E2[,E3…])	从指定数据中取最大一个数据
MCOL(CE[,NE])	返回鼠标当前所在列位
MDOWN()	判别鼠标是否按下

续表

格式	功能
MDX(NE1[,NE2|CE])	根据指定的索引编号返回打开的.CDX 复合索引文件名
MDY(DE|TE)	以"月－日－年"格式返回指定日期
MEMLINES(CE)	返回备注字段的行数
MEMORY( )	返回可供外部程序运行的内存大小
MENU( )	以大写字符串形式返回活动菜单栏的名称
MESSAGE([1])	以字符串的形式返回当前错误信息或者返回导致这个错误的程序行内容
MESSAGEBOX (CE1 [, NE [CE2]])	显示一个用户自定义对话框
MIN(E1,E2[E3….])	取 E1,E2,E3… 中的最小值
MINUTE(TE)	返回日期时间型表达式 TE 中的分钟部分
MLINE(CE,NE1[,NE2])	以字符串形式返回备注字段中的指定行
MOD(DE|TE)	用一个数值表达式去除另一个数值表达式,返回余数
MONTH(DE|TE)	返回日期型或日期时间型表达式中的月份部分
MRKBAR(CE1,NE|CE2)	判别是否已标记用户定义菜单或 Visual FoxPro V6.0 系统菜单中的一个菜单项
MRKPAD(CE1,CE2)	判别是否已标记用户定义菜单或 Visual FoxPro V6.0 系统菜单栏中的一个菜单标题
MROW(CE)	返回鼠标所在的行位置
MTON(ME)	由货币型转换成数值型
MWINDOW(CE)	返回鼠标指针所在窗口名称
Ndx(n1[,n2|CE])	返回为当前表或指定表打开的某一索引文件名称
NEWOBJECT (CE1 [, CE2 [CE3 …]])	从.VCX 可视库或程序中直接创建一个新类或对象
NORMALIZE(CE)	把用户提供的字符表达式转换为可以与 Visual FoxPro V6.0 函数返回值相比较的格式
NTOM(NE)	数值转换成货币型数据
NUMLOCK(LE)	返回 NUMLOCK 键的状态
NVL(E1,E2)	从两个表达式返回一个非 NULL 值
OBJNUM(ME[NE])	返回@…GET 控制中某一对象的编号
OBJTOCLINT(ON,NE)	返回一个控制或对象相对于表单的位置或尺寸
OBJVAR(N1[,N2])	返回@…GET 控制相关的内存变量、数组元素或字段名
OCCURS(CE1,CE2)	返回一个字符表达式在另一个字符表达式中出现的次数
OEMTOANSI(CE)	将字符表达式中的每个字符转换成 ANSI 字符集中的相应字符

续表

格式	功能
OLDVAL(CE1,[,CE2|NE])	当字段已经被修改但还未更新时,返回字段的初始值
ON(CE1[,CE2])	返回指定事件的命令
ORDER(NE1|CE[NE2])	返回当前表或指定表的主索引文件或标识
PAD()	以大写形式返回在菜单栏中最近选择的菜单标题
PARAMETERS()	返回过程传递的参数
PAYMENT(N1,N2,N3)	返回固定利息贷款按期兑付的每一笔支出数量
PCOL()	返回打印机头的当前列位置
PCOUNT()	返回当前正在运行的程序、过程或用户自定义的函数中传递参数的个数
Pemstatus(o1|ce1,ce2|ce3|ce4|ce5)	返回事件、属性、方法或对象的属性
PI()	返回圆周率的常数
POPUP(CE)	返回活动菜单名或返回逻辑值指定是否定义了菜单
PRIMEY([N1][,NE|CE])	测定指定索引是否是主索引标识
Printstatus()	判别打印机的联机情况
PRMBAR(CE,NE)	返回一个菜单项的文本
PRMPAD(CE,NE)	返回一个菜单标题的文本
PROGRAM(N)	返回正在执行的程序名
PROMPT()	返回菜单栏中选定的菜单标题,或者菜单中选定菜单项的文本
PROPER(CE)	从字符表达式中返回一个字符串,字符串的每个首字母大写的字符串
PROW()	返回打印机的打印头当前所在行的位置
PRTINFO(NE[,CE])	返回打印机当前设置
Putfile([ce1][,ce2][,ce3])	激活"另存为…"对话框,并返回指定文件
Pv(ne1,ne2,ne3)	返回某次投资的现金
Rand(ne1)	返回0~1之间的随机数
RAT(CE1,CE2[,NE])	从右边起搜索 CE1 在 CE2 中第 NE 次出现的位置
RATC(CE1,CE2[,NE])	从右边起搜索 CE1 在 CE2 中第 NE 次出现的位置
RDLEVEL([N])	返回当前 READ 命令的嵌套层次
READKEY(N)	返回一个值,该值对应于退出某个编辑命令时需要按下的键,或者该值指明如何终止最后一个 READ 命令
RECCOUNT(NE|CE)	返回指定表中的记录数目
RECNO(NE|CE)	返回指定表当前记录号

续表

格式	功能
RECSIZE(NE|CE)	返回指定表中记录的大小
REFRESH([NE1[,NE2]][NE3|CE])	在可更新的 SQL 视图中刷新数据
RELATION(NE1[NE2|CE])	返回给定工作区中打开表所指定的关系表达式
REPLICATE(CE,NE)	返回重复 NE 次的 CE 字符串
REQUERY(NE|CE)	为远程 SQL 视图再次检索数据
RGB(N1,N2,N3)	根据一组红、绿、蓝颜色成分返回一个单一的颜色值
RGBSHEME(N1[,NE2])	返回指定配色方案中的 RGB 颜色对或 RGB 颜色对列表
RIGHT(CE,NE)	在 CE 中从右边开始取 NE 个字符
RIGHTC(CE,NE)	在 CE 中从右边开始取 NE 个字符
RLOCK(NE|CE)	给指定表中的一个或多个记录加锁
ROUND(NE1,NE2)	返回 NE1 的 NE2 位小数位的结果
ROW()	返回光标所在位置
RTOD(N)	将弧度转换成度
RTRIM(CE)	删除 CE 右边的空格
SAVEPICTURE(OE,CE)	引用图形对象来创建一个位图文件
SCHEME(N1[,NE2])	返回指定配色方案中的颜色对列表或单颜色对
SCOLS()	返回 Visual FoxPro 主窗口中可用列
SEC(TE)	返回日期时间型中的秒
SEEK(E[,NE|CE])	在一个已建立索引的表中搜索一个记录的第一次出现位置,该记录的索引关键字与指定表达式相匹配
SELECT([0|1|CE])	返回当前工作区编号或未使用工作区的最大编号
SET([CE|1|2])	返回 CE 指定 SET 命令的工作状态
SETFLDSTATE(CE|NE1,NE2)	为表或临时表中的字段或记录指定字段状态值或删除状态值
SIGN(NE)	取 NE 的符号,CE 为正、负和 0 时分别为 1,−1,0
SIN(NE)	取 NE 的正弦函数值
SKPBAR(CE,NE)	确定是否可用 SET SKIP OF 命令启用或废止一个菜单项
SKPPAD(CE1,CE2)	确定是否可用 SET SKIP OF 命令启用或废止一个菜单标题
SOUNDEX(CE)	返回 CE 指定的语音
SPACE(N)	产生 N 个空格
SQLCANCEL(N)	请求取消一条正在执行的 SQL 语句
SQLCOLUMN(n,CE1[foxpro;|native][,CE2])	把指定数据源表的列名和关于每列的信息存储到一个 Visual FoxPro 临时表中

续表

格式	功能
SQLCOMMIT(N)	提交一个事务
SQLDISCONNECT(N)	终止与数据源的连接
SQLEXEC(N,CE1[,CE2])	将一条 SQL 语句输入数据源中处理
SQLGETPROP(N,CE)	返回一个活动连接的当前设置或默认设置
SQLMORERESULTS(N)	如果存在多个结果集合,则将另一个结果集合复制到 Visual Fox-Pro 临时表中
SQLPREPARE(N,CE1[CE2])	生成 SQLEXEC() 函数执行的远端 SQL 指令
SQLROLLBACK(N)	取消当前事务处理期间所做的任何更改
SQLSETPROP(N,CE1[CE2])	指定一个活动连接的设置
Sqlstringconnect([ce])	使用一个连接字符串建立和数据源的连接
SQLTABLES(N,[CE|NE])	把数据源中的表名存储到 Visual FoxPro 临时表中
SQRT(N)	求 N 的平方根
SROW()	返回 Visual FoxPro 主窗口中的可用行数
STR(N1[,N2[N3]])	将 N1 转换成长 N2 具有 N3 位小数的字符串
STRCONV(CE,NE1[NE2])	在单、双字节、UICODE 和本地指定表达式中转换
STRTOFILE(CE1,CE2[,CE3])	将字符串写入到文件中
STRTRAN(CE1,CE2[CE3][N1][,N2])	在 CE1 中搜索 CE2 用 CE3 代替第 N1 次出现开始共 N2 次
STUFF(CE1,N1,N2,CE2)	在 CE1 中用 CE2 第 N1 次出现开始共 N2 次
STUFFC(CE1,N1,N2,CE2)	在 CE1 中用 CE2 第 N1 次出现开始共 N2 次
SUBSTR(CE,N1,N2)	在 CE 中取第 N1 开始到长 N2 个字符
SUBSTRC(CE,N1,N2)	在 CE 中取第 N1 开始到长 N2 个字符
SYS()	返回 Visual FoxPro 系统信息
SYS(0)	当在网络环境运行时返回网络机器信息
SYS(1)	返回以 Julian 格式的系统当前日期
SYS(2)	返回自午夜零点开始以来的时间,按秒计算
SYS(3)	返回可用来创建合法的临时文件名
SYS(5)	返回当前 Visual FoxPro V6.0 默认的驱动器
SYS(6)	返回当前 Visual FoxPro V6.0 默认的打印设备
SYS(7)	返回当前格式文件的名称
SYS(9)	返回 Visual FoxPro V6.0 的系列号
SYS(10)	将省略的(Julian)日期转换成一个字符串

续表

格式	功能
SYS(11)	将日期格式表达式字符串转换成省略(Julian)日期
SYS(13)	返回打印机的状态
SYS(14)	返回一个打开的、单项索引文件的索引表达式,或者返回复合索引文件中索引标识的表达式
SYS(15)	从第一个字符串中变换为第二个字符串
SYS(16)	返回正在执行的程序文件名
SYS(17)	返回正在使用的中央处理器
SYS(18)	以大写字母形式返回用于创建当前控件的内存变量
SYS(20)	将包含德文文本的字符转换成一个字符串
SYS(21)	对于当前所选工作区中的主控制.CDX 复合索引标识或.IDX 单项索引文件以字符形式返回其索引位置编号
SYS(22)	返回表的主控制.CDX 复合索引标识或.IDX 单项索引文件名称
SYS(23)	返回 Visual FoxPro V6.0 for MS – DOS 标准版当前正在使用的 EMS 内存数量
SYS(24)	返回 Visual FoxPro V6.0 for MS – DOS 配置文件中有关 EMS 限制的设置
SYS(100)	返回当前控制台 SET CONSOL 的设置
SYS(101)	返回当前 SET DEVICE 的设置
SYS(102)	返回当前 SET PRINTER 的设置
SYS(103)	返回当前 SET TALK 的设置
SYS(1001)	返回 Visual FoxPro V6.0 内存管理器可用的内存总数
SYS(1016)	返回用户自定义对象所使用的内存数量
SYS(1023)	启用诊断帮助模式,能够俘获传递给 Visual FoxPro V6.0 帮助系统的 HelpcontextID 值
SYS(1024)	终止诊断帮助模式
SYS(1037)	显示页面设置对话框
SYS(1269)	返回表示一个缺省的属性值是否被改变,或者该属性值是否只读
SYS(1270[,n1,n2])	返回某一位置上的对象
SYS(1271,oe)	返回实例化对象中的.SCX 或 .VCX 文件
SYS(1272,oe)	返回一个对象所继承的父对象
SYS(1500,ce1,ce2)	激活一个 Visual FoxPro V6.0 的系统菜单
SYS(2000,ce[,1])	返回与文件名信息匹配的第一个文件名
SYS(2001,ce[,1|2])	返回指定的 SET 命令的状态
SYS(2002[,1])	打开或关闭插入点

续表

格式	功能
SYS(2003)	返回默认驱动器或卷上的当前目录或文件夹的名称
SYS(2004)	返回启动 Visual FoxPro V6.0 的目录或文件夹名称
SYS(2005)	返回当前 Visual FoxPro V6.0 资源文件的名称
SYS(2006)	返回当前使用的图形适配卡和显示器的类型
SYS(2007,CE)	返回一个字符表达式的检查求和值
SYS(2010)	返回 CONFIG.SYS 中的文件数的设置
SYS(2011)	返回当前工作区中记录锁定或表锁定的状态
SYS(2012)	返回表的备注字段块大小
SYS(2013)	返回系统菜单名称
SYS(2014)	返回指定文件相对于当前目录、指定目录或文件夹的最小化路径
SYS(2015)	返回唯一的过程名
SYS(2016)	返回 SHOW GETS WINDOWS 窗口名称
SYS(2017)	清屏并显示启动时的主窗口
SYS(2018)	返回最近出错信息
SYS(2019)	返回 Visual FoxPro V6.0 配置文件的文件
SYS(2021)	返回打开的索引表达式
SYS(2022)	返回指定磁盘簇的大小(B)
SYS(2023)	返回 Visual FoxPro V6.0 存储临时文件的驱动器和目录
SYS(2029)	返回与表对象类型对应的值
SYS(2333[,0|1|2])	控制是否支持 ActiveX 双重界面
SYS(2234)	返回如何激活 Visual FoxPro V6.0 自动服务程序或一个独立的可执行应用程序是否在运行
SYS(2235[,0|1])	启动或关闭可发布的 Visual FoxPro V6.0.EXE 自动服务程序的模式状态
SYS(3004)	返回 OLE 自动化和 OLE 控制使用的环境 ID 值
SYS(3005)	返回 OLE 自动化和 OLE 控制使用的环境 ID 值
SYS(3006)	返回语言 ID 值
SYS(3050)	设置前台或后台缓冲内存大小
SYS(3051)	设置锁定重试间隔
SYS(3052)	尝试锁定一个索引或备注文件时,Visual FoxPro V6.0 是否使用 SET PERPROCESS 设置
SYS(3053)	返回 ODBC 的环境句柄
SYS(3054)	控制查询时是否显示 Rushmore 优化级

续表

格式	功能
SYS(3055[,n])	在支持 FOR 和 WHERE 的命令或函数中设置 FOR 和 WHERE 的复杂程度
SYS(3056[,1])	使 Visual FoxPro V6.0 重新读取其注册设置
SYS(4204[,0|1])	在 Visual FoxPro V6.0 的调试器中启用或关闭对 Active Documents 的调试支持
SYSNETRIC(N)	返回操作系统屏幕元素的大小
TABLEREVEL([N1][,CE][,N2])	放弃对缓冲器行、表、临时表的修改,并且恢复远程临时表数据及本地表和临时表的当前磁盘数值
TableUPDATE([N1][,C1][C2|N2][,C2])	放弃对缓冲器行、表、临时表的修改
TAG([CE1,]N1[,N2|CE2])	返回打开的多项复合索引文件的标识
TAGCOUNT([CE1,]N1[,N2|CE2])	返回打开的多项复合索引文件的标识以及单项索引文件的数目
TAGNO(CE1[,CE2[,N2|CE3]])	返回打开的多项复合索引文件以及单项索引文件的索引位置
TAN(NE)	返回角度的正切值
TARGET([CE1][,N2|CE2])	返回一个表的别名
TIME(N)	返回系统当前时间
TRANSFORM(EE[,CE])	将表达式的值以字符串形式返回
TRIM(CE)	取消 CE 的左空格
TTOC(TE[,1|2])	日期时间型转换成字符型
TTOD(TE)	日期时间型转换成日期型
TXNLEVEL()	返回一个表明当前事务级别的数值
TXTWIDTH(CE1][,CE2,N1[,CE3]])	按照字体平均字符宽度返回字符表达式的长度
TYPE(CE)	返回表达式的类型
UNQUE([CE1]NE1[,NE2|CE2])	判别当指定的索引标识或索引文件是否用该关键字
UPDATE()	判别是否在当前 READ 操作期间更改了数据
UPPER(CE)	将 CE 转换成大写字母
USED(NE|C])	判别指定工作区是否打开了一个表
VAL(CE)	由数字组成的字符表达式返回数字值
VARREAD()	以大写字母返回用来创建当前控制的内存变量、数组元素或字段的名称
VARTYPE(EE[,CE])	返回表达式的数据类型
VERSION(N)	返回正在使用的 Visual FoxPro V6.0 的版本号

续表

格式	功能
WCHILD([CE][,N2])	返回父窗口中子窗口的数目
WCOLS(CE)	返回活动窗口或指定窗口中的列数
WEEK(DE|TE[,N1][,N2])	从指定日期中返回代表一个第几周的数值
WEXIST(CE)	确定指定的用户定义窗口是否存在
WFONT(N[,CE])	返回 Visual FoxPro V6.0 窗口中当前字体的名称、大小或字形
WLAST(CE)	返回在当前窗口之前活动的窗口的名称,或者确定指定窗口在当前窗口之前是否是活动的
WLCOL(CE)	返回活动窗口或指定窗口左上角列坐标
WLROW(CE)	返回活动窗口或指定窗口左上角行坐标
WMAXIMUM(CE)	确定活动窗口或指定窗口是否最大化
WMINIMUM(CE)	确定活动窗口或指定窗口是否最小化
WONTOP(CE)	确定活动窗口或指定窗口是否在所有其他窗口之前
WOUTPUT(CE)	确定输出是否向活动窗口或指定窗口
WPARENT(CE)	返回活动窗口或指定窗口的父窗口名
WREAD(CE)	确定活动窗口或指定窗口是否在当前 READ 调用过
WRWS(CE)	返回活动窗口或指定窗口中的行
WTITLE(CE)	返回活动窗口或指定窗口的标题
WVISIBLE(CE)	确定指定窗口是否激活并且没有隐藏
YEAR(DE|TE)	返回指定日期的年份

注:函数中的符号分别代表如下的含义:
① CE:字符型表达式。
② NE:数值型表达式。
③ LE:逻辑型表达式。
④ N 数值型变量。
⑤ C:字符型变量。
⑥ EE:任意数据类型的表达式。
⑦ TE:日期时间型表达式。
⑧ DE:日期型表达式。
⑨ |:取其中之一。

附 录 B

文件类型

. ACT	向导操作图的文档文件	. IDX	索引、压缩索引文件
. APP	生成的 Visual FoxPro V6.0 应用程序文件	. LBT	标签备注文件
. CDX	复合索引文件	. LOG	日记文件
. CHM	复合超文本格式帮助文件	. LST	向导列表的文档文件
. DBC	数据库文件	. MEM	内存变量文件
. DBF	表文件	. MNT	菜单备注文件
. DBG	调试配置文件	. MNX	菜单文件
. DCT	数据库备注文件	. MPR	生成的菜单程序文件
. DCX	数据库索引文件	. MPX	编译后的菜单程序文件
. DEP	安装向导生成的相关文件	. OCX	OLE 控制文件
. DLL	Windows 动态链接文件	. PIT	项目备注文件
. ERR	编译错误后生成的文件	. PJX	项目文件
. ESL	Visual FoxPro V6.0 支持的库文件	. PRG	程序文件
. EXE	可执行程序文件	. QPR	生成的查询程序文件
. FKY	宏文件	. QPX	编译后的查询程序文件
. FLL	Foxpro 动态链接库文件	. SCT	表单备注文件
. FMT	格式文件	. SCX	表单文件
. FPT	表备注文件	. SPR	生成的屏幕程序文件
. FRT	报表备注文件	. LBX	标签文件
. FRX	报表文件	. SPX	编译后的屏幕程序文件
. FXP	编译后的程序文件	. TBK	备注备份文件
. H	头文件(Visual FoxPro V6.0 或 C/C + + 程序需要包含)	. TXT	文本文件
. HLP	图形方式帮助文件	. VCT	可视类库备注文件
. VUE	FoxPro 的视图文件	. VCX	可视类库文件
. HTM	超文本文件	. WIN	窗口文件

附 录 C

控件和对象表

控件和对象名	含义
ActiveDoc	可以将 Microsoft Internet Explore 等 Active Document 容器包容在其中
Applicatin	为每个 Visual FoxPro V6.0 实例建一个对象,包含 Visual FoxPro V6.0 的属性和方法集合
CheckBox	复选框,可以输入逻辑型数据
Column	列,网格中的列可以包含表中的字段
ComboBox	组合框,可以从显示的一列数据中选择其中一个
CommandButton	命令按钮,命令按钮完成某项事件
CommandGroup	命令按钮组,创建一组命令按钮
Container	容器,可包含其他对象
Control	能包含其他被保护对象的控件对象
Cursor	把表或视图添加到表单、表单集或报表的数据环境中
Custom	用户自定义对象
DataEnvirpnment	数据环境,为表单、表单集、报表提供数据源
DataObject	数据容器,数据从 OLE 拖动源传输到 OLE 放落目标
EditBox	编辑框,用来编辑内存变量、数组元素、字段和备注字段。
File	提供项目中指定文件的引用
FileCollection	文件对象集,项目中所有文件对象的集合
Form	表单,创建控件对象的容器
Formset	表单集,包含一组表单
Grid	网格,按行、列显示数据的容器对象,其外观与浏览窗口相似
Header	标头,为网格控件的列创建标头,显示列的标题
HyperLink	超链接,为 Visual FoxPro V6.0 提供漫游的能力
Image	图像,创建一个可以显示图像的控件
Label	标签,可以显示文本的内容

续表

控件和对象名	含义
Line	线条,画出一条水平或垂直或对角的线条
ListBox	列表框,显示一列数据项供用户选择
Objects	对象集,在 Application 对象中存储对象的数组
OLEBoundControl	OLE 绑定,在表单或报表中允许用表中的通用字段显示
OLEControl	OLE 容器,允许向应用程序中加入 OLE 对象
OptionButton	选项按钮,从显示的选项中选择其中一个
OptionGroup	选项组,是选项按钮的容器
Page	页面,允许创建选项卡式表单或对话框
PageFrame	页框,包含页面的容器
Project	项目,创建或打开项目时,对其进行实例化,并对项目事件提供编程访问
ProjectHook	项目链,在打开项目时对其进行实例化,并对项目事件提供编程访问
Project Collection	项目集,提供对项目对象的访问,可以在项目内处理项目、文件、服务程序
Relation	关系,在数据环境设计器中为表单、报表、表单集建立关系
Separator	分隔符,用在工具栏中的控件之间
Server	服务程序,项目中服务程序的引用
Server Collection	服务程序集,服务程序对象的集合
Shape	形状,创建一个可以显示矩形、圆和椭圆的形状控件
Spinner	微调,可以通过箭头键输入一个调整值
TextBox	文本框,用来编辑内存变量、数组元素、字段
THIS	创建对象之前提供对它的引用
ThisForm	在创建一个表单之前提供对它的引用
ThisFormSet	在创建一个表单集之前提供对它的引用
Timer	计时器,以一定时间间隔执行代码的计时器
ToolsBar	工具栏,创建一个用户自定义的工具栏

事件表

事件名	触发事件的条件
Activate	当激活表单、表单集或页对象,或者显示工具时发生。
AfterBuild	在项目重新连编或从项目中创建应用程序文件、动态链接库、或可执行文件时发生
AfterCloseTables	在表单、表单集或报表的数据环境中,释放指定表或视图后发生
AfterDock	停放工具栏后发生
AfterRowColChange	当用户移到表格的另一行或列时发生
BeforeBuild	项目重新连编或项目中创建应用程序文件、动态链接库、或可执行文件时发生
BeforeDock	工具栏对象停放之前发生
BeforeOpenTable	仅发生在表单、表单集或报表的数据环境中相关的表或视图打开之前
BeforeRowColChange	改变活动的行或列,而新单元还未获得焦点时发生
Click	在程序中包含触发事件的代码或者将鼠标指针放在一个控件
CommandTargetExec	在用户单击 Active Document 容器的菜单项或工具栏项时发生
CommandTargetQuery	在 Active Document 宿主程序需要得知 Active Document 是否支持各种宿主程序菜单项时发生
ContainerRelease	在 Active Document 被宿主程序释放时发生
Dbclick	当连续两次快速按下鼠标左键并释放时发生
Deactivate	当所包含的对象没有焦点而不再处于活动状态时发生
Deleted	当用户在记录上做删除标记、清除一个删除标记,或执行 Deleted 命令时发生
Destroy	当释放一个对象的实例时发生
DownClick	当单击控件的下箭头时发生
DragDrop	当完成拖放操作时发生
DragOver	控件拖过目标对象时发生
DropDown	当击组合框控件的下箭头后列表部分即将下拉时发生
Error	当某一方法在运行时发生错误时发生
ErrorMessage	当 Valid 事件返回"假"时此事件发生并提供显示错误信息

续表

事件名	触发事件的条件
GotFocus	当通过用户操作或执行程序代码使对象接收到焦点时发生
HideDoc	在离开 Active Document 时发生
Init	在创建对象时发生
InteractiveChange	在使用键盘或鼠标更改控件值时发生
KeyPress	当用户按下并释放某个键时发生
Load	在创建对象前发生
LostFocus	当某个对象失去焦点时发生
Message	在屏幕底部的状态栏中显示一条信息
MiddleClick	当用户在一个控件上单击三键鼠标的中键时发生
MouseDown	当用户在一个控件上按下鼠标键时发生
MouseMove	当用户在一个控件上移动鼠标键时发生
MouseUp	当用户鼠标在控件释放时发生
MouseWheel	如果鼠标有鼠标球时,当用户滚动鼠标球时发生
Moved	当对象移到新位置时或以编程方式更改容器对象的 Top 或 Left 属性时发生
OLECompleteDrag	在数据放落到目标上或取消 OLE 拖放操作时发生
OLEDragDrop	在数据放落到目标上,且放落目标的 OLEDropMode 属性为 -1 启用时发生
OLEDragOver	在数据放落到目标上,且放落目标的 OLEDropMode 属性为 -1 启用时发生
OLEGiveFeedBack	在 OLEDragOver 事件后发生
OLESetData	在放落目标调用 GetData 方法程序而 OLE 拖放的 DataObject 对象中没有指定格式的数据时在拖动源上发生
OLEStartDrag	在调用 OLEDrag 方法程序时发生
Paint	当表单或工具栏重画时发生
ProgrammaticChange	在代码中更改一个控件值时发生
QueryAddFile	在项目中文件添加之前发生
QueryModifyFile	在项目中修改文件之前发生
QueryRemoveFile	在项目中移去文件之前发生
QueryRunFile	在项目中执行文件之前发生
QueryUnLoad	在卸载一个表单之前发生
RangeHigh	对微调控件或文本框,当控件失去焦点时发生,对组合框或列表框,当控件得到焦点时发生
RangeLow	对微调控件或文本框,当控件失去焦点时发生,对组合框或列表框,当控件得到焦点时发生
ReadActivate	当表单集中的一个新表单成为活动表单时发生

续表

事件名	触发事件的条件
ReadDeactivate	当表单集中的一个新表单成为不活动表单时发生
ReadShow	当在活动的表单集中发出 SHOW GETS 命令,并且激活表单集时发生
ReadValid	在表单集成为不活动之后发生
ReadWhen	当表单加载之后发生
Resize	当调整对象大小时发生
RightClick	当用户在控件上按下并释放鼠标右键时发生
Run	在 Active Document 与宿主程序和 COM 不再一致,并准备运行用户代码时发生
Scrolled	在表单或表格控件中,单击水平或垂直滚动条,或移动滚动条中的滚动块时发生
ShowDoc	在定位到一个 Active Document 时发生
Timer	当经过 interval 属性中指定的毫秒数时发生
UIEnable	在页框中无论页面是否激活包含在页面中的所有对象都能发生此事件
UnDock	从停放位置拖动工具栏时发生
UnLoad	在对象被释放时发生
UpClick	在用户单击控件上的向上滚动箭头时发生
Valid	在控件失去焦点时发生
When	在控件接受焦点之前发生

方法表

名称	功能
ActiveCell	激活表格控制中的一个单元
Add	向项目中添加文件
AddColumn	向表格控制中添加文件
AddItem	在组合框或列表框中添加一个新数据项,并且可以指定数据项索引
AddListItem	在组合框或列表框控件中添加新的数据项,并且可以指定数据项索引的 ID 值
AddObject	运行时,在容器对象中添加对象
AddProperty	向对象中添加属性
AddToSCC	在项目中向源代码控件中添加文件
Box	在表单对象上画矩形
Build	重新连编项目或从项目创建应用程序文件(.APP)、动态链接库(.DLL)或可执行文件(.EXE)
CheckIn	签入对源代码管理器的项目中文件的更改
ChecOut	签出对源代码管理器的项目中文件的更改,以便对该文件进行修改
Circle	在表单上画一个圆或椭圆
Clear	清除组合框或列表框的内容
ClearData	从 OLE 拖放的 DataObject 对象中清除所有的数据和数据格式
CleanUp	通过删除那些作了删除标记的记录和压缩备注字段,来清理项目中的表
CloneObject	复制对象,包括对象所有的属性事件和方法
Close	关闭项目,并且释放该项目的 ProjectHook 和 Project 对象
CloseTables	关闭与数据环境相关的表和视图
Cls	清除表单中的图形和文本
DataTOClip	将一批记录以文本格式拷贝到剪贴板上
DeleteColumn	从一个表格控制中删除一个列对象
Dock	沿着 Visual FoxPro 主窗口的边界停放"工具栏"对象

275

续表

名称	功能
Docmd	在 Visual FoxPro Application 的自动服务器上执行一个 Visual FoxPro 的命令
DoScroll	模仿用户单击滚动条,滚动表格控件
Doverb	执行指定对象的一个动作
Drag	启动结束或取消拖动操作
Draw	重画表单对象
Eval	计算一个表达式,并且返回一个表单结果给 Visual FoxPro application 自动服务器实例
GetData	从 OLE 拖放的 DataObject 对象中获取数据
GetFormat	确定 OLE 拖放的 DataObject 对象中指定格式的数据是否可用
GetLatestVersion	获得文件的最新版本,该文件所在的项目位于源代码管理器中,并将一只读版本复制到本地的驱动器上
Goback	在 Active Document 宿主程序的历史记录中向后定位
GoForward	在 Active Document 宿主程序的历史记录中向前定位
GridHitTest	输出参数,返回表格控件中与指定的水平(X)和垂直(Y)坐标相对应的组件
help	打开帮助窗口
Hide	通过把 Visible 属性设置为"假"(.F.),隐藏表单、表单集或工具栏
IndexTOItemID	返回一个指定项的 ID 号
Item	在项目集合中,向指定数据项返回一个对象引用
ItemIDTOIndex	返回 nIndex 值,这个值指示数据项在控制列表中的位置
Line	在表单对象中画一条线
Modify	打开项目中的文件,以便在合适的设计器或编辑器中对其进行修改
Move	移动一个对象
NavigateTo	在 Active Document 中定位到指定位置
NewObject	将新类或对象添加到对象中,该对象直接从.VCX 可视库或程序中创建
OLEDrag	启动 OLE 拖放操作
Point	返回一个表单上特定点的红 – 绿 – 蓝颜色
Print	在表单对象上打印一个字符串
Pset	把一个表单或 Visual FoxPro V6.0 主窗口中的一个点设置成前景色
Quit	退出一个 Visual FoxPro V6.0 实例
ReadExpression	返回属性窗口中某属性的表达式
ReadMethod	返回指定方法的文本内容
Refresh	重画表单或控件,并刷新所有值

续表

名称	功能
Release	从内存中释放表单或表单集
Remove	将文件从它的文件集合或项目中移去
RemoveFromSCC	将源代码管理器中的项目文件移去
RemoveItem	从组合框或列表框中移去一项
RemoveListItem	从组合框或列表框中移去一项
RemoveObject	运行时从容器对象中删除一个指定对象
Requery	重新查询组合框或列表框控件中所基于行源
RequestData	用 Visual FoxPro V6.0 实例的一个打开表中记录创建一个数组
Reset	重置计时器控制,让它从 0 开始
resetToDefault	将一个属性,事件或方法设置为 Visual FoxPro V6.0 的缺省设置
run	执行或预览项目中的文件
SaveAs	把一个对象作为.SCX 文件保存起来
SaveAsClass	把对象的实例保存为类库定义
SetAll	为容器对象中所有控制或某类控制指定一个属性设置
SetData	将数据放在 OLE 拖放的 DataObject 对象中
SetFocus	为一个控件指定焦点
SetFormat	将数据格式放在 OLE 拖放的 DataObject 对象中
SetMain	设置项目的主文件
SetVar	创建一个 Visual FoxPro V6.0Application 自动服务器中的变量来存储一个值
SetViewPort	设置表单中 ViewPortLeft 和 ViewPortTop 属性值
Show	显示一个表单,并且确定是模式表单还是无模式表单
TextHeight	返回以当前字体显示的文本字符串高度
TextWidth	返回以当前字体显示的文本字符串宽度
UndoCheckOut	放弃对文件的任何修改,并将该文件签回源代码管理器
WriteExpression	将表达式写到属性中
WriteMethod	把指定的文本写到指定的方法中
Zorder	把指定的表单对象或控制放在其图形层内

属性表

属性	功能
ActiveColumn	返回表格控件中包含活动单元的列
Activecontrol	引用对象上的活动控件
Activeform	引用表单集中或 Visual FoxPro v6.0 主窗口对象中活动的表单对象
Activepage	返回页框对象中活动页面的页码
Activeproject	包含当前活动项目管理器窗口中的项目对象的一个对象引用
Activerow	指定表格控件中包含活动单元的行
Alias	指定与临时表对象相关的每个表或视图的别名
Align	指定表单中一个 ActiveX 控件(.OCX)的对齐方式
Alignment	指定与控件相关的文本的对齐方式
AllowAddNew	指定是否可以向一个表格控件中的表添加新记录
AllowHeadersizing	指定表格控件的标头高度是否可以在运行时改变
AllowRowsizing	指定表格控件的标头行数是否可以在运行时改变
Allowtabs	指定编辑框中控件是否允许使用选项卡
Allwaysonbottom	防止其他窗口被表单窗口覆盖
Allwaysontop	避免其他窗口被表单窗口覆盖
Application	提供对一个对象中的属性或方法的引用
AutoActivate	指定如何激活 OLE 容器控件
AutoCenter	指定表单对象第一次显示于 Visual FoxPro 主窗口时,是否自动居中放置
AutoCloseTables	指定由数据库环境指定的表或视图是否在表单集、表单或报表释放时关闭
AutoIncrement	指定在连编发布.EXE 或内部处理.DLL 时,项目连编版本是否自动增加
AutoOpenTables	决定是否自动加载与表单集、表单或报表的数据环境相关联的表或视图
AutoRelease	指定表单集中最后一个表单释放后是否释放表单集
AutoSize	指定控件是否依据其内容自动调节尺寸大小

续表

属性	功能
AutoVerbMenu	指定是否可以通过鼠标右键单击一个 OLE 对象显示包含该 OLE 对象 Verb 的快捷菜单
AutoYield	指定 Visual FoxPro 实例在执行用户程序代码的每一条语句之间是否处理 Windows 事件
BackColor	指定用于显示对象中文本和图形的背景色
ForeColor	指定用于显示对象中文本和图形的前景色
BackStyle	指定一个对象的背景是否透明
BaseClass	指定 Visual FoxPro V6.0 基类名
BorderColor	指定对象的边框颜色
BorderStyle	指定对象的边框样式
Borderwidth	指定控件的边框宽度
Bound	确定一个列对象里的控件是否与列的控件源绑定
BoundColumn	对一个多列的表框或组合框,确定哪个列与该控件的 Value 属性绑定
BoundTo	指定组合框或列表框的 Value 属性值能否由 List 或 ListIndex 属性决定
BufferMode	指定保守式更新还是开放式更新记录
BufferModeOverride	指定是否改写表单级或表单集级的 BufferMode 属性设置
BuildDateTime	项目最后连编的日期和时间
ButtonCount	指定命令组或选项组中的按钮数
Buttons	访问一个控件组中每个按钮的数组
Cancel	指定一个命令按钮组或 OLE 容器控件是否有"取消"按钮
Caption	指定对象标题中显示的文本
Centruy	指定文本框中日期的世纪部分的显示格式
ChildAlias	指定子表的别名
ChildOrder	为表格控件或关系对象的记录源指定索引标识
Class	返回一个对象所基于的类的名称
ClassLiberrary	指定用户自定义类库的名称
ClipControls	确定 Piant 事件中图形方法是重画整个对象还是只重画新露出的区域
Closeable	指定是否双击控件菜单框或从控件菜单中选择"关闭"项关闭表单
Clsid	为项目的服务程序注册的 CLSID
CodePage	项目文件的代码页
ColorScheme	指定控件使用的配色方案
ColorSource	确定如何设定控件的颜色

属性	功能
ColumnCount	指定表格、组合框或列表框控件中的列对象的数目
ColumnLines	显示或隐藏列之间的线条
ColumnOrder	指定表格控件中列对象的相对顺序
Columns	通过列编号访问表格控件中单个列对象的数组
ColumnWidths	指定组合框或列表框控件的列宽
Comment	存储有关对象的信息
ContainerReleaseType	在 Active Document 被其宿主程序释放时,指明是否在 Visual FoxPro V6.0 运行时刻打开
ContinuousScroll	指定在表单中继续滚动,还是在释放滚动框时滚动
ControlBox	指定运行时在表单或工具栏的左上角是否显示控件菜单框
ControlCount	指定容器对象中控件的数目
Controls	访问容器对象中控件的数组
ControlSource	指定与对象绑定的数据源
Count	项目、文件或服务程序集合的项目、文件或服务程序对象中的数目
CorrentControl	指定对象中的哪一个控件用来显示活动单元的值
CurrentX 或 Y	指定供下一个绘图方法使用的横坐标(X)或纵坐标(Y)
CursorSource	指定与临时表对象相关的表或视图名
Curvature	指定形状控件的弯角曲率
Database	指定数据库的路径
DataSession	指定一个表单、表单集或工具栏能否在自身的数据工作期中运行和具有独立的数据环境
DataSessionID	返回数据工作期 ID 标识号
DateFormat	指定文本框中日期或日期时间型值的显示格式
DateMark	文本框中日期或日期时间型值的显示时的间隔符
Debug	指定项目中已编译过的源代码,是否包含调试信息
Default	若活动表单上有两个或更多命令按钮,在按下 Enter 时,指定哪个命令按钮或 OLE 容器控件做出响应
DefaultFilePath	指定 Application 使用的缺省驱动器和路径
DefOLELCID	指定一个表单或 Visual FoxPro V6.0 主窗口中缺省的 OLE 环境 ID
DeleteMark	指定表格控件中是否出现删除标记列
Description	对于文件对象是文件的说明,对于服务程序对象是服务程序的说明
Desktop	指定表单是否放在 Visual FoxPro V6.0 主窗口中
DisabledBackColor	为一个废止的控件指定背景色和前景色

续表

属性	功能
DisabledItembackcolor	为列表框或组合框中的不可用项指定背景色或前景色
DisabledPicture	指定为废止控件时要显示的图形目
DisplayCount	指定在 ControBox 控件中的列表部分显示项的数目
DisplayValue	指定在一列表框或组合框中选定项的第一列的内容
Docked	表明是否停放用户自定义的工具栏对象
DockPosition	指定用户自定义工具栏对象停放的位置
DocumentFile	返回文件名
DownPicture	指定选择控件时显示的图形
DragIcon	指定在拖放操作时作为指针显示的图形
DragMode	指定拖放操作的拖放方式为人工或自动
DrawMode	与颜色属性一起确定如何在屏幕上显示形状或线条控件
DrawStyle	指定用图形方法绘图时的线条样式
DrawWidth	指定用图形方法绘图时的线条宽度
DynameicAligrnment	指定列对象中文本和控件的对齐方式
DynamicBackcolor	指定列对象的背景色
DynamicCurrentControl	指定用包含在列对象中的哪个控件来显示活动单元的值
DynamicFontBold	指定显示在列对象中的文本具有下列一种或多种字形
DynamicFontName	指定显示在列对象中的显示文本所用的字体名
DynamicFontOutline	指定与列对象有关的文本是否以轮廓方式显示
DynamicFontShadow	指定与列对象有关的文本是否带阴影
DynamicFontSize	指定显示在列对象中的显示文本字体的大小
DynamicInputMask	指定列控件中数据输入与显示的格式
Enabled	指定对象是否响应用户引发的事件
Encrypted	指定项目中已经编译过的源代码是否加密
Exclude	指定从项目连编应用程序时是否排除某个文件
Exclusive	指定是否用独占方式打开某个与临时表对象相关的表
FileClass	表单类(项目中的表单基于该类)的名称
FileClassLibrary	类库的名称
FillColor	指定图形例程在对象上所画图形的填充色
FillStyle	指定图案,用来填充圆和方框图形方法创建的形状和图形
Filter	排除不满足条件的记录,筛选条件由给定的表达式指定

属性	功能
FirstElement	指定在组合框或列表框控件内所显示的数组的第一个元素
FontBold	指定文本是否是粗体
FontCondens	指定文本字符间距能否改变目
FontName	指定显示文本的字体名
FontOutline	指定与某个控件相关的文本是否加上轮廓
FontShadow	指定与某个控件相关的文本是否加上阴影
FontSize	指定对象文本字体大小
Format	指定某个控件的 Value 属性的输入和输出格式
FormCount	存放表单集中单个表单对象的数目
Forms	访问表单集中单个表单对象的数组
Fullname	指定 Visual FoxPro V6.0 启动时文件名和路径
GrildLineColor	指定表格控件中分隔各单元的表格线的颜色
GrildLines	决定表格控件中是否显示水平线和垂直线
GrildLineWidth	以像素为单位,指定表格控件中分隔单元的网格线宽度
HalfHeightCaption	指定表单标题高度是否为正常高度的一半
HeaderHeight	指定表格控件中列标头的高度
Height	指定对象在屏幕上的高度
HelpContextID	为帮助文件的一个主题指定上下方标识,以便提供上下文相关帮助
HideSelection	指定当控件失去焦点时,选定文本是否以选定状态显示
Highlight	指定表格控件中具有焦点的单元是否以选定状态显示
HighlightRow	指定表格控件中当前列或单元格是否高亮度显示
HomeDir	指定项目的主目录
HostName	返回或设置 Visual FoxPro V6.0 应用程序的用户可读宿主名
Hours	指定日期时间型数据的小时部分是以 12 小时的方式还是以 24 小时的方式
HscrollSmallChange	指定单击水平的滚动箭头时,表单在水平方向上的滚动增量
Icon	指定最小化表单时显示的图标
IMEMode	指定一个控件的输入方法编辑器窗口的设置
Increment	单击上箭头或下箭头时,微调控件中数值增加或减少的值
IncrementalSearch	指定控件是否支持对键盘操作的递增搜索
InitialSelectedAlias	在加载数据环境时,指定一个与临时表对象相关联的别名作为当前别名
InputMask	指定控件中数据的输入格式和显示方式

属性	功能
Instancing	指定如何对项目的服务程序进行实例化
IntegralHeight	设定编辑框或列表框控件的高度可以自动调整,使得控件的最后一项可以正常显示
Interval	指定计时器控件 Timer 事件之间间隔毫微秒数
ItemBackColor	在组合框或列表框控件中,指定显示数据项文本的背景色目
ItemData	使用索引引用一维数组
ItemDData	使用唯一的标识编号来引用一维数组
ItemTips	指定组合框或列表框控件中项的提示是否显示
KeyboardHighValue	指定可用键盘输入到微调控件文本框中的最大值
KeyPreview	指定表单的 Keypress 事件是否优先于控件的 Keypress 的事件
LastModified	项目文件最后修改日期和时间
Left	指定对象的左边界
LeftColumn	保存表单控件显示的最左列的编号
LineSlant	指定线条倾斜方向
LinkMaster	指定表格控件中的子表所链接的父表
List	用来访问组合框或列表框控件中各数据项的字符型数据
ListCount	存放组合框或列表框控件的列表中的项数
ListIndex	指定组合框或列表框控件中选定数据项的索引号
ListItem	用于通过 ID 值访问组合框或列表框控件中的数据项
ListItemID	指定组合框或列表框控件中选定项的唯一标识号
LockScreen	确定表单是否以批处理方式执行表单及所包含的对象的属性设置的更改
MainClass	ActiveDoc 类的名称,该类为项目中的主程序
MainFile	文件的名称和路径,该文件为项目中的主程序
Margin	为控件的文本部分指定应该留出的空白宽度
MaxButton	指定表单是否含有最大化按钮
MaxHeight	决定表单可能的最大高度
Maxleft	指定表单与 Visual FoxPro V6.0 主窗口左侧边缘的最大可能距离
MaxLength	指定编辑框中输入字符的最大长度
MaxTop	指定表单与 Visual FoxPro V6.0 主窗口顶端边缘的最大可能距离
MaxWidth	指定表单的最大宽度
MDIForm	指定表单是否为 MDI 界面
MemoWindows	指定当前文本框图控件的数据源是备注字段,所使用的用户自定义窗口名

续表

属性	功能
MinButton	指定是否含有最小化按钮
MinHeight	指定表单可调整到的最小高度
MinWidth	指定表单可调整到的最小宽度
MousePointer	指定运行时，鼠标在一个对象的特定位置之上时，鼠标指针的形状
Movable	指定用户是否可以在运行时移动一个对象目
MoverBars	指定是否在列表框控件中作显示移动按钮菜单
MultiSelect	指定用户是否可以在一个列表框控件中作多项选择，以及如何选择
Name	指定在代码中引用对象时所用的名称
NewIndex	为最新添加在组合框或列表框控件中的项指定索引
NewItemId	为最新添加在组合框或列表框控件中的项指定标识号
NodataOnLoad	激活一个与临时表相关联的视图，但不下载数据
NullDisplay	指定一个字符串来显示 Null 值
NumberOfElements	指定使用数组中的多少项来填充组合框或列表框控件中的列表部分
Object	提供访问 OLE 对象属性和方法的能力
OLEClass	返回当前对象创建时所在的服务器名称
OLEDragMode	指定如何初始化拖动操作
OLEDragPicture	在 OLE 拖放操作过程中，指定鼠标光标下显示的图片
OLEDropEffect	指定 OLE 放落目标所支持的放落操作类型
OLEDropHasData	指定如何管理拖放操作
OLEDropMode	指定放落目标如何管理 OLE 放落操作
OLEDropTextInsertion	在控件的文本框部分，指定是否可以将文本放落在文本框中单词的中间
OLELCID	存储 OLE 绑定控件或 OLE 容器控件的环境 ID 号
OLERequestPending-TimeOut	指定一个 Automation 请求发出后，显示忙信息的时间
OLEServerBusyRaiseErro	指定当一个 Automation 请求被拒绝是否显示忙的错误信息
OLEServerBusyTimeout	指定当一个 OLE 服务忙时，Automation 请求重试的时间
OLETypeAllowed	返回控件中所包含的 OLE 对象的类型
OpenView	指定与一个表单集、表单或报表数据环境相关联的自动打开的视图类型
OneTOMany	当在父表的记录上移动记录指针时，指定记录指针是否应保持在同一条父记录上，直至子表的记录指针移过所有的与之相关的记录
OpenWindow	当与一个备注字段相关联的文本框控件收到焦点时，指定是否自动打开窗口
Order	为临时表对象指定主控索引标识

续表

属性	功能
PageCount	指定一个页框控件中的页面数
PageHeight	指定页面的高度
PageOrder	指定页面在一个页框控件中的相对顺序
Pages	一个用于访问页框控件中各个页面的数组
PageWidth	指定页面宽度
Panel	指定一个表格控件的活动窗格目
PanelLink	指定当拆分表格时,表格控件的左右窗格是否链接
Parent	引用一个控件的容器对象
ParentAlias	指定父表的别名
ParentClass	返回对象所属类的基类
Partition	指定一个表格是否拆分为两个窗格,并且指定相对于表格左边的拆分位置
PassWordChar	决定用户输入的字符或占位符是否显示在文本框控件中,并确定所占位符的字符
Picture	指定需要在控件中显示的位图文件(.BMP),图标文件(.ICP)或通用字段
ProgID	在项目中为服务程序注册的 PROGID(Programmatic Identifier)
ProjectHook	(为项目)已经实例化的 ProjectHook 对象的对象引用
ProjectHookClass	项目默认的 ProjectHook 类
ProjectHookLibrary	.VCX 可视类库,其中包含了项目默认的 ProjectHook 类
ReadCycle	指定当焦点移出表单集中的最后一个对象时,表单集的第一个对象是否接受焦点。包含此属性是为了提供与 READ 命令的向后兼容性
rReadLock	包含此属性是为了提供与 READ 命令的向后兼容性
ReadMouse	指定在给定表单集的表单上是否可以用鼠标在控件中移动。包含此属性是为了提供与 READ 命令的向后兼容性
ReadObject	指定激活表单集时拥有焦点对象。包含此属性是为了提供与 READ 命令的向后兼容性
ReadOnly	指定用户是否可以编辑一个控件或更新与临时表对象相关联的表或视图
ReadSave	指定是否能用 READ 命令再次激活一个对象。包含此属性是为了提供与 READ 命令的向后兼容性
ReadTimeout	指定在没有用户输入时,表单集保持为活动状态的时间长短。包含此属性是为了提供与 READ 命令的向后兼容性
RecordSource	指定与表格控件相绑定的数据源
RecordSourceType	指定如何打开填充表格控件的数据源
RelationalExpr	指定一基于父表字段的表达式,该表达式与子表中连接父子表的索引相关
RelativeColumn	指出在表格控件可见部分中的活动列

续表

属性	功能
RelativeRow	指出在表格控件可见部分中的活动行
ReleaseType	返回一个整数,以此确定表单对象如释放
ResizeType	指定列对象的大小能否在运行时由用户调节
RightToLeft	指定控件中文本的读取顺序和表单中串的输出顺序
RowHeight	指定表格控件中行的高度
RowSource	指定组合框或列表框控件中值的来源
RowSourceType	指定控件中值的来源类型目
ScaleMode	使用图形方法或定位控件时,指定对象坐标的度量单位
SCCProvider	项目源代码管理器的名称
SCCStatus	包含一个数值,表明项目中文件的源代码控制的状态
ScrollBars	指定控件所具有的流动条类型
Seconds	指定文本框中日期时间型的数据中秒部分是否显示
Selected	指定组合框或列表框控件中的一项是否被选中
SelectedBackColor	指定选定文本的背景色
SelectedID	指定组合框或列表框控件中的一项是否被选中
SelectedItemBackColor	指定组合框或列表框中选定项的背景色
OnEntry	指定当用户单击列单元或使用 Tab 键移到列单元时,是否选定这个单元中的内容
SelLength	返回用户在控件的文本区域中选定的字符数目,或指定要选定的字符数目
Selstart	返回控件的文本输入区域中用户选择文本的起始点。当没有选定文本时,指示插入点的位置。另外,它还可以指定控件的文本输入区域中选择文本的起始点
Seltext	返回用户控件的文本区中选定的文本,如果没有选定任何文本,则返回宋体字符串("")指定包含选定文本的字符串
ServerClass	包含项目中服务程序类的名称
ServerClassLibrary	包含类库或程序的名称,类库或程序中包含一个服务程序类
ServerHelpFile	类型库的帮助文件,该类型库是为项目中的服务程序类创建的
ServerName	自动服务程序的完整路径和文件名
ServerProject	包含服务程序的项目的名称
showTips	对于指定的表单对象或指定的工具栏对象,确定是否显示"工具提示"
ShowWindows	指定一个表单或工具栏是否是一个 top – level 表单或者子表单
Sizeable	指定对象的大小是否可以改变
SizeBox	指定一个表单是否有尺寸缩放按钮

属性	功能
Sorted	在组合框和列表框中,指定列表部分的各项是否按字母顺序排序
Sparse	指定 CurrentControl 属性是影响列对象中的全部单元,还是仅影响列对象中的活动单元
SpecialEffect	指定控件的不同样式选项
SpinnerHighValue	指定单击上箭头和下箭头时,微调控件所允许的最大值或最小值
SplitBar	指定表格控件是否有分割区
StartMode	表明如何启动 Visual FoxPro 实例的数字
StatusBar	指定 Visual FoxPro 运行实例的状态栏的文本目
StatusBarText	指定控件获得焦点时在状态栏中显示的文本
Stretch	在一个控件内部,指定如何调整一幅图像以适应控件大小
StrictDateEntry	指定文本框中的日期或日期时间型数据是否以一种特定严格的格式输入
Style	指定控件的样式
TabIndex	指定页面上控件的 Tab 键次序,以及表单集中表单对象的 Tab 键次序
Tabs	指定页框控件中是否有选项卡
TabStop	指定用户是否可以使用 Tab 键把焦点移动到对象上
TabStretch	指定当选项卡在页框控件中容纳不下时页框的动作
TabStyle	指定页框中页的标签能否调整
Tag	存储用户程序所需的任何其他数据
TerminateRead	此属性决定当单击控件时,是否使表单或表单集对象不活动,包含此属性是为了提供与 READ 命令的向后兼容性
Text	保存一个控件中文本框的无格式文本
TitleBar	指定在表单中的顶部是否显示标题栏
ToolTipText	为一个控件指定作为"工具提示"出现的文本
Top	对于控件,指定相对其父对象最顶端的边缘所在的位置;对于表单对象,确定表单顶端边缘与 Visual FoxPro 主窗口的距离
TopIndex	指定出现在列表最顶端位置的列表项
TopItemID	指定出现在列表最上部的数据项标识
Type	项目中文件的类型
TypeLibCLSID	类型库的 CLSID(Class identifier)注册,该类型库是为项目中的服务程序类创建的
TypeLibDesc	类型库的说明,该类型库是为项目中的服务程序类创建的
TypeLibName	类型库的名称,该类型库是为项目中的服务程序类创建的
Value	指定控件的当前状态

续表

属性	功能
Version	以字符串的形式返回当前运行的 Visual FoxPro 版本号
VersionComments	项目的注释
VersionCompany	项目的公司信息
VersionCopyright	项目的版权信息
VersionDescription	项目的说明
VersionLanguage	项目的语言信息
VersionNumber	项目的版本信息
VersionProduct	项目的产品信息
VersionTrademark	项目的商标信息目
View	指定表格控件的查看方式
ViewPortHeight	视图中可见表单的高度
ViewPortLeft	视图中表单的左坐标
ViewPortTop	视图中表单的顶点坐标
ViewPortWidth	视图中表单的宽度
Visible	指定对象是可见还是隐藏
whatsThisButton	指定表单中的标题栏中是否显示"这是什么"的按钮
WhatsThisHelp	指定是否由 SET HELP 指定的上下文帮助文件
WhatsThisHelpID	为"为什么"帮助提供一个帮助标题上下文的 ID
Width	指定对象的宽度
windowList	指定能够加入到当前表单对象的 READ 中的表单对象列表
Windowstate	指定表单窗口在运行时是否可以最大化或最小化
Windowtype	在执行 DO FORM 命令时,指定表单集或表单对象的动作
WordWrap	在调整 Autosize 属性为真的标签控件大小时,指定是否在垂直方向或水平方向放大该控件,以容纳 Caption 属性指定的文本
ZoomBox	一个表单中是否有缩放按钮

附 录 G

环境配置

通过系统配置文件可以制定应用程序的一些特性,如标题、图标等。Visual FoxPro V6.0 隐含的系统配置文件名为:config. fpw。若用户想改变这个文件名,采用另一个文件名,则在系统启动时,在启动命令行上加入"－C"开关,再加上定义的系统配置文件名,这样系统配置文件才能起作用。例如,定义的文件名是"MYCONFIG. FPW",保存在"C:\ Visual FoxPro V6.0"目录中,则启动 Visual FoxPro V6.0 的命令格式为:

Visual FoxPro V6.0 － CC:\MYCONFIG. FPW
或者在 MS－DOS 的启动文件 AUTOEXEC. BAT 文件中添加如下命令行:

SET FOXPROWCFG = C:\MYCONFIG. FPW
如果不想用系统配置文件,则在启动 Visual FoxPro V6.0 时加"－C"参数,但其后不指定配置文件。系统配置文件的建立是由系统状态设置命令的参数设置表达式组成。

(1)设置 SET 命令参数

格式:<参数> = <值>

例如:DEFAULT = HOME( ) + "\Visual FoxPro V6.0" 相当于执行 SET DEFAULT TO HOME( ) + "\Visual FoxPro V6.0"。

CLOCK = ON 相当于执行:SET CLOCK ON。

(2)配置文件中的特殊术语

COMMAND = <Visual FoxPro V6.0 命令>

指定启动后自动执行指定的 Visual FoxPro V6.0 命令。

EDITWORK = <路径>

指定文本编辑器放置工作文件的位置。

INDEX = <扩展名>

指定索引文件的扩展名。默认为 IDX。

LABEL = <扩展名>

指定标签文件扩展名。默认为 LBX。

MVCOUNT = <N>

设置 Visual FoxPro V6.0 可以含有变量的最大数目。取 128～65000,默认为 1024。

OUTSHOW = ON|OFF

废止通过按下 Shift + Ctrl + Alt 键在当前输出前隐藏所有窗口的能力,默认为 ON。

PROGWORK = <路径>

指定 Visual FoxPro V6.0 保存程序高速缓冲文件的位置。

REPORT = <扩展名>

指定报表定义文件的扩展名。默认为 FRX。

RESOURCE = <路径>[\文件名]

指定 FOXUSER 源文件的位置。文件名是可选的,如果缺省则系统默认为 FOXUSER. DBF。

SORTWORK = <路径>

指定 SORT 和 INDEX 命令生成的文件存放的位置。

TEDIT[/N] = <编辑器>

指定使用 MODIFY COMMAND 或 MODIFY FILE 命令编辑程序文件时,所使用的文本编辑器的启动文件名。/N 参数指定 TEDIT 是 WINDOWS 编辑器。

TITLE ="标题名称"

给 Visual FoxPro V6.0 主窗口定义一个标题名。

TMPFILES = <驱动器>

指定一个快速的磁盘位置,默认的位置是启动目录。

系统默认状态和当前所处的工作如下:

工作区域 = 1

页边距 = 0

小数位 = 2

Memowidth = 50

键盘缓冲 = 20

块大小 = 64

重复进程 = 0

Refresh = 0,5 SECONDS

DDE 超时 = 2000

DDE 安全性 = on

代码页: 936

排序序列: PINYIN

编译器代码页: 936

日期格式: American

宏热键 =

UDF 参数传递者: VALUE

文本合并选项

分隔符:左 = < < 右 = > >

显示

系统默认状态(由 SET <参数> ON/OFF 命令设置)

Alternate off Confirm off Fullpath on Print off

ANSI off Console on Heading on Readborder off

Asserts off Cursor on Help on Safety on

Bell on Deleted off Intensity on Space on

Blink on Device scrn Lock off StatusBar on

Brstatus off Echo off Logerrors on Sysmenus on

Carry off Escape on Mouse on Tal on

Centur off Exact off Multilocks off Textmerge off

CleaR on Exclusive on Near off Title off

Color on Fields off Null off Unique off

Compatible off Fixed off Optimize on

附　录　H

系统变量

　　系统变量中大部分是设置输出格式。在定义用户变量名时应当避开下列已经定义的系统变量名。

```
_ALIGNMENT    C   "LEFT"        && 页边距之间对齐方式,默认为左对齐
_ASCIICOLS    N   80            && 指定 REPORT 命令创建的文本文件中包含的列数
_ASCIIROWS    N   63            && 指定 REPORT 命令创建的文本文件中包含的行数
_ASSIST       C   " "           && 指定发出 ASSIST 命令后运行程序名
_BEAUTIFY     C   "D:\BEAUTIFY. APP"
                                && 为 Visual FoxPro V6.0 指定一个优化应用程序
_BOX          L   . T.          && 指定打印框是否存在
_BROWSER      C   "D:\BROWSER. APP"    && 指定类浏览应用程序名
_BUILDER      C   "D:\BUILDER. APP"
                                && 指定 Visual FoxPro V6.0 生成器的应用程序名
_CALCMEM      N   0.00          && 存放 Visual FoxPro V6.0 计算器内存的数值
_CALCVALUE    N   0.00          && 计算器显示的数值
_CONVERTER    C   "D:\CONVERT. APP"
                                && 指定 Visual FoxPro V6.0 转换器的应用程序名
_COVERAGE     C   "D:\COVERAGE. APP"
                                && 指定 Visual FoxPro V6.0 接收应用程序的调试和输出结果的文件
_CUROBJ       N   -1            && 存储当前选定的控制编号
_DBLCLICK     N   0.50          && 指定双击鼠标和三击鼠标的最大时间间隔
_DIARYDATE    D   08/05/00      && 存放当前日期
_DOS          L   . F.          && 是否使用权 FOXPRO FOR DOS
_FOXDOC       C   " "           && 指定文档生成器 FOXDOC 的名称
_FOXGRAPH     C   " "           && 指定文档生成器 FOXDOC 的位置
_GALLERY      C   "D:\GALLERY. APP"
                                && 指定从"工具"菜单中选中"组件管理库"时执行的程序
_GENGRAPH     C   "D:\WIZARDS\WZGRAPH. APP"
                                && 指定应用程序,该应用程序用于向 Microsoft Graph
                                && (Visual FoxPro 、FoxPro for Windows 和 FoxPro for
                                && Macintosh)或 FoxGraph(FoxPro for MS - DOS)输出
                                && 查询结果,此变量是为了提供向后兼容性
_GENHTML      C   "D:\GENHTML. PRG"    && 指定 HTML 生成程序
```

_GENMENU   C   "D:\GENMENU.FXP"   && 指定菜单生成程序

_GENPD   C   " "
                 && 为 FoxPro for MS – DOS 中创建的基于字符的报表指定打印机驱动接口程序

_GENSCRN   C   " "   && 指定表单生成程序

_GENXTAB   C   "D:\Visual FoxPro V6.0XTAB.PRG"
                 && 指定用来以交叉表格输出查询结果程序

_GETEXPR   C   " "
                 && 指定在发出 GETEXPR 命令或显示"表达式生成器"对话框时执行的程序

_INCLUDE   C   " "   && 指定默认的头文件

_INDENT   N   0   && 使每段的第一行产生缩进

_LMARGIN   N   0   && 指定页左边距

_MAC   L   .F.
                 && 当 Macintosh 机器上使用 FoxPro 时,变量值为"真"(.T.)

_MLINE   N   0   && 包含 MLINE( )函数中使用的备注字段偏移量

_PADVANCE   C   "FORMFEED"   && 包含换页方法

_PAGENO   N   6   && 包含当前页码

_PBPAGE   N   1   && 包含第一个要打印的页面

_PCOLNO   N   32   && 包含当前列的编号

_PCOPIES   N   1   && 包含打印份数

_PDRIVER   C   " "   && 为基于字符的报表指定打印机驱动程序

_PDSETUP   C   " "   && 加载或清除为基于字符的报表指定打印机驱动程序

_PECODE   C   " "   && 包含结束打印代码

_PEJECT   C   "NONE"   && 指定何时走纸

_PEPAGE   N   32767   && 指定结束页面的编号

_PLENGTH   N   66   && 包含页的长度

_PLINENO   N   48   && 包含当前行的编号

_PLOFFSET   N   0   && 包含页面移动值

_PPITCH   C   "DEFAULT"   && 下放打印机间距

_PQUALITY   L   .F.   && 存放打印机质量

_PRETEXT   C   " "   && 指定一个文本合并行开头的字符表达式

_PSCODE   C   " "   && 存放初始打印代码

_PSPACING   N   1   && 存放打印机间距

_PWAIT   L   .F.   && 指定打印机输出是否在页之间暂停

_RMARGIN   N   80   && 包含右页边距

_RUNACTIVEDOC C "D:\RUNACTD.PRG"
                 && 指定一个启动 Active Document 的应用程序

_SAMPLES   C   " "   && 指定 Visual FoxPro 示例的安装目录的路径

_SCCTEXT   C   "D:\SCCTEXT.PRG"
                 && 指定一个 Visual FoxPro 的转换程序

_SCREEN   O   FORM   && 指定 Visual FoxPro 主窗的属性和方法

_SHELL   C   " "   && 指定一个程序外壳

_SPELLCHK   C   " "   && 为 Visual FoxPro 文本编辑器指定一个拼写检查程序

_STARTUP   C   " "   && 指定启动 Visual FoxPro 时运行的应用程序名

```
_TABS          C    " "              && 包含制表符设置
_TALLY         N    0                && 包含最近执行有表命令处理过的记录数目
_TEXT          N    -1
                                     && 把"\! \\"和 Text….Endtext 文本合并命令的结果输出到低级文件中
_THROTTLE      N    0.00             && 当跟踪窗口打开时,指定程序的执行速度
_TRANSPORT     C    " "
&& 在不同的 FoxPro 平台和版本之间转换表单、标签和报表时,指定需要运行的程序
_TRIGGERLEVEL  N    0
                                     && 包含一个表示当前触发器过程嵌套数目的只读数字值
_UNIX          L    .F.              && 在使用 FoxPro for UNIX 时为"真"
_Visual FoxPro V6.0MICROSOFT Visual FoxPro APPLICATION 6.0
                                     && 指定当前运行的 Visual FoxPro 程序对象
_WINDOWS       L    .T.              && 如果正在使用 Visual FoxPro 则它的值是"真"
_WIZARD        C    "D:\WIZARD. APP"
                                     && 包含 Visual FoxPro 向导应用程序的名称
_WRAP          L    .F.              && 指定是否自动换行
```

参考文献

［1］刘秋生,等. 企业管理信息化工程理论与方法. 东南大学出版社,2016

［2］文海英,罗三定,沙莎. Visual FoxPro 数据库程序设计. 网络个性化教学研究,现代计算机,2008

［3］刘秋生,等. 数据库系统程序设计——Visual FoxPro. 江苏大学出版社,2011

［4］祝胜林. 数据库原理与应用（Visual FoxPro）. 华南理工大学出版社,2008

［5］杨莉,杨明,章可. 数据库系统应用. 清华大学出版社,2015

［6］范剑波. 数据库技术及应用. 浙江大学出版社,2007

［7］刘秋生,等. 数据库基础及其应用. 机械工业出版社,2009

［8］赵龙强,张雪凤. 数据库原理与应用. 上海财经大学出版社,2008

［9］罗布. 数据库系统设计、实现与管理. 清华大学出版社,2012

［10］刘亚军,高莉莎. 数据库设计与应用. 清华大学出版社,2007

［11］Paulraj Ponniah(美). 数据库设计与开发教程. 清华大学出版社,2005

［12］Michael V. Mannino(美). 数据库设计、应用开发与管理. 电子工业出版社,2005

［13］刘秋生. 管理信息系统研发. 江苏大学出版社,2015

［14］Thomas Connolly, Carolyn Begg. Database systems : a practical approach to design, implementation, and management. Publishing House of Electronics Industry, 2008

［15］Ramez Elmasri, Shamkant B. Navathe. 数据库系统基础 初级篇. 人民邮电出版社,2007

［16］刘秋生,等. 数据库系统设计及其案例分析. 东南大学出版社,2005

［17］朱扬勇. 数据库系统设计与开发. 清华大学出版社,2007

［18］韩耀军,等. 数据库系统原理与应用. 机械工业出版社,2007

［19］冯建华,周立柱,郝晓龙. 数据库系统设计与原理. 清华大学出版社,2007

［20］刘秋生. ERP 原理与应用. 电子工业出版社,2015

［21］李春葆,曾慧. 数据库原理与应用基于 Visual FoxPro. 清华大学出版社,2007

［22］苗雪兰,刘瑞新,宋歌,等. 数据库系统原理及应用教程. 机械工业出版社,2007

［23］Raymond Frost,John Day,Craig Van Slyke. 数据库设计与开发. 清华大学出版社,2007

［24］Thomas M. Connolly,Carolyn E. Begg 著. 数据库设计教程. 机械工业出版社,2005

［25］教育部考试中心. 全国计算机等级考试二级教程 公共基础知识. 高等教育出版社,2007

［26］袁蒲佳,顾兵,马娟. 数据库及其应用. 中山大学出版社,2007

［27］徐兰芳,彭冰,吴永英. 数据库设计与实现. 上海交通大学出版社,2006

［28］Michael V. Mannino(美). 数据库设计、应用开发和管理. 清华大学出版社,2007